"十三五"国家重点出版物出版规划项目

微机原理及接口技术

主编　王　林

参编　王　璐　邵军虎

机械工业出版社

"微机原理及接口技术"是电子信息类专业基础课程。本书从微型计算机系统应用的角度出发，以 Intel 8086 微处理器为主体，全面介绍了微型计算机的基本组成、工作原理、接口技术及应用。

本书共分 9 章，主要内容包括微型计算机基础知识、微型计算机概述、8086 的寻址方式与指令系统、汇编语言程序设计、存储器、输入/输出接口技术、中断系统和中断控制器、常用可编程接口芯片和总线等。本书可以作为应用型本科和高职高专电子信息工程、自动化、电气工程、通信工程等相关专业的教材，也可供有关工程技术人员参考。

图书在版编目（CIP）数据

微机原理及接口技术 / 王林主编. —北京：机械
工业出版社，2019.12（2023.12 重印）
"十三五"国家重点出版物出版规划项目
ISBN 978 - 7 - 111 - 64457 - 6

Ⅰ.①微…　Ⅱ.①王…　Ⅲ.①微型计算机-理论-高
等学校-教材②微型计算机-接口技术-高等学校-教材
Ⅳ.①TP36

中国版本图书馆 CIP 数据核字（2020）第 005064 号

机械工业出版社（北京市百万庄大街 22 号　邮政编码 100037）
策划编辑：王玉鑫　　　　　　　责任编辑：王玉鑫　侯　颖　王小东
责任校对：张　征　　　　　　　封面设计：鞠杨
责任印制：常天培
北京机工印刷厂有限公司印刷
2023 年 12 月第 1 版第 5 次印刷
184mm×260mm·18 印张·445 千字
标准书号：ISBN 978 - 7 - 111 - 64457 - 6
定价：44.80 元

电话服务　　　　　　　　　网络服务
客服电话：010 - 88361066　　机　工　官　网：www.cmpbook.com
　　　　　010 - 88379833　　机　工　官　博：weibo.com/cmp1952
　　　　　010 - 68326294　　金　书　网：www.golden-book.com
封底无防伪标均为盗版　　机工教育服务网：www.cmpedu.com

序

　　工程教育在我国高等教育中占有重要地位，高素质工程科技人才是支撑产业转型升级、实施国家重大发展战略的重要保障。当前，世界范围内新一轮科技革命和产业变革加速进行，以新技术、新业态、新产业、新模式为特点的新经济蓬勃发展，迫切需要培养、造就一大批多样化、创新型卓越工程科技人才。目前，我国高等工程教育规模世界第一。我国工科本科在校生约占我国本科在校生总数的1/3。近年来我国每年工科本科毕业生占世界总数的1/3以上。如何保证和提高高等工程教育质量，如何适应国家战略需求和企业需要，一直受到教育界、工程界和社会各方面的关注。多年以来，我国一直致力于提高高等教育的质量，组织实施了多项重大工程，包括卓越工程师教育培养计划（以下简称卓越计划）、工程教育专业认证和新工科建设等。

　　卓越计划的主要任务是探索建立高校与行业企业联合培养人才的新机制，创新工程教育人才培养模式，建设高水平工程教育教师队伍，扩大工程教育的对外开放。计划实施以来，各相关部门建立了协同育人机制。卓越计划要求试点专业要大力改革课程体系和教学形式，依据卓越计划培养标准，遵循工程的集成与创新特征，以强化工程实践能力、工程设计能力与工程创新能力为核心，重构课程体系和教学内容；加强跨专业、跨学科的复合型人才培养；着力推动基于问题的学习、基于项目的学习、基于案例的学习等多种研究性学习方法，加强学生创新能力训练，"真刀真枪"做毕业设计。卓越计划实施以来，培养了一批获得行业认可、具备很好的国际视野和创新能力、适应经济社会发展需要的各类型高质量人才，教育培养模式改革创新取得突破，教师队伍建设初见成效，为卓越计划的后续实施和最终目标达成奠定了坚实基础。各高校以卓越计划为突破口，逐渐形成各具特色的人才培养模式。

　　2016年6月2日，我国正式成为工程教育"华盛顿协议"第18个成员，标志着我国工程教育真正融入世界工程教育，人才培养质量开始与其他成员达到了实质等效，同时，也为以后我国参加国际工程师认证奠定了基础，为我国工程师走向世界创造了条件。专业认证把以学生为中心、以产出为导向和持续改进作为三大基本理念，与传统的内容驱动、重视投入的教育形成了鲜明对比，是一种教育范式的革新。通过专业认证，把先进的教育理念引入我国工程教育，有力地推动了我国工程教育专业教学改革，逐步引导我国高等工程教育实现从以教师为中心向以学生为中心转变、从以课程为导向向以产出为导向转变、从质量监控向持续改进转变。

　　在实施卓越计划和开展工程教育专业认证的过程中，许多高校的电气工程及其自动化、自动化专业结合自身的办学特色，引入先进的教育理念，在专业建设、人才培养模式、教学内容、教学方法、课程建设等方面积极开展教学改革，取得了较好的效果，建设了一大批优质课程。为了将这些优秀的教学改革经验和教学内容推广给广大高校，中国工程教育专业认证协会电子信息与电气工程类专业认证分委员会、教育部高等学校电气类专业教学指导委员会、教育部高等学校自动化类专业教学指导委员会、中国机械工业教育协会自动化学科教学委员会、中国机械工业教育协会电气工程及其自动化学科教学委员会联合组织规划了"卓越工程能力培养与工程教育专业认证系列规划教材（电气工程及其自动化、自动化专业）"。本套教材通过国家新闻出版广电总局的评审，入选了"十三五"国家重点图书。本套教材密切联系行业和市场需求，以学生工程能力培养为主线，以教育培养优秀工程师为目标，突出学生工程理念、工程思维和工程能力的培养。本套教材在广泛吸纳相关学校在"卓越工程师教育培养计划"实施和工程教育专业认证过程中的经验和成果的基础上，针对目前同类教材存在的内容滞后、与工程脱节等问题，紧密结合工程应用和行业企业需求，突出实际工程案例，强化学生工程能力的教育培养，积极进行教材内容、结构、体系和展现形式的改革。

经过全体教材编审委员会委员和编者的努力，本套教材陆续跟读者见面了。由于时间紧迫，各校相关专业教学改革推进的程度不同，本套教材还存在许多问题，希望各位老师对本套教材多提宝贵意见，以使教材内容不断完善提高。也希望通过本套教材在高校的推广使用，促进我国高等工程教育教学质量的提高，为实现高等教育的内涵式发展积极贡献一份力量。

卓越工程能力培养与工程教育专业认证系列规划教材
（电气工程及其自动化、自动化专业）
编审委员会

前 言

"微机原理及接口技术"是高等院校电子信息工程、电气工程、通信工程及自动化等专业的核心课程，也是理工科大学生学习和掌握计算机硬件技术基础、汇编语言程序设计及常用接口技术的入门课程。该课程的任务是使学生从系统的角度出发，掌握微机系统的基本组成、工作原理、接口电路及应用方法；使学生具备利用微机技术进行软、硬件开发的初步能力。学习该课程对于掌握计算机的基本概念和技术以及后续计算机类课程的学习均具有重要意义。

作为"微机原理及接口技术"课程的教材，本书特别考虑了内容的选取与组织，注意从课程教学目的出发，突出课程重点，突出基本原理，突出基本应用。书中以 Intel 8086 微处理器为依托，系统、深入地介绍了微型计算机的基本组成、工作原理、接口技术及应用，把微机系统开发过程中用到的硬件技术和软件技术有机地结合起来。全书共 9 章，包括微型计算机基础知识、微型计算机概述、8086 的寻址方式与指令系统、汇编语言程序设计、存储器、输入/输出接口技术、中断系统和中断控制器、常用可编程接口芯片以及总线等内容。

本书有以下特色：

1）以 Intel 8086 微处理器为主要对象，采用由浅入深、循序渐进、层次清晰的编写方式，内容全面、重点突出。

2）结合应用型本科电子信息类的课程体系改革，从应用需求出发，在讲清基本原理的基础上，强调软、硬件结合的思维方法，侧重微机系统的设计。

3）案例导入和问题教学相融合，注重理论联系实际。微型计算机系统运行时各个部件同时工作，内容前后交叉联系密切，不可分离，但是教学中必须分开讲解。因此，在内容安排上注意分散难点，采用从整体到局部再到整体、适当循环提高的方法来组织内容。

本书的编写采用集体讨论、分工编写、交叉修改的方式进行。本书由王林主编。第1、9 章由王林编写，第2~4 章由王璐编写，第5~8 章由邵军虎编写。全书由王林统稿并最后定稿。

在本书的编写过程中，编者参考了相关的技术资料，力求将发展迅速的微机技术与易于学生掌握的相关核心知识结合起来。由于编者水平有限，书中难免存在一些疏漏之处，恳请广大读者批评指正。

编　者

目　录

第 1 章　微型计算机基础知识

本章是本门课程的基础，是后续章节学习的基础。本章的主要内容包括：微型计算机的发展概况与分类、微型计算机系统中数值数据和非数值数据的表示方法以及微型计算机系统中数值的计算。

1.1　微型计算机的发展概况

电子计算机无疑是人类社会科学技术发展史上最伟大的发明之一。自计算机出现后，它就深刻地影响着人类的精神文明和物质文明的发展。

微型计算机是由大规模集成电路组成的、体积较小的电子计算机。而电子计算机又是一种能够按照实际存储的程序，自动、高速地进行大量数值计算和各种信息处理的现代化智能电子设备。微型计算机是电子计算机发展的一个分支。

1.1.1　电子计算机的发展简史

1946 年，在美国宾夕法尼亚大学莫尔电工学院诞生了世界上第一台电子计算机 ENIAC（Electronic Numerical Integrator and Calculator），自此计算机科学与技术开始了日新月异的飞速发展。电子计算机的发展大致经历了 5 代。

1. 第 1 代：电子管计算机（1946—1958 年）

这一代计算机是由电子管、电磁继电器等元器件构成的。在软件方面，前期使用机器语言编程，后期采用汇编语言。典型的机器有 ENIAC、IBM 701 等。在电子管计算机中集成了几千只电子管，运算速度一般为每秒几千至几万次，其体积庞大，成本很高。虽然它在体积、速度、软件等方面都不能与今天的微型计算机相比，但它却奠定了计算机科学与技术的发展基础。这一代计算机主要应用于科学计算和军事方面。

2. 第 2 代：晶体管计算机（1959—1964 年）

这一代计算机由晶体管、磁心存储器等构成。软件方面采用监控程序对计算机进行管理，并且开始使用高级语言。这个时期的计算机有很多种，如 IBM 7030、Univac LARC 等。在晶体管计算机中集成了 800 多只晶体管。在此期间，计算机的可靠性和速度均得到提高，速度一般为每秒几万次至几十万次，其体积减小，成本降低。工业控制机（指专门用于工业生产过程控制的计算机）开始出现并得到应用。这一代计算机除用于科学计算外，也开始应用于各种事务的数据处理、工业控制等领域。

3. 第 3 代：集成电路计算机（1965—1970 年）

这一代计算机由小规模及中规模集成电路芯片、多层印制电路板及磁心存储器等构成。在软件方面，高级语言迅速发展并出现了分时操作系统。在这个时期，计算机的应用领域不断扩展，开始向国民经济各领域渗透。典型的机器有 IBM 360、IBM 370、DEC PDP - 8 等。在集成电路计算机中集成了几千只晶体管。在此期间，计算机的可靠性和速度都有了很大的提高，速度一般为每秒几十万至几百万次，体积进一步减小，成本进一步降低。该阶段计算机发展的特点为：机种多样化、生产系列化、结构积木化、使用系统化。

4. 第 4 代：超大规模集成电路计算机（1971 年以后）

这一代计算机由大规模、超大规模集成电路构成，其主存也是由超大规模集成电路构成的半导体存储器来实现的。这一代计算机在结构上有了很大的发展，在性能上也有了很大的提高。在超大规模集成电路计算机中，集成了几千万只晶体管，运算速度可达每秒几千万至上亿次。

在这一时期，微细加工技术的发展、超净环境的实现以及超纯材料的研制成功，推动着超大规模集成技术的发展。于是，出现了依赖于这种技术的微型计算机、单片微型计算机等。

在硬件发展的同时，这一代计算机的软件也得到了飞速发展，出现了许多著名的操作系统，如 DOS、Windows、UNIX 等。

这一时期出现了一些著名的计算机，如 IBM 3090、VAX 9000 等。而这一时期应用最多、最广的是个人计算机即 PC，如 IBM PC 兼容机、苹果 Macintosh 等。超大规模集成电路的发明，使电子计算机不断向着微型化、低功耗、智能化、系统化的方向发展。同时，以并行处理为特征的巨型机也得到了发展。

5. 第 5 代：人工智能计算机（1991 年至今）

从 1991 年开始，进入了计算机发展的第 5 代。第 5 代计算机不仅在运行速度等性能上不断提高，而且更加人性化、智能化。人工智能计算机具有感知、思考、判断、学习以及一定的自然语言能力。第 5 代计算机能够面向知识处理，能够帮助人们进行判断、决策、开拓未知领域和获取新的知识。人 – 机之间可以直接通过自然语言（声音、文字）及图像交换信息。这里的自然语言是最高级的用户语言，它为非专业人员操作计算机，并从中获取所需信息提供了可能。

在结构上，采用超大规模、超高速集成电路构成的计算机已从单处理器向多处理器发展，即使微型机也采用多核处理器，目前常见的是双核、4 核及 8 核处理器。用多核处理器构成计算机可获得很高的性能。此前，英特尔（Intel）公司已做出了一块内含 80 个核的处理器芯片，用这样的处理器芯片构成计算机，其运行速度超过一万亿次每秒。可以想象，若用几百、几千甚至上万块双核（或多核）处理器芯片构成一台计算机，如多处理器系统，那么，该计算机系统的性能将是非常高的。

第 5 代计算机的发展必定对软件提出更高的要求，因此也必然促使操作系统、应用软件等各种软件快速发展。

1.1.2 微处理器的发展简史

微处理器是微型计算机中具有运算和控制功能的中央处理单元，简称 CPU（Central Processing Unit），是微型计算机的核心。微型计算机的发展以 CPU 的发展为表征。微处理器芯片的发展经历了由低级到高级、由简单到复杂的过程。随着大规模集成技术的发展，高性能的微处理器芯片不断出现，使微型计算机的应用领域越来越广泛。

微处理器主要分为两大类：一种是采用冯·诺依曼结构的处理器，也称为 CISC 处理器，其代表就是 x86 系列微处理器；另一种是采用哈佛结构的微处理器，称为 RISC 处理器，其典型芯片有 DEC Alpha、ARM、MIPS、PowerPC、SPARC 等。

x86 系列产品在个人和商用计算机中得到广泛应用。RISC 处理器虽然在个人计算机中所占份额不大，但在服务器和工作站等高端产品、工业控制和嵌入式系统中占有一定的优势。这里以 Intel 的 CPU 为例，来说明整个 CPU 的发展历程。

1. 以 Intel 4004 和 Intel 8008 为代表的 4 位或低档 8 位微处理器

1971 年，Intel 公司生产的 4004（4 位 CPU）及 8008（8 位 CPU）是第一代微处理器的典型产品。它采用 PMOS 工艺，集成度约为 2000 只晶体管/片；平均指令执行时间约达 $10 \sim 20 \mu s$；采用机器语言编程，应用于 4 位或低档 8 位的微型计算机系统。以它们为核心构成的 MCS - 4 和 MCS - 8 微型计算机只能进行基本的算术运算，具有指令系统简单、运算功能单一的特点。其主要用途是取代传统的复杂逻辑电路，如智能打字机控制电路、交通灯控制电路及微波炉控制电路等。

2. 以 Intel 8080 为代表的 8 位微处理器

1974 年，Intel 公司生产的 8080 CPU 是第二代微处理器的典型产品。它采用 NMOS 工艺，集成度约为 9000 只晶体管/片，指令的平均执行时间为 1 ~ 2μs。此外，Zilog 公司的 Z80 CPU、Motorola 公司的 6800 CPU 以及 Intel 公司的 8085 CPU（1976 年）均是当时的代表产品。它们均为 8 位微处理器，具有 16 位地址总线，寻址范围可达 64KB。

8080 CPU 以及由其构成的微型计算机具有多种寻址方式和较完善的指令系统。基本上具有了典型的计算机体系结构，并具有中断、DMA 等控制和处理功能。在软件方面，除可使用汇编语言外，还配有 BASIC 等高级语言及其相应的解释程序。

3. 以 Intel 8088 和 Intel 8086 为代表的准 16 位（16 位）微处理器

1978 年，Intel 公司生产的 8086 CPU 是第一个 16 位的微处理器，它是第三代微处理器的典型产品。采用 HMOS 高密度集成工艺技术，集成度为 2 万 ~ 7 万管/片，时钟频率为 4 ~ 8MHz，数据总线宽度为 16 位，地址总线为 20 位，可寻址内存空间达 1MB，运算速度比 8 位微处理器提高 2 ~ 5 倍。此外，Zilog 公司的 Z8000 CPU 和 Motorola 公司的 68000 CPU，它们均为 16 位微处理器。8088 CPU 是 Intel 公司 1979 年推出的 8 位副产品，或称准 16 位机，8088 和 8086 内部结构相似，只是外部数据总线只有 8 位。1981 年 IBM 公司推出的以 8088 为微处理器的个人计算机（Personal Computer，PC），使 8086/8088 CPU 成为世界上最主要的微处理器结构。

1982 年 Intel 公司又生产了 80186/80188 及 80286 CPU，它们也属于 16 位微处理器，其中 80186/80188 的功能与 8086/8088 的完全一样，只是将 8086/8088 微处理器及其系统中所需要的支持芯片都集成在一个芯片上。80286 CPU 是 16 位微处理器中的高档产品，其集成度高达 10 万管/片，具有 24 条地址总线，可寻址 16MB，能以多任务方式运行 8086 应用程序。80286 CPU 的时钟频率为 10MHz，平均指令执行时间为 0.2μs，速度比 8086 提高了 5 ~ 6 倍。

16 位微处理器构建的微型计算机具有了丰富的指令系统、完善的操作系统、多种寻址方式以及多种数据处理形式，采用了多级中断技术，含有多任务系统所必需的任务转换功能、存储器管理功能和多种保护功能，并支持虚拟存储体系结构。

4. 以 Intel 80386 和 Intel 80486 为代表的 32 位高档微处理器

1985 年和 1990 年，Intel 公司先后推出了 80386 CPU 和 80486 CPU，它们均为 32 位微处理器，采用先进的高速 CHMOS 工艺，具有 32 位数据总线。

80386 CPU 集成度约为 27.5 万管/片，时钟频率可达 12.5 ~ 33MHz。80386 分为 80386 SX 和 80386 DX 两种。80386 SX 内部数据总线为 32 位，外部数据总线为 16 位，配用 80287 协处理器；80386 DX 内部和外部数据总线均为 32 位，地址总线也是 32 位，可以寻址 4GB 内存，并可以管理 64TB 的虚拟存储空间，配用 80387 协处理器。80386 CPU 的运算模式除了具有实模式和保护模式外，还增加了一种"虚拟 8086"的工作方式，可以通过同时模拟多个 8086 微处理器来实现多任务处理能力。80386 还有较丰富的外围配件支持，如 82258（DMA 控制器）、8259A（中断控制器）、8272（磁盘控制器）、82385（Cache 控制器）、82062（硬盘控制器）等。同时，针对内存的速度瓶颈，Intel 公司为 80386 设计了高速缓存（Cache），通过预读内存的方法来缓解速度瓶颈，从此，Cache 就成了 CPU 的标准配件。

80486 CPU 集成度约为 120 万管/片，它相当于将 80386、80397 及 8KB 高速缓冲存储器集成在一块芯片上，时钟频率可达 50 ~ 66MHz，性能也较 80386 有较大提高。

由 32 位微处理器构建的微型计算机真正采用了流水线控制技术，使取指令、指令译码、内存管理、执行指令和总线访问能够并行操作。32 位微处理器的出现，无论是从结构、功能，还是应用范围，都使微型计算机的发展进入了一个崭新的时代。32 位微处理器采用多用户多任务操作系统，如 UNIX、Windows 等，适用丰富的多种高级编程语言，主要用于个人计算机和工作站。

5. 以 Intel Pentium 为代表的准 64 位高档微处理器

1993 年，Intel 公司推出了 Pentium，同期的典型产品还有 IBM 公司、Motorola 公司和 Apple 公司联合推出的 PowerPC，以及 AMD 公司的 K5。第五代微处理器是应人们对多媒体信息和大流量数据处理要求产生的，采用微纳米（0.6μm）的 CMOS 工艺制造，集成度高达约 310 万管/片，采用 64 位外部数据总线和 36 位地址总线，可寻址空间达到 64GB，主频最高为 200MHz。

Intel Pentium 系列芯片采用了全新的超标量架构，内部有两条管线并行工作，每个时钟周期执行两条运算指令，片内有两片 Cache，即指令 Cache 和数据 Cache，每个 Cache 均为 8KB，避免了预取指令和数据可能发生的冲突，提高了程序的执行速度。

6. 第 6 代 64 位微处理器

第 6 代微处理器的典型产品有 Pentium Pro、Pentium MMX 和 Pentium 4。其中，Pentium Pro（高能奔腾）是 Intel 公司在 1993 年提出的第 6 代微处理器，集成度为 550 万管/片，具有两个一级高速缓存，增加了 256KB 的二级高速缓存，内部采用 14 级超标量流水线结构，一个时钟周期可以并行执行 3 条指令。

Pentium Pro 微处理器的性能优越，但是价格居高不下，从而不能成为第 6 代微处理器主流产品。因此，在 1997 年 Intel 公司推出了 Pentium MMX（多能奔腾）芯片，在指令系统中增加了 57 条多媒体指令，专门处理视频、音频和图像数据，使 CPU 在多媒体操作上具备了更强大的处理能力。Pentium MMX 微处理器出台后迅速占领市场，成为第 6 代微处理器典型产品之一。

2000 年，Intel 公司推出了主流微处理器 Pentium 4 芯片。采用 0.18μm 工艺，集成度约为 42000 万管/片，具有两个 64KB 的一级高速缓存和一个 512KB 的二级高速缓存，主频高达 1.3 ~ 3.6GHz。电源电压仅为 1.9V，大大降低了能耗，内部采用了 20 级超标量流水线结构，并增加了很多新指令，使其更加有利于多媒体操作和网络操作，适应用户对多媒体、网络、通信等多方面的使用要求。

第 5 代及第 6 代微处理器可以采用 DOS、UNIX、Windows、Windows 95、Windows NT、Windows 98 等多种操作系统，使用多种高级编程语言，特别是 Visual Basic、Visual C++、Visual FoxPro 等语言的使用。图 1-1 所示为几种典型 CPU 产品的样式。

a) 4004 b) 8080 c) 8086 d) 8088

e) 8038 f) 80486 g) Pentium h) Pentium 4

图 1-1　几种典型 CPU 产品的样式

从 2011 年至今 Intel 重新确定处理器产品架构,将处理器分为 i3、i5、i7 数个档次,运算能力依次上升。作为目前 Intel 公司的主流 CPU,它们对应的产品分级架构为:i3 主攻低端市场,采用双核处理器架构,约 2MB 二级缓存;i5 处理器主攻主流市场,采用四核处理器架构,4MB 二级缓存;i7 主攻高端市场,如游戏爱好者等。i7-5960X 处理器是第一款基于 22nm 工艺的 8 核桌面级处理器,拥有高达 20MB 的三级缓存,主频达到 3.5GHz,热功耗为 140W。此处理器的处理能力超群,浮点数计算能力是普通计算机的 10 倍以上。

总体来看,可以通过三方面来提高微处理器和微型计算机的性能。首先,利用新的技术来提高微处理器的性能,如提高大规模集成电路的集成度,采用流水线技术、高速缓存技术、虚拟存储技术、并行处理技术、精简和补充指令系统等;其次,提高微型计算机系统的性能;最后,加快软件技术产品的开发。随着科技的发展,微处理器的设计正朝着智能化、综合化及多元化的方向蓬勃发展。

1.2 数制表示及其转换

计算机最重要的功能是处理信息,如数值、文字、符号、语音、图形和图像等。计算机只能"识别"二进制数,也只能对采用二进制表示的数据进行加工和处理。我们首先要弄清楚各种数据在计算机中是如何表示的,进而明确计算机硬件是如何对各种数据进行不同的加工和运算的。在微型计算机中也常采用八进制和十六进制表示法。

1.2.1 数制的表示

数制也称计数制,是以表示数值所有的数字符号个数来命名的。任何一个数制都包含两个基本要素:基数和位权。其中,基数用来区分不同的数制,所谓某数制的基数是指数制所使用数码的个数。例如,日常生活中采用的十进制数用 0 ~ 9 共 10 个数码表示数的大小,故其基数为 10,即"逢十进一",当基数为 M 时,便是"逢 M 进一"。

同一个数字符号处在不同的数位时,它所代表的数值是不同的,每个数字符号所代表的数值等于它本身乘以一个与它所在数位对应的常数,这个常数称为位权,简称权(Weight)。例如,十进制数个位的位权是 10^0,十位的位权是 10^1,百位的位权是 10^2,依此类推。一个数的数值大小就等于该数的各位数码乘以相应位权的总和。以十进制数 1234 为例:

$$1234 = 1 \times 10^3 + 2 \times 10^2 + 3 \times 10^1 + 4 \times 10^0$$

1. 十进制

十进制数是人们日常生活中最熟悉的计数制。十进制数有 10 个不同的数字符号(0、1、2、3、4、5、6、7、8、9),即它的基数为 10。其计数进位规则为"逢十进一"。十进制数的后面常用字母 D(Decimal)标记,可以省略,例如:

$$204D = (204)_{10} = 204$$

任何一个十进制数,都可以用一个多项式来表示,例如:

$$(215.638)_{10} = 2 \times 10^2 + 1 \times 10^1 + 5 \times 10^0 + 6 \times 10^{-1} + 3 \times 10^{-2} + 8 \times 10^{-3}$$

式中,等号右边的表达式称为十进制数的多项式表示法,也叫按权展开式;等号左边的形式称为十进制的位置计数法。位置计数法是一种与位置有关的表示方法,同一个数字符号处于不同的数位时,所代表的的数值不同,即其权值不同。可以看出,上式各位的权值分别为 10^2、10^1、10^0、10^{-1}、10^{-2}、10^{-3}。

2. 二进制

二进制数有 0 和 1 两个不同的数字符号，即它的基数为 2。其计数进位规则为"逢二进一"。二进制数中的任何一个 0 或 1 称为 1 比特（bit），二进制数的后面常用字母 B（Binary）标记，不能省略，例如：

$$1011B = (1011)_2$$

任何一个二进制数，也可以用按权展开式予以展开，例如，二进制数 11011.011 可以表示为

$$(11011.011)_2 = 1 \times 2^4 + 1 \times 2^3 + 0 \times 2^2 + 1 \times 2^1 + 1 \times 2^0 + 0 \times 2^{-1} + 1 \times 2^{-2} + 1 \times 2^{-3}$$

二进制数具有 3 个优点：首先，从电子器件具有实现的可行性上讲，能够表示 0 和 1 两种状态的电子器件有很多，例如，开关的接通和断开、晶体管的导通和截止、电位电平的高低等都可以表示 0 和 1 两个数；其次，从运算的简易性来说，二进制的运算法则少，运算简单，使计算机运算器的硬件结构大幅简化；最后，从逻辑上讲，由于二进制 0 和 1 正好和逻辑代数的假和真相对应，有逻辑代数的理论基础，所以用二进制表示二值逻辑很自然。

3. 八进制

八进制数有 8 个不同的数字符号（0、1、2、3、4、5、6、7），即它的基数为 8。其计数进位规则为"逢八进一"。八进制数的后面常用字母 O（Octal）标记，不能省略，例如：

$$126O = (126)_8$$

任何一个八进制数，都可以用一个多项式来表示，例如：

$$(34.56)_8 = 3 \times 8^1 + 4 \times 8^0 + 5 \times 8^{-1} + 6 \times 8^{-2}$$

现在，八进制数用得很少，本书基本上不用。

4. 十六进制

十六进制数有 16 个不同的数字符号（0、1、2、3、4、5、6、7、8、9、A、B、C、D、E、F），即它的基数为 16。其计数进位规则为"逢十六进一"。十六进制数的后面常用字母 H（Hexadecimal）标记，不能省略，例如：

$$216H = (216)_{16}$$

任何一个十六进制数，都可以用一个多项式来表示，例如：

$$(FA3.4)_{16} = 15 \times 16^2 + 10 \times 16^1 + 3 \times 16^0 + 4 \times 16^{-1}$$

1.2.2 数制的转换

1. 其他进制数转换为十进制数

二进制数、八进制数和十六进制数转换为十进制数的方法为按权展开法。

【例 1-1】 将 101101.11B、21.4O 和 A1.2H 转换为十进制数。

$101101.11B = 1 \times 2^5 + 0 \times 2^4 + 1 \times 2^3 + 1 \times 2^2 + 0 \times 2^1 + 1 \times 2^0 + 1 \times 2^{-1} + 1 \times 2^{-2} = 45.75D$

$21.4O = 2 \times 8^1 + 1 \times 8^0 + 4 \times 8^{-1} = 17.5D$

$A1.2H = 10 \times 16^1 + 1 \times 16^0 + 2 \times 16^{-1} = 161.125D$

2. 十进制数转换为二进制数

十进制数转换为八进制数、十六进制数计算复杂。由于八进制数和十六进制数分别可以用 3

位二进制数和 4 位二进制数表示，因此二进制数与八进制数、十六进制数的相互转化比较容易。将十进制数转换为八进制数、十六进制数时，可以先将十进制数转换为二进制数，再将二进制数转换为八进制数、十六进制数。

十进制数转化为二进制数的常用方法有两种：降幂法和乘除法。

（1）降幂法　首先写出要转换的十进制数，其次写出所有小于此数的二进制权值，然后用要转换的十进制数减去与它最相近的二进制权值。若能够减去，则在相应位记 1；若不够减，则不用减，并在相应位记 0。依此直到要转换的十进制数为 0 或者转换结果达到所需精度转换结束。

【例 1 - 2】设机器字长为 8，将 103D 转换为二进制数。

103	$2^7 = 128$	→	0	103
103	$2^6 = 64$	→	1	$103 - 64 = 39$
39	$2^5 = 32$	→	1	$39 - 32 = 7$
7	$2^4 = 16$	→	0	7
7	$2^3 = 8$	→	0	7
7	$2^2 = 4$	→	1	$7 - 4 = 3$
3	$2^1 = 2$	→	1	$3 - 2 = 1$
1	$2^0 = 1$	→	1	$1 - 1 = 0$

根据上述过程，可求得 103D = 01100111B。

（2）乘除法　采用乘除法把十进制数转换为二进制数时，对于整数部分和小数部分的转换方法是不同的。十进制整数转换为二进制整数的基本方法称为"基数除法"或"除基取余"法。可概括为"除基取余，直至商为 0，注意确定高、低位"。

【例 1 - 3】将十进制数 236 转换为二进制数。

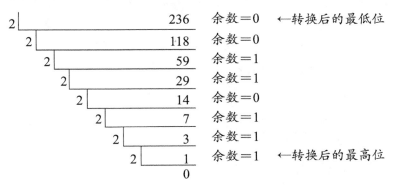

所以，236D = 11101100B。

十进制小数转换为二进制小数的基本方法称为"基数乘法"或"乘积取整"法，可概括为"乘基取整，注意确定高、低位及有效位数"。

【例 1 - 4】将十进制小数 0.8125 转换成二进制小数。

0.8125	积的整数部分	
×　　　2		
1.6250	1	←转换后的最高位
0.6250		
×　　　2		
1.2500	1	

$$
\begin{array}{r}
0.2500 \\
\times \quad\quad 2 \\
\hline
0.5000 \\
\times \quad\quad 2 \\
\hline
1.0000 \\
0.0000
\end{array}
$$

　　　　　　　　　　　　　　　　　　0

　　　　　　　　　　　　　　　　　　1　　　　　　←转换后的最低位

　　　　　　　　余下的小数部分为 0，结束

所以，0.8125D = 0.1101B。

若一个十进制数包含整数和小数两部分，它的二进制转换就是将它的整数部分和小数部分用上述方法分别进行转换，最后将转换好的两部分结合起来形成要转换的二进制数。

【例 1 - 5】 将十进制小数 236.8125 转换成二进制数。

已知：$(236)_{10} = (11101100)_2$

　　　　$(0.8125)_{10} = (0.1101)_2$

由此可得：

$(236.8125)_{10} = (11101100.1101)_2$

3．八进制数与二进制数之间的转换

由于八进制数以 2^3 为基数，所以 3 位二进制数对应 1 位八进制数，对应关系见表 1 - 1。

表 1 - 1　二进制数与八进制数对应表

二进制数	000	001	010	011	100	101	110	111
八进制数	0	1	2	3	4	5	6	7

二进制数转换为八进制数时，以小数点为界，整数部分向左，小数部分向右，每 3 位二进制数为一组，用 1 位八进制数表示；不足 3 位的，整数部分高位补 0，小数部分低位补 0。

八进制数转换为二进制数的过程与上述过程相反，把每位八进制数用 3 位二进制数表示即可。

【例 1 - 6】 将二进制数 10100.10101B 转换为八进制数。

10100.10101B = 010 100. 101 010B = 24.52O

【例 1 - 7】 将数 34.57O 转换为二进制数。

34.57O = 011 100. 101 111B = 11100.101111B

4．十六进制数与二进制数之间的转换

十六进制数以 2^4 为基数，所以 4 位二进制数对应 1 位十六进制数，对应关系见表 1 - 2。

表 1 - 2　二进制数与十六进制数对应表

二进制数	0000	0001	0010	0011	0100	0101	0110	0111
十六进制数	0	1	2	3	4	5	6	7
二进制数	1000	1001	1010	1011	1100	1101	1110	1111
十六进制数	8	9	A	B	C	D	E	F

二进制数转换为十六进制数时，以小数点为界，整数部分向左，小数部分向右。每 4 位二进制数为一组，用 1 位十六进制数表示；不足 4 位的，整数部分高位补 0，小数部分低位补 0。十六进制数转换为二进制数的过程与上述过程相反，把每位十六进制数用 4 位二进制数表示即可。

【例 1 - 8】 将二进制数 10100.10101B 转换为十六进制数。

10100. 10101B = 0001 0100. 1010 1000B = 14. A8H

【例 1 - 9】将十六进制数 56. 78H 转换为二进制数。

56. 78H = 0101 0110. 0111 1000B = 1010110. 01111B

1.3　二进制数的算术运算和逻辑运算

1.3.1　二进制数的算术运算

二进制数的算术运算规则非常简单，具体如下：

1. 二进制加法

二进制加法的规则是 0 + 0 = 0, 0 + 1 = 1, 1 + 0 = 1, 1 + 1 = 0, 有进位（"逢二进一"）。

【例 1 - 10】计算 1011 + 1010 和　　　　1000. 101 + 10. 11。

$$
\begin{array}{r}
1011 \\
+\quad 1010 \\
\hline
10101
\end{array}
\qquad
\begin{array}{r}
1000.101 \\
+\quad 10.110 \\
\hline
1011.011
\end{array}
$$

所以，1011 + 1010 = 10101, 1000. 101 + 10. 11 = 1011. 011。

【例 1 - 11】计算两个 8 位二进制数 10001110B 与 10110101B 相加。

$$
\begin{array}{r}
10001110 \\
+\quad 10110101 \\
\hline
101000011
\end{array}
$$

两个 8 位二进制数相加后，第 9 位出现的一个 1 代表进位位，如果进位位不用高 8 位存储单元来保存，则将自然丢失，这点将在后面章节讲解。

2. 二进制减法

二进制减法的规则是 0 - 0 = 0, 1 - 0 = 1, 1 - 1 = 0, 0 - 1 = 1, 有借位（"借一当二"）。

【例 1 - 12】计算 1011 - 111 与　　　　1011. 101 - 110. 11。

$$
\begin{array}{r}
1011 \\
-\quad 111 \\
\hline
100
\end{array}
\qquad
\begin{array}{r}
1011.101 \\
-\quad 110.11 \\
\hline
100.111
\end{array}
$$

所以，1011 - 111 = 100, 1011. 101 - 110. 11 = 100. 111。

【例 1 - 13】计算两个 8 位二进制数 00001000B 与 10011000B 相减。

$$
\begin{array}{r}
00001000 \\
-\quad 10011000 \\
\hline
01110000
\end{array}
$$

与二进制加法一样，微型计算机一般以 8 位数进行减法。若被减数、减数或差值中的有效位不足 8 位，应高位补零。例 1 - 13 中，差值包括 7 个有效位，应在最高位补加一个 0 以保持 8 位。

3. 二进制乘法

二进制乘法的规则是 0 × 0 = 0, 0 × 1 = 0, 1 × 0 = 0, 1 × 1 = 1。

【例 1 - 14】计算 1111 × 101。

$$
\begin{array}{r}
1111 \\
\times \quad\quad 101 \\
\hline
1111 \\
0000 \\
+ \quad 1111 \\
\hline
1001011
\end{array}
$$

所以，$1111 \times 101 = 1101110$。

从例 1-14 可知，乘法过程是用乘数的每一位分别去乘被乘数，乘得的各中间结果的最后一位与相应的乘数位对齐，最后将这些中间结果同时相加，得到最后的乘积。这样的乘法计算过程运算复杂，所以在计算机中常采用移位和加法的简单操作来实现二进制数乘法运算。

4. 二进制除法

二进制数的除法是乘法的逆运算，这与十进制的除法是乘法的逆运算一样，都是确定一个除数可以从被除数中连减几次的过程。因此，利用二进制数的移位及减法规则可以很容易地实现二进制数的除法运算。

【例 1-15】 计算 $110110 \div 1010$。

$$
\begin{array}{r}
101 \\
1010 \overline{)110110} \\
1010 \\
\hline
1110 \\
1010 \\
\hline
100
\end{array}
$$

所以，$110110 \div 1010 = 101 \cdots\cdots 100$。

1.3.2 二进制数的逻辑运算

在微型计算机中能够实现的另一种基本运算是逻辑运算。逻辑运算是按位进行的，其运算的对象和结果只能是 0 和 1 这样的逻辑量。这里的 0 和 1 仅具有如"真"和"假"或"是"和"非"这样的逻辑意义。

逻辑运算有 3 种基本运算：逻辑与运算、逻辑或运算和逻辑非运算。此外，常用的还有逻辑异或运算。下面将逐一说明。

1. 逻辑与

逻辑与运算也称逻辑乘运算，逻辑与运算常用符号"$\wedge$"或"$\times$"表示。其运算规则如下：

$$0 \wedge 0 = 0 \quad\quad 0 \wedge 1 = 0 \quad\quad 1 \wedge 0 = 0 \quad\quad 1 \wedge 1 = 1$$

也可表示为

$$0 \times 0 = 0 \quad\quad 0 \times 1 = 0 \quad\quad 1 \times 0 = 0 \quad\quad 1 \times 1 = 1$$

【例 1-16】 计算 $11001100 \wedge 11110000$。

$$
\begin{array}{r}
11001100 \\
\wedge \quad 11110000 \\
\hline
11000000
\end{array}
$$

所以，$11001100 \wedge 11110000 = 11000000$。

逻辑与运算表示只有参与运算的逻辑变量都同时取值为 1 时，对应的逻辑与运算结果才为 1。逻辑与运算常用于将一个已知二进制数的某些位清零，而其余位保持不变。如例 1-16 利用二进制数 11110000 将二进制数 11001100 的低 4 位清零，高 4 位不变。

2. 逻辑或

逻辑或运算也称逻辑加运算，逻辑或运算常用符号"∨"或"＋"表示。其运算规则如下：

$$0 \vee 0 = 0 \qquad 0 \vee 1 = 1 \qquad 1 \vee 0 = 1 \qquad 1 \vee 1 = 1$$

也可表示为

$$0 + 0 = 0 \qquad 0 + 1 = 1 \qquad 1 + 0 = 1 \qquad 1 + 1 = 1$$

【例 1 – 17】计算 01010101 ∨ 11110000。

$$
\begin{array}{r}
0\ 1\ 0\ 1\ 0\ 1\ 0\ 1 \\
\vee\ 1\ 1\ 1\ 1\ 0\ 0\ 0\ 0 \\
\hline
1\ 1\ 1\ 1\ 0\ 1\ 0\ 1
\end{array}
$$

所以，01010101 ∨ 11110000 ＝ 11110101。

在给定的逻辑变量中，只要有一个为 1，逻辑或运算的结果就为 1；只有都为 0 时，逻辑或运算的结果才为 0。逻辑或运算常用于将一个已知二进制数的某些位置 1，而其余位保持不变。如例 1 – 17 利用二进制数 11110000 将二进制数 01010101 的高 4 位置 1，低 4 位不变。

3. 逻辑非

逻辑非运算也称逻辑否定，在逻辑变量上加一横线表示非。其运算规则如下：

$$\overline{0} = 1 \qquad \overline{1} = 0$$

【例 1 – 18】对 10100101 求非。

$$\overline{10100101} = 01011010$$

4. 逻辑异或

逻辑异或运算也称模 2 加，异或运算常用符号"⊕"表示。其运算规则如下：

$$0 \oplus 0 = 0 \qquad 0 \oplus 1 = 1 \qquad 1 \oplus 0 = 1 \qquad 1 \oplus 1 = 0$$

【例 1 – 19】计算 01010101 ⊕ 11110000。

$$
\begin{array}{r}
0\ 1\ 0\ 1\ 0\ 1\ 0\ 1 \\
\oplus\ 1\ 1\ 1\ 1\ 0\ 0\ 0\ 0 \\
\hline
1\ 0\ 1\ 0\ 0\ 1\ 0\ 1
\end{array}
$$

所以，01010101 ⊕ 11110000 ＝ 10100101。

在给定的逻辑变量中，只要两个逻辑变量相同，则异或运算的结果为 0；当两个逻辑变量不同时，异或运算的结果才为 1。逻辑异或运算常用于将一个已知二进制数的某些位取反，而其余位保持不变。如例 1 – 19 利用二进制数 11110000 将二进制数 01010101 的高 4 位取反，低 4 位不变。

需要注意的是，对两个多位逻辑量进行逻辑运算，只在对应位之间按照上述规则进行独立运算，不同位之间不发生任何关系，没有算术运算中的进位和借位关系。

1.4　带符号二进制数的表示及运算

计算机中的数用二进制数表示，包括无符号数和有符号数两种。无符号数不分正负，表示无符号数的各二进制数位都是数值位，均用来表示数的大小。例如，8 位无符号二进制数的范围是 0 ~ 255（0 ~ FFH），16 位无符号二进制数的范围是 0 ~ 65535（0 ~ FFFFH）。

在日常生活中，人们习惯用正、负符号来表示正数、负数。如果采用正、负符号加二进制数绝对值的表示方式，则这种数值称为真值。在计算机中，为了区别正数或负数，将数学上的正、负符号分别用 0 和 1 来代替，一般将这种符号位放在数的最高位。这种在机器中使用的连同数符一起数码化的数称为机器数。

例如，设机器字长为 8 位，数 N_1 的真值为（$+1001000$）$_2$，数 N_2 的真值为（-1001000）$_2$，则与 N_1、N_2 对应的机器数如图 1 - 2 所示。

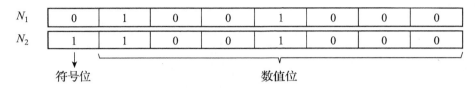

图 1 - 2 带符号二进制数对应的机器数

1.4.1 有符号数的表示

有符号数有 3 种表示方法：原码、反码、补码。在微型计算机中，使用补码来表示有符号数。研究原码和反码是为了研究补码。

1. 原码

原码表示法规定：最高位为符号位，用 0 表示正数，用 1 表示负数。数值部分用该数的二进制数的绝对值表示。

数 X 的原码记作 $[X]_原$，设机器字长为 n，则整数原码的定义如下：

$$[X]_原 = \begin{cases} X & 0 \leqslant X \leqslant 2^{n-1} - 1 \\ 2^{n-1} + |X| & -(2^{n-1} - 1) \leqslant X \leqslant 0 \end{cases}$$

当机器字长 $n = 8$ 时，有

$$[+1]_原 = 00000001B \qquad [-1]_原 = 10000001B$$
$$[+127]_原 = 01111111B \qquad [-127]_原 = 11111111B$$
$$[+0]_原 = 00000000B \qquad [-0]_原 = 10000000B$$

按照定义，设字长为 n，则原码能表示的整数范围为 $-(2^{n-1} - 1) \sim +(2^{n-1} - 1)$。对于 8 位二进制数来说，原码可表示的范围为 $-127 \sim +127$；对于 16 位二进制数来说，原码可表示的范围为 $-32767 \sim +32767$。

原码简单易懂，与真值之间的转换方便。但由于原码中的符号位不能与数值部分一起参与运算，而且对于数 0 有 $+0$ 和 -0 两种表示形式，所以用它进行运算不方便。

2. 反码

早期的计算机曾采用反码法来表示有符号的数。反码表示法规定：一个正数的反码和原码相同；一个负数的反码的符号位与其原码的符号位相同，其余位通过将其原码的数值部分按位取反得到。

数 X 的反码记作 $[X]_反$，设机器字长为 n，则整数反码的定义如下：

$$[X]_反 = \begin{cases} X & 0 \leqslant X \leqslant 2^{n-1} - 1 \\ 2^n - 1 - |X| & -(2^{n-1} - 1) \leqslant X \leqslant 0 \end{cases}$$

当机器字长 $n = 8$ 时，有

$$[+1]_反 = 00000001B \qquad [-1]_反 = 11111110B$$

$$[+127]_\text{反} = 01111111B \qquad [-127]_\text{反} = 10000000B$$
$$[+0]_\text{反} = 00000000B \qquad [-0]_\text{反} = 11111111B$$

按照定义，设字长为 n，则反码能表示的整数范围为 $-(2^{n-1}-1) \sim +(2^{n-1}-1)$。对于 8 位二进制数来说，反码可表示的范围为 $-127 \sim +127$；对于 16 位二进制数来说，反码可表示的范围为 $-32767 \sim +32767$。

反码与原码所能表示的数的范围相同，而且对于数 0 有 +0 和 -0 两种表示形式，所以用反码进行运算也不方便。如今，反码通常已不单独使用，而主要是作为补码运算的一个中间步骤来使用。

3. 补码

在计算机中，有符号数也可用补码表示。采用补码表示法以后，同一加法电路既可以用于有符号数相加，也可以用于无符号数相加，而且减法可用加法代替，从而使运算逻辑大为简化，速度提高，成本降低。补码表示法规定：一个正数的补码和反码、原码相同；一个负数的补码表示为该负数的反码加 1（即在其低位加 1）。

数 X 的补码记作 $[X]_\text{补}$，设机器字长为 n，则整数补码的定义如下：

$$[X]_\text{补} = \begin{cases} X & 0 \leqslant X \leqslant 2^{n-1}-1 \\ 2^n - |X| & -(2^{n-1}-1) \leqslant X \leqslant 0 \end{cases}$$

当机器字长 $n=8$ 时，有

$$[+1]_\text{补} = 00000001B \qquad [-1]_\text{补} = 11111111B$$
$$[+127]_\text{补} = 01111111B \qquad [-127]_\text{补} = 10000001B$$
$$[+0]_\text{补} = 00000000B \qquad [-0]_\text{补} = 00000000B$$

按照定义，设字长为 n，则补码能表示的整数范围为 $-2^{n-1} \sim +(2^{n-1}-1)$。对于 8 位二进制数来说，补码可表示的范围为 $-128 \sim +127$。其中，-128 只有补码，没有原码和反码，$[-128]_\text{补} = 10000000B$。对于 16 位二进制数来说，补码可表示的范围为 $-32768 \sim +32767$。补码比原码、反码所能表示的数的范围大。

在补码表示中，真值 0 只有一种表示。此外，补码的符号位可以和数值位一起直接参与运算。补码转化为原码的公式如下：

$$[[X]_\text{补}]_\text{补} = [X]_\text{原}$$

【例 1-20】已知 $[X]_\text{补} = 11111111B$，求 $[X]_\text{原}$。
$[X]_\text{原} = [[X]_\text{补}]_\text{补} = [11111111]_\text{补} = 10000001B = (-1)_{10}$

【例 1-21】机器字长 $n=8$，$x = +56D$，$y = -56D$，求 $[x]_\text{补}$ 和 $[y]_\text{补}$，结果用十六进制表示。
$+56D = +0111000B$，则 $[x]_\text{补} = [+56D]_\text{补} = 0\ 0111000B = 38H$
$-56D = -0111000B$，则 $[y]_\text{补} = [-56D]_\text{补} = 1\ 1001000B = 0C8H$

在汇编语言中，为了与指令码和名称相区分，规定以 A~F 开始的数据前面必须加 0。

【例 1-22】机器字长 $n=16$，$x = +56D$，$y = -56D$，求 $[x]_\text{补}$ 和 $[y]_\text{补}$，结果用十六进制表示。
$+56D = +000\ 0000\ 0011\ 1000B$，
则 $[x]_\text{补} = [+56D]_\text{补} = 0\ 000\ 0000\ 0011\ 1000B = 0038H$
$-56D = -000\ 0000\ 0011\ 1000B$，
则 $[y]_\text{补} = [-56D]_\text{补} = 1\ 111\ 1111\ 1100\ 1000B = 0FFC8H$

由此可知，对补码进行扩展，不能改变原有数值的大小，只能改变数的表示位数。正数的扩展方法是扩展的高位全补 0，负数的补码的扩展方法是扩展的高位全补 1，即补码扩展实际上是符号扩展。

表 1 - 3 给出了部分 8 位二进制数对应的无符号数、原码、反码和补码的值。

表 1 - 3　无符号数、原码、反码、补码表

二进制数	无符号数	有符号数		
		原码	反码	补码
0000 0000	0	+0	+0	0
0000 0001	1	+1	+1	+1
…	…	…	…	…
0111 1110	126	+126	+126	+126
0111 1111	127	+127	+127	+127
1000 0000	128	-0	-127	-128
1000 0001	129	-1	-126	-127
…	…	…	…	…
1111 1110	254	-126	-1	-2
1111 1111	255	-127	-0	-1

1.4.2　补码的运算规则

计算机在进行加、减法运算时，都采用补码法表示。其优点是：可将减法运算转化为加法运算，从而简化机器内部硬件电路的结构，提高机器的运算速度。补码运算的特点是：符号位和数值位一起参加运算，只要结果不超过机器能表示的数值范围（即溢出），得到的就是本次运算的结果。

用补码进行加、减运算时，参加运算的两个数均为补码，运算结果也是补码。若要得到最后的真值，还需要对补码进行转换。下面分别对加、减两种情况予以讨论。

1. 加法运算

二进制数补码加法的运算规则：

$$[X + Y]_{补} = [X]_{补} + [Y]_{补} \quad (\mathrm{mod} \quad 2^n)$$

这是补码加法的理论基础，它表明，当两个有符号都采用补码形式表示时，进行加法运算可以把符号位和数值位一起进行运算（若符号位有进位，则丢掉），结果为两数之和的补码形式。

【例 1 - 23】已知 $X = -70$，$Y = -55$，用补码计算 $X + Y$。

$$[-70]_{原} = 1100\ 0110,\quad [-70]_{补} = 1011\ 1010$$
$$[-55]_{原} = 1011\ 0111,\quad [-55]_{补} = 1100\ 1001$$
$$[X + Y]_{补} = [X]_{补} + [Y]_{补} = [-70]_{补} + [-55]_{补} = 1\ 1000\ 0011$$

由于系统为 8 位，所以最高位的 1 将被自动舍去，不予保存。故运算结果只保留 1000 0011。

$$[X + Y]_{原} = [1000\ 0011]_{补} = (-125)_{10}$$

最终的计算结果：$X + Y = -125$。

【例 1 - 24】已知 $X = +65$，$Y = +70$，用补码计算 $X + Y$。

$$[+65]_{原} = [+65]_{补} = 0100\ 0001$$
$$[+70]_{原} = [+70]_{补} = 0100\ 0110$$
$$[X + Y]_{补} = [X]_{补} + [Y]_{补} = [+65]_{补} + [+70]_{补} = 1000\ 0111$$

运算结果中最高位为 1，表示结果为负数。两个正数相加不可能为负数，因此运算结果错误。这是由于"溢出"问题造成的运算错误。

2. 减法运算

二进制数补码减法的运算规则：

$$[X - Y]_\text{补} = [X + (-Y)]_\text{补} = [X]_\text{补} + [-Y]_\text{补} \qquad (\mathrm{mod}\ 2^n)$$

可见，求 $[X - Y]_\text{补}$，可以用 $[X]_\text{补}$ 和 $[-Y]_\text{补}$ 相加来实现。这里的关键是求 $[-Y]_\text{补}$。已知 $[Y]_\text{补}$ 求 $[-Y]_\text{补}$ 的过程称为变补。具体方法为，对 $[Y]_\text{补}$ 的各位按位取反（包括符号位），然后末位加 1，结果即为 $[-Y]_\text{补}$。

这样，求两个有符号的二进制数之差，可以用"被减数（补码）与减数（补码）变补相加"来实现。这是补码表示法的主要优点之一。

【例 1-25】已知 $X = +70$，$Y = +120$，用补码计算 $X - Y$。

$$[+70]_\text{原} = [+70]_\text{补} = 0100\ 0110$$
$$[+120]_\text{原} = [+120]_\text{补} = 0111\ 1000$$
$$[-120]_\text{补} = 1000\ 1000$$
$$[X - Y]_\text{补} = [X]_\text{补} + [-Y]_\text{补} = [+70]_\text{补} + [-120]_\text{补} = 1100\ 1110$$
$$[X - Y]_\text{原} = [[X - Y]_\text{补}]_\text{补} = [1100\ 1110]_\text{补} = [1011\ 0010]_\text{原} = -50$$

最终的计算结果：$X - Y = -50$。

【例 1-26】已知 $X = -20$，$Y = -70$，用补码计算 $X - Y$。

$$[-20]_\text{补} = 1110\ 1100$$
$$[-70]_\text{补} = 1011\ 1010，则 [+70]_\text{补} = 0100\ 0110$$
$$[X - Y]_\text{补} = [X]_\text{补} + [-Y]_\text{补} = [-20]_\text{补} + [+70]_\text{补} = 0011\ 0010$$
$$[X - Y]_\text{原} = [[X - Y]_\text{补}]_\text{补} = [0011\ 0010]_\text{补} = [0011\ 0010]_\text{原} = +50$$

最终的计算结果：$X - Y = +50$。

1.4.3　溢出及其判断方法

由于计算机的字长有限，因此所能表示的数是有范围的，当运算结果超过这个范围时，运算结果将出错，这种情况称为溢出。

对于一个 n 位的无符号二进制数 X，其表示范围为 $0 \leqslant X \leqslant 2^n - 1$。当 $n = 8$ 时，其表示范围为 $0 \leqslant X \leqslant 255$。

对于一个 n 位的有符号二进制数 X，其补码表示范围为 $-2^{n-1} \leqslant X \leqslant + (2^{n-1} - 1)$。当 $n = 8$ 时，其表示范围为 $-128 \leqslant X \leqslant +127$。

对于无符号数，如果运算结果超出了机器所能表示的数值范围，则产生溢出。但是最高位的进位或者借位将会自动保存到 CPU 标志寄存器的 CF 标志位中，因此只要将 CF 的内容一并考虑，就不会导致运算错误。对于有符号数，只要运算结果的绝对值超过上述的最大范围，数值部分就会发生溢出，占据符号位的位置，导致结果错误。这种现象通常称为补码溢出，简称溢出。本书所述的"溢出"，仅限于关于有符号数运算结果超出数值表示范围的问题。

为了保证运算的正确性，计算机必须能够判别出是正常进位还是发生了溢出错误。计算机中常用的溢出判别法是双高位判别法，并使用异或电路来实现溢出判别。溢出判别式为：

$$C_s \oplus C_p = \begin{cases} 1 & \text{有溢出} \\ 0 & \text{无溢出} \end{cases}$$

式中，C_s 表示最高位（符号位）产生进位的情况，如果有进位，$C_s = 1$，否则 $C_s = 0$；C_p 表示次高位（最高数值位）向最高位（符号位）的进位情况，如果有进位，$C_p = 1$，否则 $C_p = 0$。

由溢出判别式可知，在运算结果中，当 C_s 和 C_p 状态不同（为 01 或 10）时，产生溢出，即若次高位和最高位不同时产生进位，则溢出；当 C_s 和 C_p 状态相同（为 00 或 11）时，不产生溢出，即若次高位和最高位同时不产生进位，或同时产生进位，则不溢出。下面举例说明溢出判别。

【例 1 - 27】 以 8 位二进制数为例，判断以下有符号数的加减运算中，是否会产生溢出，运算结果是否正确。

（1） $90 - 107 = 90 + (-107)$

$$\begin{array}{r} 0101\ 1010 \quad [+90]_{补} \\ +\ 1001\ 0101 \quad [-107]_{补} \\ \hline 1110\ 1111 \quad [-17]_{补} \end{array}$$

$C_s = 0$，$C_p = 0$，无溢出，结果正确。
结果为：1001 0001 B = -17

（2） $-117 + 121 = (-117) + 121$

$$\begin{array}{r} 1000\ 1011 \quad [-177]_{补} \\ +\ 0111\ 1001 \quad [+121]_{补} \\ \hline 1\ 0000\ 0100 \quad [+4]_{补} \end{array}$$

$C_s = 1$，$C_p = 1$，无溢出，结果正确。
结果为：0000 0100 B = +4

（3） $90 + 107$

$$\begin{array}{r} 0101\ 1010 \quad [+90]_{补} \\ +\ 0110\ 1011 \quad [+107]_{补} \\ \hline 1100\ 0101 \quad [-59]_{补} \end{array}$$

$C_s = 0$，$C_p = 1$，有溢出，结果错误。

（4） $-110 - 92 = (-110) + (-92)$

$$\begin{array}{r} 1001\ 0010 \quad [-110]_{补} \\ +\ 1010\ 0100 \quad [-92]_{补} \\ \hline 1\ 0011\ 0110 \quad [+54]_{补} \end{array}$$

$C_s = 1$，$C_p = 0$，有溢出，结果错误。

1.5 二进制编码

计算机只能识别二进制数，因此计算机中的任何信息必须转换成二进制形式数据后才能由计算机进行处理、存储和传输。将输入计算机的信息，如数、字母、符号等转化成由若干位 0 和 1 组合的特定二进制码来表示，这就是二进制编码。

1.5.1 十进制数的二进制编码

计算机内部采用二进制形式表示数，而人们的日常生活中习惯使用十进制数。为了解决这一矛盾，可把十进制数的每位数字用若干二进制数码来表示，这种方法称为二一十进制编码，简称 BCD 码（Binary Coded Decimal）。BCD 码具有二进制编码的形式，又保持了十进制数的特点。它可以作为人与计算机联系时的一种中间表示，计算机可以直接对 BCD 码进行运算。

1. 8421BCD 码的格式

BCD 码的编码规则：用 4 位二进制数码表示 1 位十进制数。BCD 码有多种形式，最常用的是 8421BCD 码。8421BCD 码的 4 位二进制数码的位权从高到低分别为 8、4、2、1。将每位数码与对应的权值相乘求和，就是它代表的十进制的数值。十进制数与 8421BCD 码的对应关系见表 1 - 4。需要注意的是，在 8421BCD 码中，表示十进制数 10 ~ 15 的 4 位二进制数是无效的。

8421BCD 码有压缩（组合）BCD 码和非压缩（非组合）BCD 码两种格式。

压缩的 8421BCD 码是指 4 位二进制数表示 1 位十进制数，1 个字节可以表示两位十进制数。

非压缩的 8421BCD 码是指 1 个字节中仅存 1 位十进制数。其中，低 4 位表示对应的十进制数；高 4 位没有意义，可任意取值，通常高 4 位取 0000。

表 1-4　十进制数与 8421BCD 码的对应表

十进制数	8421BCD 码	十进制数	8421BCD 码
0	0000	5	0101
1	0001	6	0110
2	0010	7	0111
3	0011	8	1000
4	0100	9	1001

【例 1-28】将 72. 25D 用压缩 8421BCD 码和非压缩 8421BCD 码两种形式表示出来。

72. 25D 的压缩 8421BCD 码是 0111 0010 . 0010 0101。

72. 25D 的非压缩 8421BCD 码是 0000 0111 0000 0010 . 0000 0010 0000 0101。

2. 压缩 8421BCD 码的加减运算

在微型计算机中，利用 BCD 码表示十进制数。但是运用 BCD 码进行加、减运算时，计算机是按照二进制进行计算的，即按照"逢 16 进 1""借 1 当 16"的原则进行运算的。而实质上，两个十进制数相加、减，应该遵守"逢 10 进 1""借 1 当 10"的原则相加、减。因此，采用 BCD 码进行运算，当得到的结果中出现 1010～1111 时，结果不正确，必须进行修正。

进行压缩 8421BCD 码的加、减运算时，参与运算的操作数为压缩 8421BCD 码，结果也是压缩 8421BCD 码。压缩 8421BCD 码的十进制调整规则如下：

- 运算结果中个位（D_3 向 D_4）有进位/借位，则加/减 06H；
- 运算结果中十位（D_7 向 D_8）有进位/借位，则加/减 60H；
- 运算结果中个位大于 9H（1001B），则加/减 06H；
- 运算结果中十位大于 9H（1001B），则加/减 60H。

【例 1-29】利用压缩 8421BCD 码计算 16 + 5。

$(16)_{10} = (0001\ 0110)_{BCD}$，$(5)_{10} = (0000\ 0101)_{BCD}$

```
      0001 0110      16D
 +    0000 0101       5D
    _____
      0001 1011      21D
```

正确的相加结果为 $(0010\ 0001)_{BCD}$，但上式的结果为 0001 1011，因为其中低 4 位大于 9，但没有进位，不是有效的压缩 8421BCD 码，需要对个位加 06H 对结果进行修正。调整如下：

```
      0001 0110      16D
 +    0000 0101       5D
    _____
      0001 1011      21D
 +    0000 0110
    _____
      0010 0001
```

【例 1-30】利用压缩 8421BCD 码计算 89 + 37。

$(89)_{10} = (1000\ 1001)_{BCD}$，$(37)_{10} = (0011\ 0111)_{BCD}$

```
      1000 1001      89D
 +    0011 0111      37D
    _____
      1100 0000     126D
```

上式的结果中，低 4 位有进位，需要加 06H 修正；高 4 位结果大于 9，需要加 60H 修正。调整如下：

$$
\begin{array}{r r}
1000\ 1001 & 89\mathrm{D} \\
+\quad 0011\ 0111 & 37\mathrm{D} \\
\hline
1100\ 0000 & 126\mathrm{D} \\
+\quad 0110\ 0110 & \\
\hline
1\ 0010\ 0110 &
\end{array}
$$

【例 1 - 31】利用压缩 8421BCD 码计算 41 - 22。

$(41)_{10} = (0100\ 0001)_{BCD}$，$(22)_{10} = (0010\ 0010)_{BCD}$

$$
\begin{array}{r r}
0100\ 0001 & 41\mathrm{D} \\
-\quad 0010\ 0010 & 22\mathrm{D} \\
\hline
0001\ 1111 & 19\mathrm{D}
\end{array}
$$

上式的结果中，低 4 位有借位，需要减 06H 修正。调整如下：

$$
\begin{array}{r r}
0100\ 0001 & 41\mathrm{D} \\
-\quad 0010\ 0010 & 22\mathrm{D} \\
\hline
0001\ 1111 & 19\mathrm{D} \\
-\quad 0000\ 0110 & \\
\hline
0001\ 1001 &
\end{array}
$$

在用汇编语言进行程序设计时，关于 BCD 码的运算仅需要使用调整指令来对结果进行自动修正，不需要人工调整（见第 3 章）。

1.5.2 ASCII 码

计算机中处理的信息并不全是数值，还有大量的非数值信息。例如，人机交互信息时使用英文字母、标点符号、十进制数以及回车、换行等字符。为了实现计算机对字符信息的处理，各种字符也必须用特定的二进制编码来表示。目前，广泛采用美国信息交换标准码（American Standard Code for Information Interchange，ASCII）来表示字符。

一个 ASCII 码表示一个字符，占一个字节，其中低 7 位是字符的 ASCII 码，最高位均取值为 0。因此，ASCII 码可以表示 128 个字符。ASCII 码的格式如图 1 - 3 所示。

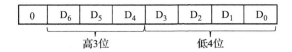

图 1 - 3　ASCII 码的构成格式

ASCII 码采用 7 位二进制数对字符进行编码，表 1 - 5 为 ASCII 字符编码表，表中低 4 位 $D_3 D_2 D_1 D_0$ 用作行编码，高 3 位 $D_6 D_5 D_4$ 用作列编码。

表 1 - 5　ASCII 字符编码表

$D_3 D_2 D_1 D_0$	$D_6 D_5 D_4$							
	000	001	010	011	100	101	110	111
0000	NUL	DLE	SP	0	@	P	`	p
0001	SOH	DC1	!	1	A	Q	a	q
0010	STX	DC2	"	2	B	R	b	r
0011	ETX	DC3	#	3	C	S	c	s
0100	EOT	DC4	$	4	D	T	d	t
0101	ENQ	NAK	%	5	E	U	e	u

（续）

$D_3D_2D_1D_0$	$D_6D_5D_4$							
	000	001	010	011	100	101	110	111
0110	ACK	SYN	&	6	F	V	f	v
0111	BEL	ETB	'	7	G	W	g	w
1000	BS	CAN	(	8	H	X	h	x
1001	HT	EM	)	9	I	Y	i	y
1010	LF	SUB	*	:	J	Z	j	z
1011	VT	ESC	+	;	K	[	k	{
1100	FF	FS	,	<	L	\	l	|
1101	CR	GS	—	=	M	]	m	}
1110	SO	RS	.	>	N	^	n	~
1111	SI	US	/	?	O	_	o	DEL

注：NUL—空字符，BS—退格，LF—换行，CR—回车，ESC—退出，SP—空格。

按照字符是否可以显示，将 ASCII 码分为可显字符编码和非可显字符编码。其中，可显字符编码有 95 个，对应着计算机终端能输入并且可以显示的 95 个字符，打印设备也能打印出这 95 个字符，如数字 0~9、英文字母 A~Z 和 a~z、运算符号及标点符号等；非可显字符编码有 33 个，它们不对应任何一个可以显示或打印的实际字符，被用作控制码，对应的编码值为 00H~6FH 和 7FH。

1.6 二进制信息的计量单位

本节将介绍一些常见的二进制信息的计量单位。

位（Bit）：计算机中存储信息的最小单位。它指的是取值只能为 1 或 0 的二进制数据位。即 1 个二进制数据位被称为 1 比特，简称位，记作 b。

字节（Byte）：8 个二进制位构成 1 字节，记作 B。在计算机系统中，可以访问的最小的存储单元为 1 字节。通常用字节来计算存储容量。

字（Word）：16 个二进制位构成 1 字，1 字等于 2 字节。

双字（Double Word）：32 个二进制位构成 1 双字，1 字等于 4 字节。

在计算机中，使用各种不同的存储器来存储二进制信息。为了描述存储器存储二进制信息的多少（存储容量），均采用 KB（千字节）、MB（兆字节）、GB（吉字节）、TB（太字节）等计量单位。它们之间的换算关系如下所示：

$$1KB = 2^{10}B = 1024B$$
$$1MB = 2^{20}B = 1024KB$$
$$1GB = 2^{30}B = 1024MB$$
$$1TB = 2^{40}B = 1024GB$$

习　题

1.1　目前制造计算机所采用的电子器件是（　　　）。

　　A. 晶体管　　　　　　B. 电子管　　　　　　C. 中小规模集成电路　　　　D. 大规模集成电路

1.2　什么叫进位计数制中的基数与权值？

1.3 在计算机内部为什么都采用二进制数而不采用十进制数？

1.4 什么是机器数？什么是真值？有符号数的机器数主要有哪些表示方式？

1.5 利用补码进行加减法运算比用原码进行运算有何优越性？

1.6 求 8 位二进制数的原码、反码、补码所能表示的数值范围各是多少？

1.7 "8421BCD 码就是二进制数"的说法对吗？为什么？

1.8 实现下列各数的转换。

(1) $(97.8125)_{10} = ($ $)_2 = ($ $)_8 = ($ $)_{16}$

(2) $(110101.011)_2 = ($ $)_{10} = ($ $)_8 = ($ $)_{16} = ($ $)_{8421BCD}$

(3) $(0011\ 0110\ 1001.\ 0101)_{8421BCD} = ($ $)_{10} = ($ $)_2 = ($ $)_{16}$

(4) $(2A7C.\ 59)_{16} = ($ $)_{10} = ($ $)_2$

1.9 完成下列无符号数的加、减运算。

(1) 24A5H 和 0033H   (2) 62FCH 和 0004H

(3) 7889H 和 0777H   (4) 7BCDH 和 35B5H

(5) 5CBEH 和 0BAFH   (6) 0123H 和 2567H

1.10 已知 a = 00110011B，b = 11000111B，计算下列逻辑运算：

(1) $a \wedge b$ (2) $a \vee b$ (3) $a \oplus b$ (4) $\bar{a}$

1.11 写出机器字长为 8 位和 16 位两种情况下，下列十进制数的原码、反码和补码。

(1) +16   (2) -16   (3) +0   (4) -0

(5) +16   (6) -128   (7) +121   (8) -9

1.12 设机器字长为 8 位，对下列有符号数按照补码进行计算，并判断是否产生溢出。

(1) (+90) + (+107)   (2) (-110) + (-92)

(3) (+45) + (+30)   (4) (-14) + (-16)

(5) (-117) + (+121)   (6) (-12) + (+9)

1.13 已知 $[X]_{补}$，求 X。

(1) 1000 0000 B   (2) 1101 0010 B

1.14 设机器字长为 8 位，求下列补码所对应 X 的十进制真值。

(1) $[2X]_{补} = 90H$ (2) $\left[\frac{1}{2}X\right]_{补} = C2H$ (3) $[-X]_{补} = FEH$

1.15 设机器字长为 8 位，已知 $[X]_{补} = 3AH$，$[Y]_{补} = 0C5H$，求：

(1) $[2X]_{补}$ (2) $[2Y]_{补}$ (3) $\left[\frac{1}{2}X\right]_{补}$ (4) $\left[\frac{1}{4}Y\right]_{补}$

(5) $[-X]_{补}$ (6) $[-Y]_{补}$ (7) $[X]_{原}$ (8) $[Y]_{原}$

(9) $[X]_{反}$ (10) $[Y]_{反}$

1.16 假设两个二进制数 $X = 01101010B$，$Y = 10001100B$，试比较它们的大小。

(1) X、Y 均为有符号数的补码   (2) X、Y 均为无符号数

1.17 分别写出下列各种情况下 X、Y、Z 的真值。

(1) $[X]_{补} = [Y]_{原} = [Z]_{反} = 00H$ (2) $[X]_{补} = [Y]_{原} = [Z]_{反} = 80H$

(3) $[X]_{补} = [Y]_{原} = [Z]_{反} = FFH$

1.18 判断题

(1) 若 $[X]_{补} = [X]_{原} = [X]_{反}$，则该数为正数。   (   )

(2) 补码的求法：正数的补码等于原码，负数的补码是原码连同符号位一起求反加 1。

                               (   )

（3）如果用 5 位二进制数表示数值的补码，则能表示 31 个十进制数。（　　）

（4）与二进制数 11001011B 等值的压缩 8421BCD 码是 11001011B。（　　）

1.19　将下列十进制数用压缩 8421BCD 码表示，进行运算并校正。

（1）38 + 59　　　（2）33 + 34　　　（3）81 + 77　　　　（4）87 + 85

1.20　将下列字符串表示成相应的 ASCII 码（用十六进制表示）。

（1）Hello World！　（2）ASCII　　　（3）123abcDEF

（4）－10.2　　　（5）X = 5　　　（6）This is a number 256

第2章　微型计算机概述

本章首先介绍了微型计算机系统的工作原理与基本结构，使读者在总体上对微型计算机有一个整体的认识；然后介绍 Intel 8086 微处理器的内部结构、外部基本引脚与工作方式及 8086 中的存储器组织，并讨论其基本时序，为学习汇编语言程序设计和接口应用技术打下基础。

2.1　微型计算机基本结构与工作原理

2.1.1　微型计算机系统的组成

计算机有巨型、大型、中型、小型和微型之分。微型计算机，简称微机，是指将计算机的核心器件中央处理器集成在一块半导体芯片上，配以存储器、输入/输出（Input/Output，I/O）接口电路及系统总线等设备的计算机，具有体积小、灵活性强、价格便宜、使用方便等特点。

以微型计算机为主体，配上系统软件和外设之后，就构成了微型计算机系统。一个完整的微型计算机系统由硬件和软件两部分组成，硬件和软件的结合才能使微型计算机正常工作。因此，对微型计算机的理解不能仅局限于硬件，而应该将整个微型计算机看作是一个系统，即微机系统。微型计算机系统中，硬件和软件都有各自的组成体系，分别称为硬件系统和软件系统。微型计算机系统的组成如图 2-1 所示。

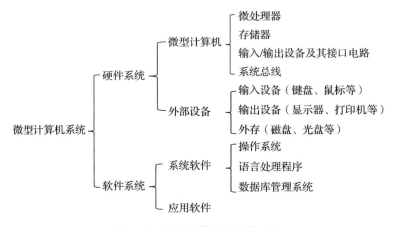

图 2-1　微型计算机系统的组成

1. 微型计算机的硬件系统

计算机硬件是指构成计算机的所有实体部件的集合，通常这些部件由电路（电子元器件）、机械等物理部件组成，它们都是看得见、摸得着的，故称为硬件。它是计算机完成各项工作的物质基础，也是软件系统依附和得以正常运行的平台。

一台微型计算机主要由微处理器（Central Processing Unit，CPU）、存储器、输入/输出设备及其接口电路以及系统总线（Bus）构成。图 2-2 给出了微型计算机的一般结构。通常，我们将图 2-2 中用点画线框起来的部分叫作微型计算机。该部分和构成计算机所必需的外部设备一起构成了微型计算机硬件系统。我们日常所说的微型计算机系统实际上是指硬件系统。

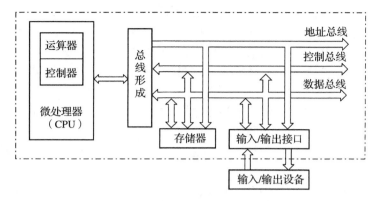

图 2-2　微型计算机的一般结构

（1）微处理器　微处理器又称中央处理器，简称 CPU，它由超大规模集成电路芯片组成，是用来实现运算和控制功能的部件。从结构上讲，CPU 由运算器和控制器组成。

运算器是对信息进行处理和运算的部件，就好像一个"电子算盘"，又称为执行部件，用来完成数据的算术和逻辑运算。运算器通常由算术逻辑部件（Arithmetic Logic Unit，ALU）和一系统寄存器组成。ALU 是具体完成算术和逻辑运算的部件。寄存器用于存放运算操作数、中间结果及最后结果。寄存器的数据均从存储器获得，最后的结果也存放在存储器中。运算器一次能运算的二进制数的位数称为字长，它是计算机的重要性能指标。常用的计算机字长有 8 位、16 位、32 位及 64 位。字长通常与 CPU 内部的寄存器、运算器、数据总线宽度有关。

控制器是指挥计算机工作的控制中心，它通过执行指令来控制全机的工作。指令是一组二进制编码信息，主要包括两个方面的内容：一是告诉计算机进行什么操作；二是指出操作数或存放操作数的地址。通常一条指令对应着一种基本操作，一台计算机能执行什么样的操作由其指令系统决定。在使用计算机时，必须把要解决的问题编成一条条指令，这些指令的有序集合就是程序。指令以机器码（Machine Code）的形式存放在存储器中。为完成一条指令所规定的操作，计算机的各个部件需要按照时序完成一系列的基本动作。控制器的作用就是根据指令的规定，在不同的节拍电位将相应的控制信号送至计算机的相关部件。

（2）存储器　存储器用于存储数据和指令，图 2-2 中的存储器是指微型计算机的内存储器，简称内存。内存是直接连接在系统总线上的，因此，内存的存取速度比较快。由于内存价格较高，一般内存的容量有限。这就引入了外部存储器，简称外存。外部存储器属于外部设备，一般不能直接与 CPU 交换信息。通常，在内存中存放常用的程序或正在运行的指令和数据，而其他大量的信息则存放在外存（如磁盘、磁带、光盘等存储介质）中。本书所说的存储器通常是指内存。

程序是计算机操作的依据，数据是计算机操作的对象。无论是程序还是数据，在存储器中都是用二进制的形式表示的，统称为信息。为实现自动计算，这些信息必须预先存放在存储器中。

存储器由许多存储单元组成，每个存储单元存放一个字节信息，如图 2-3 所示。存储单元按照某种顺序编号。每个存储单元对应一个编号，称为单元地址，用二进制编码表示。存储单元地址与存储在其中的信息是一一对应的。单元地址只有一个，是固定不变的，而存储在其中的信息是可以更换的。

向存储单元写入信息或从存储单元读取信息，都称为访问存储器。访问存储器时，首先，地址译码器对送来的单元地址进行译码；其次，由读/写

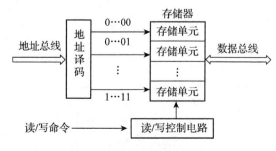

图 2-3　存储器组成框图

控制电路确定出要访问存储器的方式，即读取或写入；最后，完成读取或写入操作。在访问存储器时，利用数据总线和地址总线来传递数据信息和地址信息。

（3）输入/输出设备及其接口电路　微型计算机的输入/输出设备是实现人机之间交互和联系的部件，其主要功能包括实现人机对话、信息的输入与输出以及各种形式的数据交换等。输入/输出设备统称外部设备，简称I/O设备。

输入设备是将人们熟悉的信息形式变换成计算机能接收并识别的信息形式的设备。输入的信息形式有数字、字母、文字、图形、图像、声音等。送入计算机的只有一种形式，就是二进制数据。一般的输入设备只用于原始数据和程序的输入。常用的输入设备有键盘、鼠标、触摸屏、扫描仪、数码照相机等。

输出设备是将计算机运算结果的二进制信息转换成人类或其他设备能接收和识别的形式的设备。常用的输出设备有显示器、打印机、绘图仪、投影仪等。

外存储器也是计算机中重要的外部设备，它既可以作为输入设备，也可以作为输出设备。常见的外存储设备有磁盘和光盘等。

I/O接口电路即输入/输出接口电路，又称适配器，它的作用相当于一个转换器，可以保证I/O设备按计算机系统特性所要求的形式发送或接收信息，以便使主机与I/O设备能并行协调地工作。例如，显示器通过显卡接入主机，打印机通过LPT（并口）接入主机，鼠标和键盘通过USB接口接入主机等。I/O接口是计算机的重要组成部分，其主要功能有三个：一是承担主机与外设之间数据类型的转换，例如，显示器使用的是模拟信号，而主机使用的是数字信号，显卡使两者实现转换；二是协调主机与外设之间数据传输速度不匹配的矛盾，使之能同步工作；三是接口电路还可以向主机报告设备运行的状态，传达主机的命令等。

（4）系统总线　微型计算机从其诞生以来就采用总线结构。从物理属性看，总线是一组传输公共信息的通信线，是在计算机系统各部件之间传输地址、数据和控制信息的公共通道。如微处理器内部的各功能部件之间、在处理器与高速缓冲器和主存之间、在微型计算机系统与外设之间等，都是通过总线连接在一起的。

总线有多种分类方式。按照总线上传输信息的性质，可分为地址总线、数据总线和控制总线三类，称为系统三总线。

1）地址总线（Address Bus，AB）用于传输CPU输出的地址信号，确定被访问存储单元、I/O接口的地址。地址信号一般由CPU发出送往其他芯片，故属于单向、三态总线。地址总线的条数决定了CPU的寻址能力。一般来说，n根地址线可寻址2^n个存储单元。假设一个存储单元容量为1字节，有20根地址总线的系统，其存储器寻址范围则为2^{20}字节，即00000H～FFFFFH，对应的存储容量为1MB。

2）数据总线（Data Bus，DB）用于传输数据，即数据总线是在CPU与存储器或I/O接口之间，内存储器与I/O设备之间，以及外存储器之间进行数据传输的双向公共通道。数据总线是一组双向、三态总线。数据总线的条数决定了一次能够传送数据的位数。

3）控制总线（Control Bus，CB）用于传送控制信号，使微处理器的工作与外部电路的工作同步。其中有的为高电平有效，有的为低电平有效，有的为输入信号，有的为输出信号。通过控制总线，CPU可以向其他部件发出一系列的命令信号，如读、写等信号；其他部件也可以将工作状态、请求信号送给CPU，如中断请求、复位等信号。控制总线的条数对不同的CPU来说，有较大的差异。控制总线决定了系统总线的特点，如功能、适用性等。

按照总线的层次结构可分为内部总线、系统总线和外部总线三类。

1）内部总线又称板内总线，或内总线。它将构成微型机的各个部件连接到一起，实现了微型机内部各部件间的通信交换，并提供了与系统总线的接口。

2）系统总线又称板间总线，或I/O通道总线。它是主机系统与外设之间的通信通道。在微型计算机主板上，系统总线表现为与扩充插槽线连接的一组逻辑电路和导线，与 I/O 扩充插槽相连，如 PCI 总线。

3）外部总线也称为通信总线，或外总线。外总线用于设备与设备之间的连接，它的功能就是实现计算机与计算机或计算机与其他外设的信息传送。常用的外总线有 RS - 232 和 IEEE - 488。

2. 微型计算机的软件系统

对计算机而言，只有硬件系统，计算机是不能工作的，必须配上软件，计算机才能工作。计算机软件通常是指计算机所配置的各类程序和文件，它们以二进制编码形式存放在内存或外存中。在微型计算机系统中，各种软件相互配合，支持微型计算机有条不紊地工作，这一系列软件构成了计算机的软件系统。软件系统一般包括两大部分：系统软件和应用软件。

（1）系统软件　系统软件是一系列保障计算机正常运行的程序集合。它们的功能是对系统的各种资源（硬件和软件）进行管理和调度，使计算机能有条不紊地工作，为用户提供有效的服务。系统软件主要包括操作系统、语言处理程序和数据库管理系统等。

1）操作系统是最重要的系统软件，它是管理计算机硬，软件资源，控制程序运行，改善人机交互并为应用软件提供支持的一种软件。通常，操作系统包括 5 大功能：处理器管理、存储管理、文件管理、设备管理及作业管理。常用的单用户操作系统有 MS-DOS，分时/多用户操作系统有 UNIX 和 Windows 等。

2）语言处理程序是用于处理软件语言的软件。计算机能识别的语言与其能直接执行的语言并不一致。计算机仅能执行目标程序。计算机能识别的语言有很多，如汇编语言、BASIC 语言、Fortran 语言、Pascal 语言和 C 语言等，它们各自都规定了一套基本符号和语法规则。用这些语言编制的程序称为源程序。用 0 或 1 的机器代码按照一定规则组成的语言称为机器语言。用机器语言编写的程序称为目标程序。利用不同的语言处理程序可以将各种源程序转换成为可为计算机识别和运行的目标程序，从而实现预期功能。

3）数据库管理系统是用于支持数据管理和存取的软件。数据库和数据库管理软件一起组成了数据库管理系统。所谓数据库，就是能实现有组织地、动态地存储大量的相关数据，方便多用户访问的计算机硬件资源组成的系统。目前有 3 种类型的数据库管理系统，分别为层次数据库、网状数据库和关系数据库，其中关系数据库使用最为方便，得到了广泛的应用。

（2）应用软件　应用软件是指用户在各自的应用中，为解决自己的任务而编写的程序。这是一类直接以用户的需求为目标的程序。由于用户需求的多样性，使得这类软件也具有多样性。例如，用于科学计算、信息管理、过程控制、武器装备等方面的应用软件。

通常，微型计算机需要完成的工作很复杂，因而指挥计算机工作的程序也会很复杂且很庞大。同时，一个计算机程序还需要经常维护与升级。因此，为便于阅读、修改和相互交流，还必须对程序加以说明，并整理出有关的资料。这些说明和资料统称为文档，它们也是计算机软件的一部分。

应当指出，硬件系统和软件系统是相辅相成的，它们共同构成了微型计算机系统，缺一不可。用户通过软件系统与硬件系统发生联系，在系统软件的干预下使用硬件系统。现代的计算机硬件系统和软件系统之间的分界线在不断改变。原来由硬件实现的一些操作现在也可以由软件来实现，称为硬件软化，这增加了系统的灵活性和适用性；相反，原来由软件实现的一些操作现在也可以由硬件来实现，称为软件硬化，这可以有效降低生产成本和执行时间。可以说，计算机的任何一种操作功能，既可以用硬件实现，也可以用软件实现。究竟是采用硬件形式还是软件形式实现，要根据系统的价格、速度、灵活性及生存周期等多方面因素来权衡决定。

2.1.2　微型计算机的基本工作过程

1. 微型计算机的工作过程

计算机的工作原理是"存储程序" + "程序控制"，即先把处理问题的步骤和所需的数据转换为计算机能够识别的指令和数据送入存储器中保存起来，工作时由计算机的微处理器将这些指令逐条取出执行。

指令是用来指挥和控制计算机执行某种操作的命令。通常，一条指令包括两个基本组成部分，即操作码和操作数。其组成格式如图 2-4 所示。

操作码	操作数

图 2-4　指令的组成格式

其中操作码表示计算机执行什么具体操作，如加法运算、减法运算、移位操作等；操作数表示参加操作的数的本身或操作数所在的地址，也称之为地址码。

一台计算机通常有几十种甚至上百种基本指令。我们把一台计算机所能识别和执行的全部指令称为该计算机的指令系统。指令系统是反映计算机的基本功能及工作效率的重要指标。通过有限指令的不同组合方式，可以构成完成不同任务的程序。

机器内部指令是以二进制代码形式出现的。从形式上看，指令和二进制表示的数据并无区别，但它们的含义和功能是不同的。指令的这种二进制表示方法，使计算机能够把由指令构成的程序像数据一样存放在存储器中。这就是计算机的重要特点之一——"存储程序"。

微型计算机的工作过程就是执行程序的过程，而程序由指令序列组成，所以，微机的工作过程也就是逐条执行指令的过程。根据冯·诺依曼的设计，执行一条指令可以分为 5 个基本操作步骤：取指令、分析指令、取操作数、执行指令、保存结果。

取指令是从存储器某个地址单元中取出要执行的指令送到 CPU 内部的指令寄存器暂存；分析指令又称为指令译码，是把保存在指令寄存器中的指令送到指令译码器，译出该指令对应的操作信号，控制各个部件的操作；如果需要，则取操作数，取操作数过程就是发出取数据命令，到存储器取出所需要的操作数；执行指令即根据指令译码，向各个部件发出相应的控制信号，完成指令规定的各种操作；如果需要保存运算结果，则把结果保存到指定的存储单元中。

2. 一个程序工作的示例

下面以图 2-5 中的模型机为例来进一步说明微机的工作过程。图 2-5 中点画线框内为一个典型的 8 位微处理器结构，其内部主要包括以下几个部分：

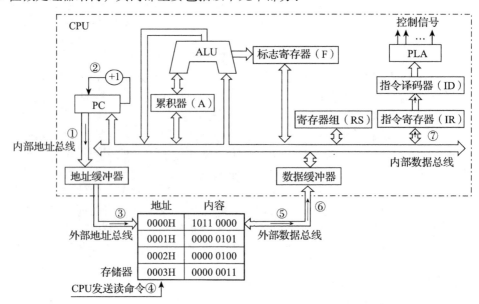

图 2-5　CPU 取第 1 条指令

（1）累加器和算术逻辑单元　累加器（Accumulator，A）用于运算和传输过程中临时存放数据；算术逻辑单元（Arithmetic Logic Unit，ALU）用来完成算术、逻辑运算以及移位循环等操作，同时将操作结果的特征状态送入标志寄存器（Flags，F）。

（2）寄存器组　寄存器组（Register Stuff，RS）包括通用寄存器、段寄存器、标志寄存器和程序计数器寄存器（Program Counter，PC）。

通用寄存器用来寄存参与运算的数据或地址信息；段寄存器用来存放存储器段基址；标志寄存器用来存放处理器当前的状态以及相应的控制信息；程序计数器寄存器的作用是指明下一条指令在存储器中的地址，每取 1 个指令字节，PC 自动加 1。

（3）指令寄存器、指令译码器和可编程逻辑阵列　指令寄存器（Instruction Register，IR）用来存放从存储器取出的将要执行的指令（实为操作码）；指令译码器（Instruction Decoder，ID）用来对指令寄存器中的指令进行分析、译码，根据指令译码的结果，输出相应的控制信号；可编程逻辑阵列（Programmable Logic Array，PLA）用于产生各种操作电位、不同节拍的信号、时序脉冲等执行此条命令所需的全部控制信号。

（4）内部总线和总线缓冲器　内部总线把 CPU 内各寄存器和 ALU 连接起来，以实现各单元之间的信息传送。其中，内部数据总线和内部地址总线分别通过数据缓冲器和地址缓冲器与芯片外的系统总线相连。

下面具体讨论一个模型机如何计算 "5 + 3 = ?"。这是一个非常简单的加法运算，但是计算机无法理解。我们必须先编写程序，程序如下：

```
MOV  AL,5        ;将 5 送到累加器中
ADD  AL,3        ;计算 5 + 3,结果送回累加器
```

但是，模型机只能识别二进制数表示的操作码和操作数。因此，对上面的程序进行汇编，得到两条指令对应的机器指令（二进制码）如下：

```
10110000    00000101    ;"MOV  AL,5"的机器指令
                        ; 10110000 是操作码,00000101 是操作数
00000100    00000011    ;"ADD  AL,3"的机器指令
                        ; 00000100 是操作码,00000011 是操作数
```

两条指令译码后共有 4 字节，由于存储器中 1 个存储单元可以存放 1 字节的信息，所以把这段程序存入存储器时，共需要占 4 个存储单元。假设它存放在存储器的最低端 4 个单元中，则该程序将占有从 0000H ~ 0003H 这 4 个单元，如图 2 - 5 所示。需要注意的是，每个存储单元具有两个和它有关的二进制数，表中左列的一组是地址，表中右列的一组是内容。地址是固定的，在一台微机造好后，地址编号就确定了；而存储器的内容则可以随时由于存入新的内容而改变。

CPU 取第一条指令的操作码过程如图 2 - 5 所示。开始执行程序时，必须先将第一条指令的首地址 0000H 赋给程序计数器（PC），然后进入第一条指令的取指令阶段，其具体过程如下：

① 把 PC 的内容 0000H 送到地址缓冲器。

② PC 的内容送入地址缓冲器后，PC 自动加 1，PC 的内容变为 0001H。注意，此时地址缓冲器中的内容并没有变化。

③ 将地址缓冲器中的内容 0000H 放在外部地址总线上，并送至内存，经地址译码器译码后，选中 0000H 单元。

④ CPU 发出读命令。

⑤ 在读命令的控制下，存储器将 0000H 单元中的内容即第一条指令的操作码 B0H 送到外部数据总线上。

⑥ CPU 从数据总线上取数据送到数据缓冲器。

⑦ 因为取出的是指令的操作码，所以将数据缓冲器的内容送到指令寄存器（IR），然后再送到指令译码器（ID）。经过译码，CPU"识别"出操作码 B0H 就是"MOV AL, n"指令。于是，CPU 发出相应的控制命令。至此第 1 条指令的取指令阶段结束。

经过对操作码 B0H 译码后，CPU 知道了源操作数为字节型，并存放在内存中操作码的下一个存储单元中。CPU 将进入取操作数的过程，如图 2-6 所示。

① 把 PC 的内容 0001H 送到地址缓冲器。

② PC 的内容送入地址缓冲器后，PC 自动加 1，PC 的内容变为 0002H。

③ 将地址缓冲器中的内容 0001H 放在外部地址总线上，并送至内存，经地址译码器译码后，选中 0001H 单元。

④ CPU 发出读命令。

⑤ 在读命令的控制下，存储器将 0001H 单元中的内容 05H 送到外部数据总线上。

⑥ CPU 从数据总线上取数据 05H 送到数据缓冲器。

⑦ 因为取出的是指令的操作数，按照指令要求把它送到累加器，所以数据缓冲器的操作数 05H 通过内部数据总线送入累加器（A）中。至此第一条指令执行结束。CPU 开始执行第二条指令。

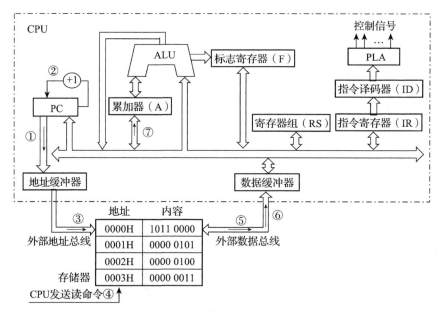

图 2-6 CPU 取第一条指令的操作数

CPU 取第二条指令的过程与取第一条指令的过程相同。PC 加 1 后变为 0003H，0002H 存储单元中的内容 04H 送到数据缓冲器后，通过内部数据总线送到指令寄存器（IR）。在经过指令译码器（ID）对指令译码后，CPU"识别"出操作码 04H 表示一条加法指令，该指令的一个操作数在累加器中，另一个操作数存放在内存中该操作码的下一个存储单元中。取出该操作数以及执行第二条指令的过程如下：

① 把 PC 的内容 0003H 送到地址缓冲器。

② PC 的内容送入地址缓冲器后，PC 自动加 1，PC 的内容变为 0004H。

③ 将地址缓冲器中的内容 0003H 放在外部地址总线上，并送至内存，经地址译码器译码后，选中 0003H 单元。

④ CPU 发出读命令。

⑤ 在读命令的控制下，存储器将 0003H 单元中的内容 03H 送到外部数据总线上。

⑥ CPU 从数据总线上取数据 03H 送到数据缓冲器。

⑦ 数据缓冲器中的内容 03H 通过内部数据总线送暂存寄存器。这里的暂存寄存器用来存储由数据总线或通用寄存器送来的操作数，并把它作为另一个操作数。

⑧ 将累加器和暂存寄存器中的内容同时送到 ALU 的两个输入端，执行加法操作。

⑨ 最后 CPU 将相加的结果 08H 由 ALU 的输出端送回到累加器中，AL 中存入 08H。至此第二条指令执行结束。

综上所述，微型计算机的工作过程就是不断取指令和执行指令的过程。上述两条指令执行过程是一种串行处理方式，如 8 位微处理器，在执行一条指令时，取指令、分析指令、取数据、执行指令及保存结果是串行进行的。如图 2-7 所示，CPU 与总线交替工作，CPU 的使用效率很低。

| 取指令 1 | 分析指令 1 | 取数据 1 | 执行 1 | 保存结果 1 | 取指令 2 | 分析指令 2 | 取数据 2 | … |

时间　　　　→

图 2-7　串行处理

现代的计算机采用流水线技术（见图 2-9）。流水线技术是一种将每条指令分解为多步，通过指令执行部件和总线接口部件这两个独立的部分将不同指令的各步重叠操作，以实现几条指令并行操作，从而提高 CPU 的执行效率和指令的执行速度的一种技术。

需要注意的是，采用流水线技术后，并没有加速单条指令的执行，每条指令的执行步骤也没有减少，只是多条指令同时执行，因而，从总体上看加快了指令执行的速度。

2.2　8086CPU 的内部基本结构

20 世纪 80 年代初，IBM 公司用 Intel 8088 作为 CPU，推出了个人计算机系统（PC），开创了个人计算机系统的先河，微处理器 8086/8088 成为微机系统的典型芯片。

在 PC 系列微机中，应用最广泛的微处理器是 Intel 公司的 x86 系列，为了保持产品的兼容性和维护老用户在软件上的投资不受损失，Intel 公司推出的新一代 x86 系列微处理器一定与 8086/8088 微处理器指令系统相兼容。因此，x86 系列（包括 Pentium 和 Pentium Ⅱ）都是在 8086/8088 基础上逐步改进发展而来的。学习 8086/8088 微处理器的基本结构原理就成为掌握 x86 系列处理器的基础。

8086 是 Intel 系列的 16 位微处理器，采用 HMOS 工艺技术制造，选用 40 脚双列直插式封装；具有 20 条地址总线和 16 条数据总线，内部总线和运算器（ALU）均为 16 位，可进行 8 位和 16 位的数据操作；8086 可寻址的内存地址空间为 1MB；主时钟频率为 5MHz。内部采用 "流水线" 结构，允许其在总线闲暇时预取指令，使得取指令和执行指令实现了并行操作，大大提高了工作效率。

Intel 8086/8088CPU 两者的指令系统、指令编码格式及寻址方式都完全相同，软件上也完全兼容。它们的主要区别是：8086 的数据总线是 16 位的，而 8088 的数据总线是 8 位的。因此，8088 被称为准 16 位微处理器。与 8086 相比，执行相同的程序，8088 需要更多的外部存取操作，执行速度慢。本书仅介绍 8086。

2.2.1　8086CPU 的内部功能结构

要掌握一个 CPU 的工作性能和使用方法，首先要熟知其内部逻辑结构，也就是要从程序员和使用者的角度理解其结构。早期的微处理器执行指令的过程是串行的，即取指令后分析执行，继而取下一条指令再分析执行。为了实现取指令与分析、执行指令的并行操作，提高 CPU 的执行效率，Intel 8086 CPU 从功能上分为总线接口单元（Bus Interface Unit，BIU）和执行单元（Execute Unit，EU）两部分，如图 2-8 所示。Intel 8086 CPU 采用指令流水线结构，访问存储器与执行指令的操作分别由 BIU 和 EU 承担，BIU 和 EU 分工合作、并行操作。

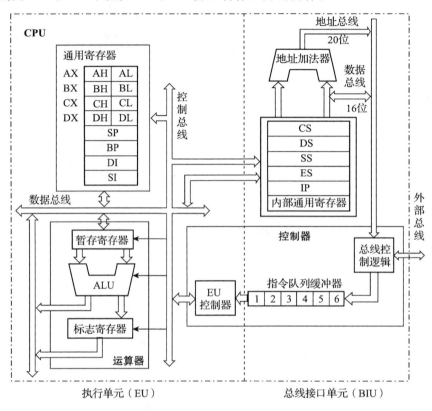

图 2-8 8086CPU 的内部功能结构框图

1. 总线接口单元（BIU）

BIU 的基本功能是负责 CPU 与存储器及外设之间的数据传送。BIU 完成以下操作：从内存的指定区域取指令，送至指令队列缓冲器；在执行指令时所需要的操作数，由 BIU 从内存的指定区域取出；将数据传送给执行单元（EU）去执行或者把执行单元的操作结果传送到指定的内部单元或外设端口中。

BIU 由 1 个 20 位的地址加法器、4 个 16 位的段寄存器、1 个 16 位的指令指针寄存器（IP）、1 个 6 字节的指令队列缓冲器以及总线控制逻辑组成。

（1）4 个 16 位段寄存器 8086 采用存储器地址分段的方法来解决 16 位字长的计算机里提供 20 位地址的问题。段寄存器就是专门存放段地址的寄存器，每个段寄存器的值可以确定一个段的起始地址，而各段有不同的用途。8086 中的 4 个 16 位段寄存器分别为：代码段寄存器（CS）、数据段寄存器（DS）、堆栈段寄存器（SS）和附加段寄存器（ES）。

（2）16 位指令指针寄存器（IP） 指令指针寄存器（IP）也称程序计数器寄存器（Program Counter，PC），用来存放下一条要执行指令所在存储单元的 16 位偏移地址（也叫有效地址），IP 只有和 CS 相结合，才能形成指向指令存放单元的物理地址。在程序执行过程中，IP 的内容由 BIU 自动修改，通常是进行加 1 修改，程序员不能对 IP 进行存取操作。当 EU 执行转移指令、子程序调用和返回指令以及中断响应时，IP 值将被修改。

（3）指令队列缓冲器 指令队列缓冲器用于存放预取的指令，又称为指令栈。8086 的指令队缓冲器列由 6 个字节的寄存器组成（8088 的指令队列只有 4 个字节）。当 EU 正在执行指令，且不需要占用总线时，BIU 会自动从存储器中取下面一条或几条指令。指令队列缓冲器采用"先进先出"（First-In First-Out，FIFO）的方式存取指令。一般情况下，EU 执行完一条指令后，可立即从指令队列中取指令执行，省去了 CPU 等待取指令的时间，提高了 CPU 的利用率，加快了整机的运行速度，也降低了对存储器存取速度的要求。

如图 2-9 所示，开始时指令队列缓冲器为空，EU 处于等待状态，取出的第 1 条指令放入指令队列缓冲器，当 EU 执行第 1 条指令时，便从指令队列缓冲器中取走第 1 条指令对其进行分析，同时 BIU 取出第 2 条指令，并存入指令队列缓冲器。EU 执行第 1 条指令时需要取出操作数，于是 BIU 从内存取操作数。由于 EU 第 1 条指令尚未执行完，指令队列缓冲器未满，于是 BIU 又开始取第 3 条指令，并存入指令队列缓冲器。EU 执行完第 1 条指令后，从指令队列缓冲器取出第 2 条指令进行分析。在分析第 2 条指令期间，BIU 将第 1 条指令的运算结果存入指定的存储单元中。在 EU 执行第 2 条指令时，BIU 开始取第 4 条指令，并存入指令队列缓冲器。指令队列缓冲器中的操作遵循以下原则：

① 取指令时，每当指令队列缓冲器中存满一条指令后，EU 就立刻开始分析、执行指令。

② 只要指令队列缓冲器空出 2 个（对 8086）或 1 个（对 8088）指令字节时，BIU 便自动执行取指令操作，直到指令队列缓冲器被填满为止。

③ 如果指令队列缓冲器已被填满指令，便自动停止取指令操作。

④ EU 在执行指令的过程中，若 CPU 需要访问存储器或 I/O 端口，则 EU 自动请求 BIU 去完成访问操作。若 BIU 空闲，则会立刻完成 EU 的请求；否则，BIU 先将指令存入指令队列缓冲器，再响应 EU 的请求。

⑤ EU 执行完转移、子程序调用和返回指令时，需要清空指令队列缓冲器。BIU 将从新的地址重新开始取指令，新取的第 1 条指令将直接由指令队列缓冲器送到 EU 去执行，随后取出的指令将存入指令队列缓冲器。

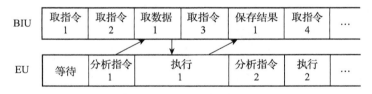

图 2-9　并行（流水线）处理

（4）地址加法器　8086 有 20 根地址线，但 CPU 内部只有 16 位的寄存器。为了实现对 20 位地址的寻址，8086 采用了分段结构，将内存空间划分为若干个逻辑段，在每个逻辑段中使用 16 位段基址和 16 位偏移地址进行寻址，段寄存器用来存放各段的段地址。利用 BIU 的地址加法器将 16 位的段寄存器内容左移 4 位，与 16 位偏移地址相加，形成 20 位的物理地址，以此对存储单元寻址。有关存储器的分段、段寄存器的使用以及存储器地址的形成将在 2.4.1 小节中予以详细介绍。

（5）总线控制逻辑　总线控制逻辑发送总线控制信号，实现存储器和 I/O 的读/写控制。它将内部总线与外部总线相连，控制 CPU 与外部电路之间的数据交换。

2. 执行单元（EU）

EU 负责指令的执行，即从 BIU 的指令队列缓冲器取指令，指令执行后向 BIU 送回运算结果，同时把运算结果的状态特征保存在标志寄存器中。EU 不直接与外部系统相连。当需要与存储器或外设交换数据时，EU 向 BIU 发出命令，并向 BIU 提供 16 位的有效地址及所需传送的数据。

EU 由算术逻辑单元（ALU）、暂存寄存器、标志寄存器、通用寄存器组和 EU 控制器构成。

（1）算术逻辑单元（ALU）　　ALU 是一个 16 位的算术逻辑运算部件，用来对操作数进行算术运算和逻辑运算，也可以按指令的寻址方式计算出 CPU 要访问的内存单元的 16 位偏移地址。

（2）暂存寄存器 暂存寄存器是一个 16 位的寄存器，它的主要功能是暂时保存数据，并向 ALU 提供参与运算的操作数。

（3）EU 控制器 EU 控制器接收从 BIU 指令队列缓冲器中取出的指令代码，经过分析、译码，形成各种实时控制信号，对各个部件进行实时操作。

EU 中所有的寄存器和数据通道（除队列总线为 8 位外）都是 16 位的宽度，可实现数据的快速传送。

2.2.2 8086CPU 的寄存器结构

寄存器是 CPU 内部用来存放地址、数据和状态标志的部件。8086CPU 内部具有 14 个 16 位寄存器。这 14 个寄存器按照用途可分为通用寄存器、段寄存器和控制寄存器三类。

8086CPU 内部寄存器如图 2-10 所示。

1. 通用寄存器

通用寄存器又可分为数据寄存器、地址指针寄存器和变址寄存器。

（1）数据寄存器 EU 中有 4 个 16 位的数据寄存器 AX、BX、CX 和 DX。数据寄存器通常用来存放 16 位的数据或地址；每个数据寄存器又分为高字节 H 和低字节 L，即 AH、AL、BH、BL、CH、CL、DH 和 DL，用于存放 8 位的数据，但不能存储地址。数据寄存器可以独立寻址，独立使用。

数据寄存器通常用在算术运算或逻辑运算指令中，避免了每次算术或逻辑运算都必须要访问存储器，不仅为编程提供方便，更主要的是提高了 CPU 的运行速度。在某些指令中，数据寄存器则有特定的用途。数据寄存器的用法见表 2-1。

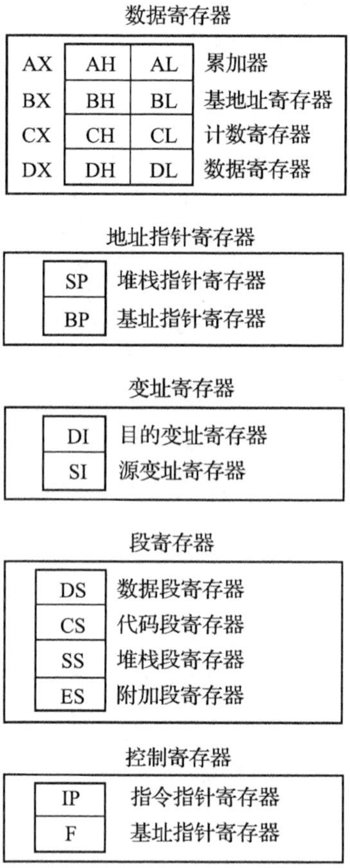

图 2-10 8086CPU 内部寄存器

表 2-1 8086 数据寄存器的一般用法和隐含用法

寄存器	一般用法	隐含用法
AX	16 位累加器	字乘法、字除法、字 I/O
AL	AX 的低 8 位	字节乘法、字节除法、字节 I/O、转换、十进制运算
AH	AX 的高 8 位	字节乘法、字节除法
BX	基地址寄存器，常用作地址寄存器	转换
CX	16 位计数器	串操作、循环次数
CL	CX 的低 8 位，8 位计数器	移位次数、循环次数
DX	16 位数据寄存器	字乘法、字除法、间接 I/O

（2）地址指针寄存器 地址指针寄存器包括 SP 和 BP 两个 16 位的寄存器，一般用来存放堆栈段内的偏移地址（即相对于堆栈段起始地址的距离）。

堆栈指针寄存器（Stack Pointer，SP）用于存放当前堆栈段中栈顶的偏移地址，入栈指令 PUSH 和出栈指令 POP 由 SP 给出堆栈段内栈顶的偏移地址。

基址指针寄存器（Base Pointer，BP）用于存放位于堆栈段中的一个数据区的"基址"的偏移量。在包含 BP 的寻址方式中，若无特别说明，其段地址由堆栈段寄存器提供，也就是说，该寻址方式是对堆栈区的存储单元寻址的。

（3）变址寄存器　变址寄存器包括源变址寄存器（Source Index，SI）和目的变址寄存器（Destination Index，DI），通常与 DS 或 ES 配合使用，用于存放当前数据段的段内偏移地址。其中，SI 存放源操作数的偏移地址，DI 存放目的操作数的偏移地址。例如，在数据串操作指令中，被处理数据串的偏移地址由 SI 给出，处理后的结果数据串的偏移地址由 DI 给出。

需要注意的是，当 SI、DI 和 BP 不作为地址指针使用时，也可以将其作为 16 位数据寄存器使用；SP 只能作堆栈指针寄存器使用，不能再作为一般数据寄存器使用。

2. 段寄存器

在 8086 系统中，访问存储器的地址码由段基址和段内偏移地址两部分组成。段寄存器用来存放各段的段基址。BIU 设置了 4 个 16 位的段寄存器，CPU 可通过 4 个段寄存器访问存储器中的 4 个不同的段（每个段 64KB）。这 4 个段寄存器分别是：

（1）数据段寄存器　数据段寄存器（Data Segment，DS）用于存放当前使用的数据段的段基址，程序运行所需要的原始数据以及运算的结果应存放在数据段中。

（2）代码段寄存器　代码段寄存器（Code Segment，CS）用于存放当前使用的代码段的段基址，用户编制的程序必须存放在代码段中，CPU 将会依次从代码段取出指令代码并执行。

（3）堆栈段寄存器　堆栈段寄存器（Stack Segment，SS）用于存放当前使用的堆栈段的段基址，所有堆栈操作的数据均保存在这个段中。

（4）附加段寄存器　附加段寄存器（Extra Segment，ES）用于存放当前使用的附加段的段基址，附加段是一个附加数据段。附加段通常在进行字符串操作时作为目的数据区使用，ES 用于存放附加段的段基址，并用 DI 存放目的数据区的偏移地址。

3. 控制寄存器

控制寄存器包括 IP 和 FLAGS 两个 16 位的寄存器。

（1）指令指针寄存器　指令指针寄存器（Instruction Pointer，IP），又称程序计数器寄存器（Program Counter，PC），用来存放下一条将要执行的指令在代码段中的偏移地址。它和 CS 相结合，形成指向指令存放单元的物理地址。IP 的内容不能通过传送指令来访问更新，而是由 BIU 自动修改，使之总是指向下一条将要执行的指令地址；当执行转移指令或者调用子程序时，IP 的内容可被相关指令自动修改更新。因此，它是实现程序控制的重要寄存器。

（2）标志寄存器　标志寄存器（F），也称程序状态字（Program Status Word，PSW）寄存器，该寄存器是 16 位的寄存器，但实际上 8086 只有 9 个标志位，其中 6 个标志位（CF、PF、AF、ZF、SF、OF）用作状态标志，另外 3 个标志位（TF、IF、DF）用作控制标志位。8086CPU 标志寄存器各位的定义如图 2 - 11 所示。

D_{15}	D_{14}	D_{13}	D_{12}	D_{11}	D_{10}	D_9	D_8	D_7	D_6	D_5	D_4	D_3	D_2	D_1	D_0
				OF	DF	IF	TF	SF	ZF		AF		PF		CF

图 2 - 11　标志寄存器各位的定义

6 个状态标志位用来反应 EU 执行算术或逻辑运算以后的结果特征。这 6 位都是逻辑值，判断结果为逻辑真（True）时，其值为 1；判断结果为逻辑假（False）时，其值为 0。

CF（Carry Flag）：进位标志。运算过程中最高位（D_7 或 D_{15}）有进位或借位时，则 CF 置 1；否则，CF 置 0。

PF（Parity Flag）：奇偶校验标志。当运算结果的低 8 位中有偶数个 1 时，则 PF 置 1；否则，PF 置 0。

AF（Auxiliary Carry Flag）：辅助进位标志。在运算过程中，如果 D_3 位向 D_4 位有进位或借位，则 AF 置 1；否则，AF 置 0。AF 通常用于在进行 BCD 码的十进制算术运算时，判断是否需要进行十进制调整。

ZF（Zero Flag）：零标志。反映运算结果是否为零。若运算结果为零，则 ZF 置 1；否则，ZF 置 0。

SF（Sign Flag）：符号标志。若运算结果为负，则 SF 置 1；若运算结果为正，则 SF 置 0。SF 的取值总是与运算结果的最高位相同。

OF（Overfloat Flag）：溢出标志。反映有符号数运算结果是否发生溢出。若发生溢出，则 OF 置 1；否则，OF 置 0。溢出标志的判断逻辑式为"OF = 最高位进位 ⊕ 次高位进位"。

需要注意的是，OF 是针对有符号数运算而言的，此时的溢出是一种差错，系统应做相应的处理。对于无符号数运算，OF 是无定义的，无符号数运算的溢出状态可通过 CF 位来反映。因此，在 CF 和 OF 标志位的使用上，必须考虑数据的类型。

下面通过具体例子来进一步熟悉这 6 个状态标志位的功能定义。为了便于表示，在例子中使用了第 3 章中介绍的 MOV 指令和 ADD 指令。

【例 2 - 1】指出执行下列指令后，标志寄存器中 6 个状态标志位的值。

MOV　AX，234CH

ADD　AX，5208H

上述两条指令执行后，在 CPU 中将完成如下二进制运算：

$$
\begin{array}{r}
\mathbf{0\ 010\ 0011\ 0100\ 1100} \\
+\quad \mathbf{0\ 101\ 0010\ 0000\ 1000} \\
\hline
\mathbf{0\ 111\ 0101\ 0101\ 0100}
\end{array}
$$

根据两数相加的结果，可得：

CF = 0　（运算结果最高位向更高位无进位）；

PF = 0　（运算结果低 8 位中有 3 个 1，即 1 的个数为奇数）；

AF = 1　（D_3 位向 D_4 位有进位）；

ZF = 0　（运算结果非零）；

SF = 0　（SF 与运算结果的最高位相同）；

OF = 0　（最高位进位 ⊕ 次高位进位 = 0 ⊕ 0 = 0）。

3 个控制标志位用来控制 CPU 的操作，由指令对 3 个控制标志位进行置位和复位。

DF（Direction Flag）：方向标志。在执行字符串操作指令时，用来控制地址指针的变化方向。若 DF = 0，表示字符串操作指令使地址指针自动增量修改，串数据的传送过程是从低地址到高地址的方向进行；如果 DF = 1，则相反。用 STD 指令可以将 DF 置 1，用 CLD 指令可以将 DF 复位清 0。

IF（Interrupt Flag）：中断允许标志。当 IF = 1 时，表示允许 CPU 响应外部可屏蔽中断请求；如果 IF = 0，则禁止 CPU 响应外部可屏蔽中断请求。用 STI 指令可以将 IF 置 1，用 CLI 指令可以将 IF 复位清 0。

TF（Trap Flag）：陷阱标志也称单步标志。当 TF = 1 时，CPU 进入单步工作方式，即 CPU 每执行完一条指令就自动产生一次内部中断，使 CPU 转去执行一个单步中断服务程序。单步工作方式通常用于程序调试过程中，用户可以更方便地观察运算的结果或程序运行的状况。当 TF = 0 时，CPU 处于连续工作方式。

调试程序（Debug）提供了查看标志位的手段，它用符号表示标志位的值，见表 2 - 2。

表 2 - 2　Debug 中标志位的符号表示

标志位名称	标志位为 1 的符号表示	标志位为 0 的符号表示
OF	OV	NV
DF	DN	UP
IF	EI	DI
SF	NG	PL

（续）

标志位名称	标志位为 1 的符号表示	标志位为 0 的符号表示
ZF	ZR	NZ
AF	AC	NA
PF	PE	PO
CF	CY	NC

2.3　8086CPU 的工作模式与引脚功能

2.3.1　8086CPU 的工作模式

根据所连接的硬件规模，8086CPU 提供两种不同的工作模式，即最小模式和最大模式，以适应不同的场合要求。

所谓最小模式，就是系统中只有一个 8086CPU，也称为单处理器模式。在这种情况下，所有的总线控制信号，直接由 8086CPU 产生和控制，系统中的总线控制逻辑电路被减到最小。最小模式适用于较小规模的系统。在最小模式下，若有 8086CPU 以外的其他模块想占用总线，则可以向 CPU 发送请求，在 CPU 允许的条件下，该模块才能获得总线控制权，使用结束，又将总线控制权交给 CPU。

最大模式是相对于最小模式而言的，适用于中、大规模的系统。在最大模式下，系统中至少包含两个微处理器，其中 8086CPU 为主处理器，其他的微处理器称为协处理器，协助主处理器处理特定的操作任务。与 8086CPU 配合使用的协处理器有两个：一个是数值处理协处理器 8087，另一个是 I/O 处理协处理器 8089。8087 通过硬件实现高精度整数浮点运算；8089 的主要工作是数据的输入/输出和数据格式的转换，8089 有一套专门用于 I/O 操作的指令系统，可以直接为 I/O 设备服务，8086 不再承担 I/O 任务，提高了主处理器的效率。

在最大模式下，还可以增配一个总线控制器 8288 和一个总线仲裁器 8289。其中，8288 可以替代 CPU 的部分总线控制功能，与 CPU 共同产生控制信号，增强系统的总线控制能力。8288 输入的是 CPU 送出的"状态信号"，而输出的是部分"总线控制信号"。8289 完成总线使用权的仲裁分配，通过总线仲裁电路把总线的使用权转交给当前优先级最高的硬件模块或处理器。

2.3.2　8086CPU 的引脚功能

8086CPU 采用双列直插式（Double In-line Package，DIP）封装，具有 40 个引脚，如图 2-12所示，括号内为最大模式时的引脚名。图中的引脚名称为英文缩写，为了便于大家学习，表 2-3 列出了 8086CPU 各外部引脚的功能，即各引脚信号的定义。表中指出了各引脚信号的

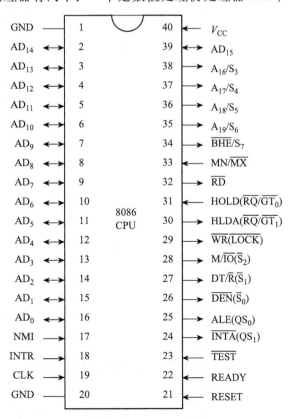

图 2-12　8086CPU 引脚信号图

流向及三态能力。需要注意的是，引脚名上面加一条横线的表示一般低电平有效，引脚名上面无横线的表示通常高电平有效。

8086CPU 的 40 个引脚信号按功能分为 4 类：数据总线、地址总线、控制总线和其他（时钟和电源）。为了用有限的 40 个引脚实现数据、地址和控制信号的传输，部分 8086CPU 的外部引脚采用了复用技术。复用引脚分为时分复用和模式复用两种情况。时分复用是指 CPU 在不同的时钟周期，引脚传递的信息的性质不同；模式复用是指 CPU 处于不同的工作模式下，这些引脚具有不同的功能。

表 2 - 3   8086CPU 引脚信号的功能

分类	引脚名称	引脚功能	引脚号	类型
公用信号	$AD_{15} \sim AD_0$	地址/数据总线	2 ~ 16, 39	双向、三态
	$A_{19}/S_6 \sim A_{16}/S_3$	地址/状态总线	35 ~ 38	输出、三态
	$\overline{BHE}/S_7$	高 8 位数据有效/状态	34	输出、三态
	$\overline{RD}$	读信号	32	输出、三态
	$\overline{TEST}$	等待测试信号	23	输入
	READY	准备就绪信号	22	输入
	RESET	复位信号	21	输入
	NMI	非可屏蔽中断请求	17	输入
	INTR	可屏蔽中断请求	18	输入
	CLK	系统时钟	19	输入
	V_{CC}	电源线	40	输入
	GND	地线	1, 20	—
	$MN/\overline{MX}$	最小/最大模式信号	33	输入
最小模式信号 $MN/\overline{MX} = V_{CC}$	HOLD	总线保持请求信号	31	输入
	HLDA	总线保持响应信号	30	输出
	$\overline{WR}$	写信号	29	输出、三态
	$M/\overline{IO}$	存储器或 I/O 端口的选择信号	28	输出、三态
	$DT/\overline{R}$	数据发送/接收控制信号	27	输出、三态
	$\overline{DEN}$	数据允许信号	26	输出、三态
	ALE	地址锁存允许信号	25	输出
	$\overline{INTA}$	中断响应信号	24	输出
最大模式信号 $MN/\overline{MX} = GND$	$\overline{RQ}/\overline{GT_1}$, $\overline{RQ}/\overline{GT_0}$	总线请求/允许信号	30, 31	双向
	$\overline{LOCK}$	地址封锁信号	29	输出、三态
	$\overline{S}_2 \sim \overline{S}_0$	总线周期状态信号	28 ~ 26	输出、三态
	QS_1, QS_0	指令队列状态信号	24, 25	输出

1. 两种模式下相同的功能引脚

（1）$AD_{15} \sim AD_0$（Address Data Bus）地址/数据总线　这是时分复用的地址/数据总线。当对存储器或 I/O 端口进行读/写操作时。在总线周期的 T_1 状态下作为地址总线的低 16 位（$A_{15} \sim A_0$），给出内存单元或 I/O 端口的地址，此时为单向的三态输出；在 $T_2 \sim T_3$ 状态下作为数据总线

（$D_{15} \sim D_0$）来传输数据，此时为双向的三态输入/输出。在 8088 中，$A_{15} \sim A_8$ 为单纯的地址输出引脚。

（2）$A_{19}/S_6 \sim A_{16}/S_3$（Address/Status）地址/状态总线　这 4 条信号是时分复用的地址/状态总线。在总线周期的 T_1 状态下作为地址总线的高 4 位（$A_{19} \sim A_{16}$），在存储器操作中为高 4 位地址，在 I/O 操作中这 4 位置 0。在总线周期的其他状态（T_2、T_3、T_w 和 T_4）下，用来指示 CPU 的状态信息。状态信息 S_6 总为低电平，表示 8086 与总线相连；S_5 反应标志寄存器中中断允许标志（IF）的当前值；S_4 和 S_3 用来指示当前正在使用哪个段寄存器，具体见表 2 - 4。

表 2 - 4　S_4 和 S_3 的功能真值表

S_4	S_3	含义
0	0	当前正在使用 ES
0	1	当前正在使用 SS
1	0	存储器寻址时，使用 CS；对 I/O 端口或中断向量寻址时，不需要任何段寄存器
1	1	当前正在使用 DS

（3）$\overline{BHE}/S_7$（Bus High Enable/Status）高 8 位数据有效/状态复用引脚　在总线周期的 T_1 状态下，此引脚作为高 8 位数据有效信号，低电平有效。当 $\overline{BHE}=0$ 时，表示高 8 位数据总线 $D_{15} \sim D_8$ 上的数据有效；当 $\overline{BHE}=1$ 时，表示高 8 位数据总线 $D_{15} \sim D_8$ 上的数据无效，仅传送 1 字节数据；通常 $\overline{BHE}$ 与 AD_0 搭配使用（详见第 2.4.1 小节）。同时，$\overline{BHE}$ 信号还可以作为 I/O 接口电路或中断响应时的片选信号。在总线周期 T_2、T_3、T_w 和 T_4 状态下，此引脚输出状态信息 S_7。在 8086 芯片设计中，S_7 未赋予实际意义，始终为逻辑 1。

（4）$\overline{RD}$（Read）读信号　$\overline{RD}$ 为低电平有效信号。当 $\overline{RD}=0$ 时，表示 CPU 要进行一次存储器或 I/O 端口的读操作。具体是对存储器还是 I/O 端口进行读操作，由 $M/\overline{IO}$ 信号决定。

（5）$\overline{TEST}$（Test）等待测试信号　$\overline{TEST}$ 为低电平有效信号。$\overline{TEST}$ 信号用来支持构成多处理器系统，实现 CPU 与协处理器之间同步协调的功能。$\overline{TEST}$ 信号与 WAIT 指令配合使用，CPU 执行 WAIT 指令后，处于等待状态，并且每隔 5 个时钟周期对此引脚进行测试。当 $\overline{TEST}=1$ 时，CPU 继续处于等待状态，重复执行 WAIT 指令；当 $\overline{TEST}=0$ 时，系统脱离等待状态，继续执行被暂停执行的指令。

（6）READY 准备就绪信号　高电平有效，READY 输入引脚接收来自于存储器或 I/O 设备发来的响应信号。当 READY = 1 时，表示内存或 I/O 端口准备就绪，CPU 可以进行一次数据传输。CPU 在每个总线周期的 T_3 状态开始对 READY 信号采样。若检测到 READY 信号为低电平，表示内存或 I/O 端口没有准备好，则在 T_3 状态后面自动插入 T_w 等待周期，直至 READY 变为高电平，才进入 T_4 状态，完成数据传送。该信号是协调 CPU 与存储器或 I/O 端口之间进行信息传送的联络信号。

（7）RESET 复位信号　当 RESET = 1 时，CPU 立刻结束现行操作，并将处理器中的寄存器 PSW、IP、DS、SS、ES 及指令队列清 0，而将 CS 设置为 0FFFFH。当 RESET 信号由高电平变为低电平时，CPU 从内存 0FFFF0H 处开始执行程序。一般情况下，在 0FFFF0H 处存放了一条 JMP 指令，将程序转移到系统程序的入口处，系统将被自动引导启动。为保证可靠复位，在上电复位（冷启动）时，要求 RESET 的有效时间应持续 5μs 以上；在不掉电复位（热启动）时，该信号的有效时间应持续 4 个时钟周期以上。

（8）NMI（Non-Maskable Interrupt）非可屏蔽中断请求　NMI 引脚为输入引脚，上升沿有效。这条线上的中断请求信号不能用软件加以屏蔽。当 NMI 引脚产生一个由低到高的上升沿时，CPU 会在结束当前执行的指令后，进入非可屏蔽中断服务子程序。

（9）INTR（Interrupt Request）可屏蔽中断请求　INTR 引脚为输入引脚，高电平有效。CPU 在每条指令执行到最后一个时钟周期时，都要检测 INTR 引脚信号。当 INTR = 1 时，表示外设有中断请求输入。这条线上的中断请求信号可以用软件加以屏蔽。具体情况为：当 IF = 1 时，则 CPU 会在结束当前执行的指令后，响应中断请求，进入中断服务子程序；当 IF = 0 时，则外设的中断请求被屏蔽，CPU 将不去响应中断请求。

（10）CLK（Clock）系统时钟　CLK 为 CPU 提供基本的定时脉冲信号。该引脚通常与时钟发生器 8284A 的时钟输出端 CLK 相连。8086 的标准时钟频率为 5MHz，占空比为 1:3。

（11）V_{CC} 电源线　V_{CC} 接入的电压为（ + 5 ± 0.5V）。

（12）GND 地线　8086CPU 有两条地线，均应接地。

（13）MN/$\overline{MX}$（Minimum/Maximum Model Control）最小/最大模式信号　MN/$\overline{MX}$ 引脚决定了 8086 的工作模式。若给 MN/$\overline{MX}$ 引脚接 + 5V 电源，则 8086 处于最小工作模式；若将 MN/$\overline{MX}$ 引脚接地，则 8086 处于最大工作模式。

2. 最小模式下的引脚

最小模式下引脚 24 ~ 31 的信号功能和作用如下：

（1）$\overline{INTA}$（Interrupt Acknowledge）中断响应信号　此为输出引脚，低电平有效。在 8086 系统中，当 CPU 响应由 INTR 引脚送入的可屏蔽中断请求时，CPU 用两个连续的总线周期发出两个 $\overline{INTA}$ 低电平有效信号，第一个低电平用来通知外设，CPU 准备响应它的中断请求；在第二个低电平期间，外设通过数据总线送入它的中断类型码，并由 CPU 读取，以便取得对应中断服务子程序的入口地址。

（2）ALE（Address Lock Enable）地址锁存允许信号　ALE 是 8086CPU 发送给地址锁存器进行地址锁存的控制信号，高电平有效。8086CPU 的地址、数据、状态引脚采用复用技术，在总线周期的 T_1 状态下传送地址信息，而在其他时钟周期传送数据、状态信息。为了避免丢失地址信息，在地址撤销前，CPU 通过该引脚向地址锁存器发送地址锁存允许信号，把当前地址/数据复用总线上输出的地址信号和 $\overline{BHE}$，锁存到三态输出锁存器 74LS373 组成的地址锁存器中，实现信号线的复用。

（3）$\overline{DEN}$（Data Enable）数据允许信号　此引脚输出信号，低电平有效。该信号决定了是否允许数据通过数据总线收发器。它通常连接在数据双向缓冲器 74LS245 的输出使能信号上，作为 74LS245 芯片的输出允许信号。在存储器访问周期、I/O 访问周期和中断响应周期，此信号有效，表明数据总线上有有效的数据。

（4）DT/$\overline{R}$（Data Transmit/Receive）数据发送/接收控制信号　在最小模式系统中，为了增强数据总线的驱动能力，用双向三态数据缓冲器 74LS245 实现数据的发送和接收。该引脚用来控制 74LS245 数据的传送方向。若该引脚为高电平，则发送数据，即 CPU 写；若该引脚为低电平，则接收数据，即 CPU 读。

（5）M/$\overline{IO}$（Memory/Input & Output）存储器或 I/O 端口的选择信号　该引脚用来区分 CPU 应进行存储器访问还是进行 I/O 端口访问。对于 8086 系统，当该引脚输出低电平时，CPU 对 I/O 端口进行访问，16 位地址总线上传送的是 I/O 端口的地址；当该引脚输出高电平时，CPU 访问的是存储器，20 位地址总线上传送的是存储单元的地址。

（6）$\overline{WR}$（Write）写信号　$\overline{WR}$ 为低电平有效信号。当 $\overline{WR}$ = 0 时，表示 CP 要进行一次存储器或 I/O 端口的写操作。具体是对存储器还是对 I/O 端口进行读操作，由 M/$\overline{IO}$ 信号决定。

（7）HLDA（Hold Acknowledge）总线保持响应信号　HLDA 是 CPU 发给总线请求部件的响应信号，高电平有效。HLDA 是与 HOLD 配合使用的联络信号。当 CPU 接收到有效的 HOLD 信号后，在当前总线周期的 T_4 状态输出一个高电平有效的 HLDA 信号，同时所有带三态门的 CPU 引脚都置为浮空，从而 CPU 让出对总线的控制权，将其交付给申请使用总线的 8237A 控制器使用，总线使用完后，会使 HOLD 信号变为低电平，表示现在放弃对总线的占有。CPU 检测到 HOLD 信号变为低电平后，会将 HLDA 变为低电平，CPU 重新获得对总线的控制权。

（8）HOLD（Bus Hold Request）总线保持请求信号　HOLD 是系统中其他模块向 CPU 提出总线保持请求的输入信号，高电平有效。例如，在 DMA 数据传送方式中，由总线控制器 8237A 发出一个高电平有效的总线请求信号，通过 HOLD 引脚输入 CPU，请求 CPU 让出总线控制权。

3. 最大模式下的引脚

最大模式下引脚 24 ~ 31 的信号功能和作用如下：

（1）QS_1、QS_0（Queue Stauts）指令队列状态信号　QS_1 和 QS_0 信号组合用于指示 8086 内部 BIU 中当前指令队列的状态，以便其他处理器监视、跟踪指令队列的状态。QS_1 和 QS_0 的组合功能见表 2 - 5。

表 2 - 5　指令队列状态信号

QS_1	QS_0	指令队列状态信号的含义
0	0	无操作，未从指令队列中取指令
0	1	从指令队列中取出当前指令的第 1 个字节
1	0	指令队列为空，由于执行转移指令，指令队列重新装填
1	1	从指令队列中取出指令的后续字节

（2）$\overline{S}_2 \sim \overline{S}_0$（Status Signals）总线周期状态信号　这三个引脚信号经总线控制器 8288 译码，在每个总线周期产生各种所需要的控制信号，例如，产生存储器读/写命令、I/O 端口读/写命令及中断响应信号。这三个引脚信号的组合对应的具体操作见表 2 - 6。

表 2 - 6　总线周期状态对应的操作

$\overline{S}_2$	$\overline{S}_1$	$\overline{S}_0$	操　　作
0	0	0	中断响应
0	0	1	读 I/O 端口
0	1	0	写 I/O 端口
0	1	1	暂停
1	0	0	取指令
1	0	1	读存储器
1	1	0	写存储器
1	1	1	过渡状态

$\overline{S}_2 \sim \overline{S}_0$ 这三个总线周期状态中至少有一个状态为低电平，便可进行一种总线操作；当 $\overline{S}_2 \sim \overline{S}_0$ 都为高电平时（在 T_3 或 T_w 状态），表明操作过程即将结束，而新的总线周期还未开始，这时称为过渡状态。在总线周期的 T_4 状态，$\overline{S}_2 \sim \overline{S}_0$ 中任何一个信号改变，都表明一个总线周期的开始。

（3）$\overline{LOCK}$（Lock）地址封锁信号　此为输出信号，低电平有效。当 $\overline{LOCK} = 0$ 时，表示此时 8086CPU 不允许其他总线控制部件占用总线。$\overline{LOCK}$ 信号由前缀指令 "LOCK" 产生，且在下一个指令完成以前保持有效。为防止 8086 中断响应时总线被其他总线控制部件占用，在两个连续响应周期之间，$\overline{LOCK}$ 信号会自动变为低电平。当 CPU 处在 DMA 响应状态时，$\overline{LOCK}$ 引脚被浮空。

（4）$\overline{RQ}/\overline{GT}_1$、$\overline{RQ}/\overline{GT}_0$（Request/Grant）总线请求/允许信号　这两个引脚都是双向的，即

在同一引脚上，可以接收 CPU 以外的总线主设备发出的总线请求信号，也可以发送 CPU 的总线请求允许信号。每一个引脚都可以代替最小模式下 HOLD/HLDA 两个引脚的功能。这两个引脚可以同时与两个外部主设备连接，但$\overline{RQ}/\overline{GT_0}$的优先级高于$\overline{RQ}/\overline{GT_1}$。

2.4 8086 系统的存储器组织及 I/O 组织

2.4.1 8086 系统的存储器组织

1. 8086CPU 的存储器组成

在 8086 存储器中，每一个存储单元可以存放 1 字节二进制信息。每一个存储单元都有一个唯一的存储地址与之对应。8086CPU 有 20 条地址线，可寻址的地址空间容量为 2^{20} B（即 1MB）。存储器的地址范围为 $0 \sim (2^{20} - 1)$，用十六进制表示为 00000H ~ 0FFFFFH，共有 1048576 个存储单元。将存储器按照地址顺序排列如图 2 - 13 所示。

十六进制地址	二进制地址	存储器
00000H	0000 0000 0000 0000	
00001H	0000 0000 0000 0001	
00002H	0000 0000 0000 0010	
00003H	0000 0000 0000 0011	
...	...	...
FFFFEH	1111 1111 1111 1110	
FFFFFH	1111 1111 1111 1111	

图 2 - 13　8086 存储器及其地址

在进行数据存取操作时，数据可以是字节、字、双字，甚至是多字，它们分别占用 1 个存储单元、2 个存储单元、4 个存储单元和多个存储单元。若存放的是字节数据，将按顺序存放；若存放的是字数据，每个字数据的低字节（低 8 位）存放在低地址单元中，高字节（高 8 位）存放在高地址单元中；若存放的是双字形式（一般作为指针），其低位字存放被寻址地址的偏移量，高位字存放被寻址地址所在的段地址。

8086 允许从任何地址开始存放字数据。字的低字节地址为偶地址时，称字的存储是对准的，该字被称为规则字；若字的低字节地址为奇地址时，称字的存储是未对准的，该字被称为非规则字。通过后续学习大家将知道，读取一个规则字和读取一个非规则字所进行的操作是不同的。

2. 存储器的分体结构

8086 系统的存储器采用分体结构的形式，即将整体为 1MB 的存储空间，物理地分为两个 512KB 的独立存储体，分别叫作"奇地址存储体"和"偶地址存储体"。奇地址存储体的数据线与数据总线的高 8 位 $D_{15} \sim D_8$ 相连，故又称这个存储体为高位字节块或奇地址块；偶地址存储体的数据线与数据总线的低 8 位 $D_7 \sim D_0$ 相连，故又称这个存储体为低位字节块或偶地址块。存储体与系统数据总线的连接如图 2 - 14 所示。

8086CPU 访问存储器时，利用$\overline{BHE}$信号低电平作为奇地址块的选通信号，而地址线 $A_0 = 0$（低电平）作为偶地址块的选通信号。所以，只有 $A_{19} \sim A_1$ 共 19 个地址线用作两个块内的存储单元的寻址信号。8086CPU 可以只从一个存储体中读/写一个字节数据；也可以通过两个存储体直接读/写一个字数据。由于存储器采用了分体结构，读/写字节数据或字数据会有以下几种情况：

1）当在偶地址中读/写一个字节数据时，$\overline{BHE} = 1$，发送偶地址，此时 $A_0 = 0$，CPU 将从偶地址块中经数据线 $D_7 \sim D_0$ 读/写数据，数据线 $D_{15} \sim D_8$ 上的数据将被自动忽略；当在奇地址中读/写一个字节数据时，$\overline{BHE} = 0$，发送奇地址，此时 $A_0 = 1$，CPU 将从奇地址块中经数据线 $D_{15} \sim D_8$ 读/写数据，数据线 $D_7 \sim D_0$ 上的数据将被自动忽略。

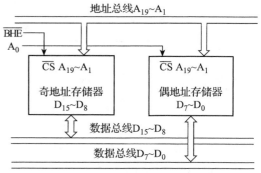

图 2 - 14　8086 系统存储器的分体结构

2）规则字的地址从偶地址开始。当读/写一个规则字数据时，发送该字数据的地址 $A_0 = 0$，同时发送信号 $\overline{BHE} = 0$，因此，只需执行一个总线读/写周期，便可以完成对该字的读/写操作；数据线 $D_7 \sim D_0$ 上读/写低字节数据，数据线 $D_{15} \sim D_8$ 上读/写高字节数据。

3）非规则字的地址从奇地址开始，低字节数据存放在奇地址块，高字节数据存放在偶地址块。因此读/写一个非规则字数据，CPU 需要发送两个地址，并连续执行两个总线读/写周期，才能完成对该字的读/写操作。第一次读/写奇地址块上的数据，发送该字数据的地址 $A_0 = 1$，同时发送信号 $\overline{BHE} = 0$，通过数据线 $D_{15} \sim D_8$ 读/写低字节数据，偶地址块上的 8 位数据被自动忽略；第二次读/写偶地址块上的数据，发送该字数据的地址 $A_0 = 0$，同时发送信号 $\overline{BHE} = 1$，通过数据线 $D_7 \sim D_0$ 读/写高字节数据，奇地址块上的 8 位数据被自动忽略，详见表 2 - 7。

表 2 - 7　读/写高字节数据或字数据时的信号及操作

$\overline{BHE}$	A_0	操作		使用的数据总线
1	0	从偶地址开始读/写一个字节		$D_7 \sim D_0$
0	1	从奇地址开始读/写一个字节		$D_{15} \sim D_8$
0	0	从偶地址开始读/写一个字（规则字）		$D_{15} \sim D_0$
0	1	从奇地址开始读/写一个字（非规则字）	第一个总线周期高 8 位数据有效	$D_{15} \sim D_8$
1	0		第二个总线周期低 8 位数据有效	$D_7 \sim D_0$

3. 存储器的分段结构

8086CPU 地址总线为 20 条，直接寻址的范围与存储器地址空间相一致，均为 1MB。但是，8086CPU 内所有的寄存器（CS、DS、SS、ES、SP、BP、SI、DI 和 IP）都是 16 位的，不能直接存储和传送 20 位的地址信号。16 位的地址信号最多只能寻址 64KB 空间。

为了解决对 1MB 存储器的寻址和地址信号的存储与传送等问题，8086 系统中引入了存储空间分段管理的概念，即将整个 1MB 的存储空间分成若干个"存储段"。每个段都是存储器中可独立寻址的逻辑单位，故称为"逻辑段"。

每个逻辑段的长度为 16B ~ 64KB，段内地址是连续的。允许各个逻辑段在整个 1MB 存储空间内"浮动"，但每个逻辑段的起始地址（称为段首地址）必须从能被 16 整除的地址开始，即段的起始单元的 20 位地址中的低 4 位全为 0。一个段的起始存储单元地址的高 16 位被称为该段的段基地址（称为段基址）。各段之间可以是连续的，可以是分开的，可以是部分重叠的，还可以是完全重叠的，如图 2 - 15 所示。

逻辑段内某个存储单元的地址，可用相对于段起始地址的偏移量（即存储单元本身到所在段段首地址的字节数）来表示，这个偏移量称为段内偏移地址，也称为有效地址（Effective Address，EA）。偏移地址是 16 位的，恰好能够寻址段内最大 64KB 的存储器空间。

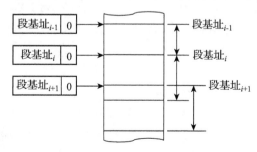

图 2 - 15　存储器分段与段的重叠

存储器分段以后，任何一个存储单元，可以唯一地被包含在一个逻辑段中，也可以被包含在两个或多个重叠的逻辑段中，只要能得到它所在段的段基址和段内偏移地址，就可以确定它的地址，并对它进行访问。在实际应用中，段基址一定存放在某个 16 位的段寄存器中；偏移地址可以存放在一个 16 位的寄存器中，或以常量等其他形式给出。需要注意的是，段区的分配工作是由操作系统完成的；但是，系统允许程序员在必要时指定所需占用的内存区。

4. 逻辑地址与物理地址

在 8086 系统中，可以使用物理地址和逻辑地址对存储器进行访问。物理地址（Physical Address，PA）是信息在存储器中实际存放的地址，它是 CPU 访问存储器时实际输出的地址，地址总线上传送的就是这个地址。对 8086 来说物理地址是 20 位，存储空间为 2^{20} B = 1MB，地址范围为 00000H ~ FFFFFH。CPU 和存储器交换数据时所用的就是这样的物理地址。

访问一个存储单元必须使用 20 位的地址信息，但对 8086CPU 来说，其寄存器都是 16 位的，无法存储 20 位的物理地址。因此，在编程时只能使用逻辑地址，即在程序和指令中使用逻辑地址来表示存储单元地址。逻辑地址包括两部分，即基地址和偏移地址，它们都是无符号的 16 位二进制数。所要访问存储单元的地址常被表示成"段基址：偏移地址"的形式。

CPU 访问存储器时，BIU 将逻辑地址转换为物理地址，如图 2-16 所示。转换方法为：将逻辑地址中的 16 位段基址左移 4 位（低位补 0），再与 16 位偏移地址（也称有效地址（EA））相加，即得到所要访问存储单元的 20 位物理地址（PA）。即

$$物理地址 = 段基址 \times 16 + 偏移地址$$

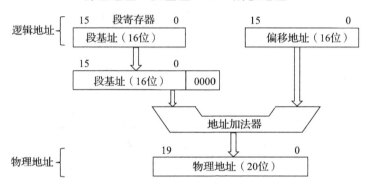

图 2-16 物理地址的形成

【例 2-2】 数据段内一个数据的偏移地址（EA）为 1000H，且数据段寄存器（DS）为 1200H，求该数据在内存中的物理地址是多少？该数据段首单元和末单元的物理地址是多少？

$$PA = 1200H \times 16 + 1000H = 13000H$$
$$首单元的 PA = 1200H \times 16 + 0000H = 12000H$$
$$末单元的 PA = 1200H \times 16 + FFFFH = 21FFFH$$

该数据段的物理地址范围是 120000H ~ 21FFFH。

【例 2-3】（1）当 CS = 1A00H、EA = 0025H 时，求物理地址。

（2）当 CS = 1500H、EA = 5025H 时，求物理地址。

根据物理地址的计算公式有：

$$题（1）的 PA = CS \times 16 + EA = 1A00H \times 16 + 0025H = 1A025H$$
$$题（2）的 PA = CS \times 16 + EA = 1500H \times 16 + 5025H = 1A025H$$

由例 2-3 可知：在题（1）和（2）中给定的段基址和 EA 均不相同，但对应的 PA 都是 1A025H。这说明，对于存储器中的任意存储单元，PA 是唯一的，而同一 PA 与多个逻辑地址相对应。

段基址来源于 4 个段寄存器，偏移地址来源于 IP、SP、BP、SI 和 DI。8086 微处理器在存储器中存储的信息包括程序指令、数据以及微处理器状态等。为了方便寻址和操作，存储器可以相应地分为：程序区，用于存放程序的指令代码；数据区，用于存放原始数据、中间结果和最终的运算结果；堆栈区，用于存放压入堆栈的数据和状态信息。

在 8086CPU 中，对不同类型存储器的访问所使用的段寄存器和段内偏移地址的组合做了一些具体的规定，默认的寻址组合规则见表 2-8。

表 2-8　访问存储器时所使用的段寄存器和段内偏移地址的寻址组合

段寄存器	偏移地址	主要用途
CS	IP	指令地址
SS	SP、BP	堆栈地址
DS	BX、DI、SI、8 位或 16 位数	数据地址
ES	DI	串操作目的地址

使用逻辑地址允许程序或数据在存储器中重定位。因为在现代计算机的寻址机制中引入了分段的概念，用于存放段基址的段寄存器的内容可以由程序重新设置，在偏移地址不变的情况下，可以将整个程序或数据块移动到存储器内的任何区域。这种可重定位特性，使编写与具体位置无关的动态悬浮程序成为可能。

2.4.2　8086 系统的 I/O 组织

8086CPU 和外部设备之间是通过 I/O 接口芯片进行联系的，从而达到相互间传输信息的目的。每个接口芯片上都有一个或几个端口，一个端口往往对应于芯片上的一个或一组 8 位的寄存器，用于暂存 8 位的字节数据。每一个 8 位端口都有一个唯一的地址与之对应。任意两个相邻的 8 位端口，都可以组成一个 16 位的 I/O 端口，用于暂存 16 位的字数据。

8086 系统采用 I/O 端口独立编址方式。这样的编址方式将不占用存储器的地址空间，但需要设有专门的输入指令（IN）和输出指令（OUT），并设置专门的控制信号，用于访问 I/O 端口。8086CPU 利用低 16 位地址线作端口地址，来寻址最多达 $2^{16} = 65536$ 个 8 位 I/O 端口地址或 $2^{15} = 32768$ 个 16 位 I/O 端口。由于用 16 位地址线对 8 位 I/O 端口寻址，因此无需对 I/O 端口的 64KB 寻址空间进行分段。

在这里需要区分"接口"与"端口"两个概念。接口是连接外设和主机系统的硬件设备，是一个具有一定电路结构的芯片，表达的是 CPU 与外设连接的笼统的硬件概念。端口则是 CPU 对接口芯片的管理上的编程概念。端口是接口芯片中的一个"寄存器"，一个接口芯片可以有多个端口，端口表现为接口技术中面向编程的具体的逻辑概念，数据的传送和交换通过具体的端口实现。如图 2-17 所示，图中的接口芯片中均含有多个 8 位端口，外设通过这些端口与 CPU 交换数据。其中，接口芯片 1 传送的数据是字节数据，接口芯片 2 传送的数据是字数据。

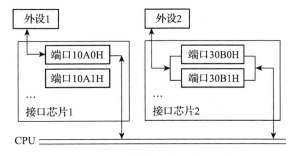

图 2-17　接口芯片与端口

2.5　8086CPU 的总线时序

微机系统的所有操作都是按照统一的时钟节拍来进行的，这就是 CPU 的系统时钟脉冲信号（CLK）。8086CPU 由外部的时钟发生器芯片 8284A 提供主频为 5 MHz 的时钟脉冲信号。

8086 的各种对外操作都需要使用总线，这些操作都可被称为"总线操作"。总线操作主要有：存储器读和 I/O 读操作、存储器写和 I/O 写操作、中断响应操作、总线请求及响应操作等。在时钟信号的控制下，8086 通过总线有节拍地完成各种总线操作，这就形成了 CPU 的总线时序。

总线时序用于描述 CPU 引脚如何实现总线操作。总线时序是微处理器功能特性的一个重要方面。

2.5.1　总线时序的基本概念

指令的执行是在时钟脉冲信号（CLK）的统一控制下逐步完成的，一个时钟脉冲时间称为一个时钟周期（Clock Cycle）。时钟周期是 CPU 执行指令的基本时间计量单位，它由计算机的主频决定。例如，8086CPU 的主频为 5MHz，则一个时钟周期为 200ns。时钟周期也称为 T 状态（T-State）。一般微处理器以 CLK 时钟下降沿同步工作。

8086CPU 通过总线与外部进行信息交换。CPU 通过总线完成一次访问存储器或 I/O 端口操作所需要的时间，称为总线周期（Bus Cycle）。一个基本的（或称为标准的）总线周期由 4 个时钟周期组成，分别称为 T_1、T_2、T_3 和 T_4。

一个总线周期完成一次数据传输，一般要有输出地址和传送数据两个基本过程。在第一个时钟周期（T_1）期间由 CPU 输出地址，在随后的 3 个时钟周期（T_2、T_3 和 T_4）期间用来传送数据。也就是说，数据的传送必须在 $T_2 \sim T_4$ 这 3 个时钟周期内完成，否则在 T_4 周期之后，将开始下一个总线周期。

在实际执行中，由于 CPU 与外部组件工作速度的差异，在一个基本的总线周期内，有时并不能完成一次数据读/写操作，被选中的存储器或外设向 8086CPU 的 READY 引脚发送一个请求延长总线周期的信号，8086CPU 在 T_3 时钟周期内开始对 READY 信号采样，若检测到 READY 信号为低电平，表示存储器或 I/O 端口没有准备好，则在 T_3 状态后面自动插入一个或若干个 T_w 等待周期，直至 READY 变为高电平，才进入 T_4 状态，完成数据传送。在 T_w 期间，总线上的状态一直保持不变。

如果在一个总线周期后不立即执行下一个总线周期，即总线上无数据传输操作，系统总线处于空闲状态，则此时执行一个或多个空闲周期（T_i），一个空闲周期也占用一个时钟周期的时间。图 2-18 为 8086CPU 典型的总线周期序列示意图。

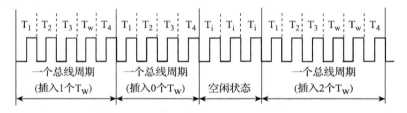

图 2-18　8086CPU 典型的总线周期序列示意图

一条指令经取指、译码、读/写操作数到执行完成的过程称为一个指令周期（Instruction Cycle）。执行不同的指令，对应的指令周期是不同的。一个指令周期由一个或若干个总线周期组成。

2.5.2　系统的复位和启动操作

8086 的复位和启动操作通过在 RESET 引脚施加复位信号来执行，输入的复位信号至少需要保持 4 个时钟周期的高电平信号，如图 2-19 所示。

当 RESET 引脚接收到第 1 个时钟周期的正跳变信号后，在第 2 个时钟周期 8086CPU 开始进入内部的 RESET 阶段。在此阶段内，CPU 将结束正在执行的指令操作，内部寄存器被初始化为 0000H，CS 和 IP 分别被初始化为 FFFFH 和 0000H，IF 标志清 0，指令队列清空。在第 2 个时钟周期后，所有三态输出引脚均置为高阻状态。第 4 个时钟周期后，复位结束，所有非三态输出引脚均置为无效状态。

8086 要求复位信号至少保持 4 个时钟周期的高电平，如果是初次加电启动，则要求有大于

$50\mu s$ 的高电平。系统加电或操作员在键盘上进行"RESET"操作时产生 RESET 信号，利用 RC 充电原理实现上电或按键复位的电路设计如图 2-20 所示。一旦系统复位或重新启动，就会重新引导系统程序。复位信号 RESET 负跳变时，会触发 CPU 内部的一个复位逻辑电路，经过 7 个时钟周期后，CPU 就被重新启动而恢复正常工作。

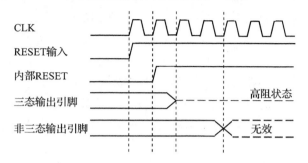

图 2-19　8086CPU 复位和启动操作时序

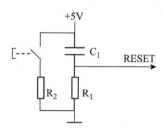

图 2-20　上电/按键复位电路

2.5.3　几种基本时序

8086 常用的基本总线时序有总线"读"操作、总线"写"操作和中断响应操作。总线"读"操作是指 CPU 从存储器或 I/O 端口读取数据；总线"写"操作是指 CPU 将数据写入存储器或 I/O 端口。读/写操作的过程不同，对应的时序也不同。另外，在最大模式下，8086CPU 所有的对总线进行读/写操作的控制信号和命令信号都由总线控制器 8288 提供，但在概念及基本时间关系上与最小模式是一样的，所以两种模式的时序一定程度上又存在相似性。这里以 8086CPU 最小模式下的信号时序为例，分析介绍操作时序的学习方法。

1. 读总线周期

8086CPU 读总线周期时序如图 2-21 所示。读总线周期时序内，有关总线信号在各个 T 状态的变化分析如下：

（1）T_1 状态　CPU 可以从内存和 I/O 端口读取数据，因此 CPU 首先要判断是从哪里读取数据。因此 $M/\overline{IO}$ 在 T_1 状态开始就变为有效，若为高电平，则表明对内存读取；若为低电平，则表明对 I/O 端口读取。并且这个有效电平一直持续到本次总线周期结束，即 T_4 状态结束。

同时，CPU 在 T_1 状态通过 $A_{19}/S_6 \sim A_{16}/S_3$ 和 $AD_{15} \sim AD_0$ 发送要访问内存或 I/O 端口的地址信息。由于高 8 位数据有效/状态复用引脚（$\overline{BHE}/S_7$）也参与地址选择，因此，在 T_1 状态，CPU 输出$\overline{BHE}$有效信号。

总线上的地址信息只在 T_1 状态有效，因此必须将它们锁存起来，以供整个总线周期使用。将 ALE 引脚加到地址锁存器的输入使能端（LE）作为锁存信号。在 T_1 状态，CPU 发

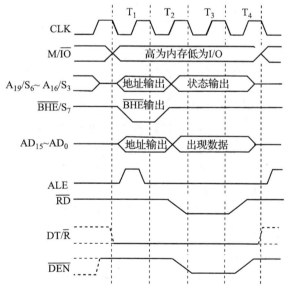

图 2-21　8086CPU 读总线周期时序

送一个 ALE 正脉冲信号，地址锁存器利用 ALE 的下降沿将 20 位地址和$\overline{BHE}$锁存到地址锁存器中，并输出到系统的地址总线上。

为了控制数据传输方向，当 DT/$\overline{R}$ 输出低电平，控制 74LS245 的传输方向为由存储器或 I/O 端口到 CPU。DT/$\overline{R}$ 信号的有效电平一直保持到整个总线周期结束。

（2） T_2 状态　总线上撤销地址信息。$\overline{BHE}$/S_7 和 A_{19}/S_6 ~ A_{16}/S_3 引脚上输出状态信息 S_7 ~ S_3，并一直持续到 T_4 状态；AD_{15} ~ AD_0 呈高阻状态，为读取数据做准备。

在 T_2 状态，$\overline{RD}$ 引脚输出低电平的读信号到控制总线上，此信号接到系统中所有存储器和 I/O 端口，用来打开存储器的数据单元，以便将数据送至数据总线。同时，$\overline{DEN}$ 信号变为低电平，允许 74LS245 传输数据。

（3） T_3 状态　经过 T_1 和 T_2 状态后，存储单元或 I/O 端口把数据送至数据总线，以供 CPU 读取；在 T_3 状态，CPU 继续提供状态信息，并维持 $\overline{RD}$、M/$\overline{IO}$、DT/$\overline{R}$ 及 $\overline{DEN}$ 为有效电平。若外设或存储器速度较快，则应在 T_3 状态往数据总线 AD_{15} ~ AD_0 送入 CPU 读取的数据信息。

（4） T_4 状态　在 T_4 状态和前一个状态交界的下降沿处，CPU 读入已经稳定出现在数据总线上的数据，各控制信号和状态信号变为无效；$\overline{DEN}$ 信号进入高电平，此时数据总线上的数据无效，准备执行下一个总线周期。

2. 写总线周期

8086CPU 写总线周期时序如图 2 - 22 所示。

对比图 2 - 21 和图 2 - 22 可知，写总线周期时序和读总线周期很相似。与读总线周期时序不一样的是 T_1 状态和 T_2 状态。在 T_1 状态，DT/$\overline{R}$ 引脚输出高电平，此时 74LS245 的传输方向为由 CPU 到存储器或 I/O 端口。在 T_2 状态，$\overline{RD}$ 引脚变为无效，而 $\overline{WR}$ 变为有效；AD_{15} ~ AD_0 不变为高阻状态，而是在地址撤销以后立刻送出要写入存储器或 I/O 端口的数据。

3. 中断响应周期

中断是指 CPU 暂停执行当前程序，转去执行一个中断服务程序的过程。8086 可以处理

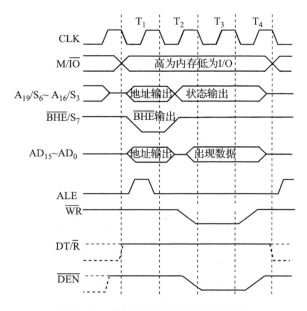

图 2 - 22　8086CPU 写总线周期时序

256 种不同的中断，包括硬件中断和软件中断两种。其中，硬件中断是由外部设备引发的，分为非可屏蔽中断和可屏蔽中断两类。

非可屏蔽中断是通过 CPU 的 NMI 引脚引入的，其请求信号为一个上升沿触发信号，并要求维持两个时钟周期的高电平。当有非可屏蔽中断请求时，不管 CPU 正在做什么事情，都会响应，优先级别很高。

一般外设通过 INTR 引脚向 CPU 发出中断请求，INTR 引脚高电平有效，且必须维持到 CPU 响应中断请求为止。当外部可屏蔽中断源通过 CPU 的 INTR 引脚发出中断请求后，如果中断允许标志 IF = 1，CPU 将在当前指令执行完成后，响应该中断而进入中断响应周期。最小模式下可屏蔽中断响应周期时序如图 2 - 23 所示。

中断响应周期由两个总线周期组成。两个总线周期都是从 T_2 开始到 T_3 结束，且 CPU 通过 $\overline{INTA}$ 引脚向外设接口发送一个负脉冲信号。第一个 $\overline{INTA}$ 负脉冲通知提出 INTR 请求的外设，它提出的中断请求已经被允许；第二个 $\overline{INTA}$ 负脉冲是通知外设将中断类型码放到低 8 位的数据总线 $AD_7 \sim AD_0$ 上，由 CPU 从数据总线上读取中断类型码。在两个总线周期的其余时间内，低 8 位的数据线始终处于浮空状态。

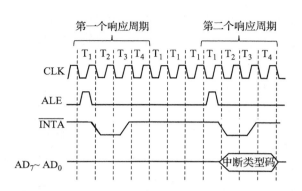

图 2 - 23　8086CPU 可屏蔽中断响应周期时序

在图 2 - 23 中，8086CPU 在两个总线周期之间插入了 3 个空闲周期 T_i，而 8088CPU 不存在这 3 个空闲周期。8088 和 8086 的其他响应过程是完全一样的。

2.6　系统总线的形成

由于 CPU 芯片体积小，而 CPU 与外部存储器或 I/O 接口之间信息传输的种类和位数较多，所以在 CPU 设计时，其大多数引脚采用时分复用技术。众所周知，在微型计算机系统中，不同信息沿不同总线传输，即地址信息沿地址总线传输，数据信息沿数据总线传输，控制信息沿控制总线传输。因此，利用任何型号的 CPU 设计一个应用系统时，第一步就是按照各引脚的功能及各引脚之间的时序关系，采用数字逻辑设计技术，将这些复用引脚上的复用信息分开，使各类信息沿各类总线传输，这种设计称为系统总线形成电路设计。本节以 8086CPU 为例，介绍一种简单的系统总线形成方法。本节的学习为后续了解其他系统总线奠定基础。

2.6.1　几种常用的芯片

在系统总线驱动以及简单的 I/O 接口电路设计中，经常使用的芯片有单向三态门、双向三态门和带有三态输出的锁存器等。为了方便后续使用，这里进行简单的介绍。

1. 单向三态门

单向三态门的种类很多，它们的工作原理基本相同，这里只简单地对 74LS244 进行介绍。74LS244 由 8 个三态门构成，有两个三态控制端，其中每个控制端可以独立控制 4 个三态门，其逻辑及功能如图 2 - 24 所示。在实际应用中，74LS244 可作为地址总线或控制总线的驱动芯片，也可用作输入端口的接口芯片。

2. 双向三态门

双向三态门有 74LS245，Intel 的 8286、8287 等，它们的工作原理大同小异，这里仅以 74LS245 为例加以说明。74LS245 的逻辑及功能如图 2 - 25 所示。在实际应用中，74LS245 可作为数据总线双向驱动器、地址总线或控制总线单向驱动器以及输入端口的接口芯片。

$\overline{G}$	A	Y
0	0	0
0	1	1
1	×	高阻

a）74LS244 的逻辑及引脚　　b）74LS244 的功能

图 2 - 24　74LS244 的逻辑及功能

3. 带有三态输出的锁存器

具有三态输出的锁存器有很多种，如 74LS373、Intel 的 8282 等。下面以 74LS373 为例来进行说明，74LS373 的逻辑及功能如图 2-26 所示。在实际应用中，74LS373 可作为地址总线或控制总线单向驱动锁存器以及输出端口的接口芯片。

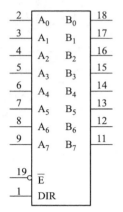

$\overline{E}$	DIR	方向
0	0	A←B
0	1	A→B
1	×	A、B均为高阻

$\overline{OE}$	G	D_i	Q_i
0	1	0	0
0	1	1	1
0	0	×	保持
1	×	×	高阻

a）74LS245的逻辑及引脚   b）74LS245的功能   a）74LS373的逻辑及引脚   b）74LS373的功能

图 2-25　74LS245 的逻辑及功能   **图 2-26　74LS373 的逻辑及功能**

2.6.2　最小模式下的系统总线形成

图 2-27 所示是 8086 在最小模式下的典型配置。8086 的最小模式具有以下特点：

1）MN/$\overline{\text{MX}}$引脚接 +5V，CPU 为最小工作模式。

2）使用 1 片 8284 作为时钟信号发生器。

3）使用 3 片 74LS373 作为地址锁存器，对 20 根地址线和 1 条$\overline{\text{BHE}}$信号中传送的地址信息进行锁存。3 片 74LS373 的输入使能端（G）是锁存控制信号，与 CPU 的 ALE 引脚连接，由 ALE 信号对其进行锁存控制。在总线周期的 T_1 状态 CPU 发出这 21 个地址信号，CPU 同时发送 ALE 上升沿脉冲，这 21 个地址信号被锁存在 3 片 74LS373 的输出端，从而形成地址总线信号。

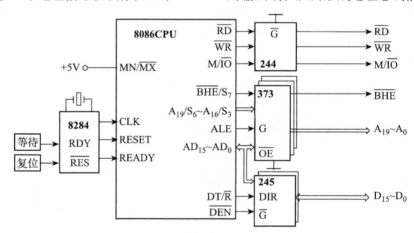

图 2-27　8086 在最小模式下的总线形成方式

4）当系统中连接的存储器和 I/O 端口较多时，需要增加数据总线的驱动能力，因此使用 2 片 74LS245 增加双向数据总线的驱动能力。这 2 片 74LS245 的使能端（$\overline{G}$）和方向控制端（DIR）分别与 8086CPU 的$\overline{\text{DEN}}$和 DT/$\overline{\text{R}}$引脚连接，从而实现了 16 位的双向数据总线 $D_0 \sim D_{15}$。

5）系统总线的控制信号由 8086CPU 直接产生，由于 8086CPU 的驱动能力不足，需要使用 1 片 74LS244 进行驱动。

2.6.3　最大模式下的系统总线形成

图 2-28 所示是 8086 在最大模式下的典型配置。8086 的最大模式具有以下特点：

1）MN/$\overline{\text{MX}}$引脚接地，CPU 为最大工作模式。

2）使用 1 片 8284 作为系统时钟。

3）使用 3 片 74LS373 进行地址锁存。在最大模式下，该部件的工作方式与最小模式相同。

4）使用 2 片 74LS245 形成双向数据总线。在最大模式下，该部件的工作方式与最小模式相同。

5）使用 1 片 8288 作为总线控制器。8288 用来对 CPU 发出的控制信号进行变换和组合，以得到对存储器或 I/O 端口的读/写信号以及对锁存器 74LS373 和双向总线驱动器 74LS245 的控制信号。

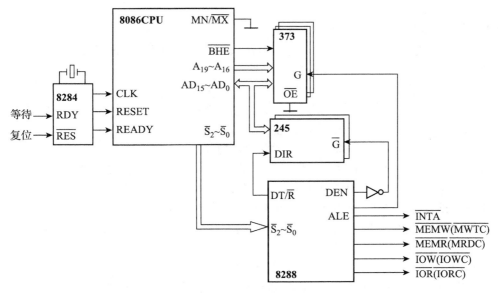

图 2-28　8086 在最大模式下的总线形成方式

在最大模式下，系统会出现两个以上的微处理器。在某个时刻，只能一个微处理器管理总线，为了协调微处理器对总线管理的更替，使用总线仲裁器 8289 进行仲裁。一旦仲裁之后，就确立了由哪个微处理器管理总线，该微处理器就向 8288 发送$\overline{\text{S}}_2 \sim \overline{\text{S}}_0$控制编码，经 8288 状态译码后，确定系统总线执行何种操作，8288 按照时序要求发出控制信号，不再由 8086 直接输出控制信号。总线状态信号与 8288 命令输出的关系见表 2-9。

表 2-9　总线状态信号与 8288 命令输出的关系

总线状态信号			操　作	8288 命令输出
$\overline{\text{S}}_2$	$\overline{\text{S}}_1$	$\overline{\text{S}}_0$		
0	0	0	中断响应	$\overline{\text{INTA}}$
0	0	1	读 I/O 端口	$\overline{\text{INTA}}$
0	1	0	写 I/O 端口	$\overline{\text{IOW}}$（IOWS）
0	1	1	暂停	无
1	0	0	取指令	$\overline{\text{MEMR}}$（MRDC）
1	0	1	读存储器	$\overline{\text{MEMR}}$（MRDC）

（续）

总线状态信号			操作	8288 命令输出
$\overline{S_2}$	$\overline{S_1}$	$\overline{S_0}$		
1	1	0	写存储器	$\overline{MEMW}$（$\overline{MWTC}$）
1	1	1	过渡状态	无

8288 输出信号线是多选一的，每个输出与微处理器的某个总线周期相对应。因此，将选中某条信号线称为执行某个命令。表 2-9 中 I/O 的读/写命令以及存储器读/写命令 $\overline{IORC}$、$\overline{IOWC}$、$\overline{MRDC}$、$\overline{MWTC}$ 代替了最小模式中的 3 条控制线 $\overline{RD}$、$\overline{WR}$ 和 M/IO。

习 题

2.1 8086CPU 是多少位的微处理器？为什么？

2.2 8086CPU 从功能上分为几部分？各部分由什么组成？各部分的功能各是什么？

2.3 8086CPU 为什么采用地址/数据线时分复用？有何好处？

2.4 根据 8086CPU 的结构，简述在 8086 系统中指令的执行过程。

2.5 8086CPU 中指令队列缓冲器的作用是什么？8086CPU 内部的并行操作体现在哪里？

2.6 8086CPU 内部有哪些寄存器？它们的主要作用各是什么？

2.7 8086CPU 中有哪些寄存器可以用来指示存储器的地址？

2.8 在 8086 系统中，为什么要对存储器进行分段管理？其分段管理是如何实现的？

2.9 什么是逻辑地址？什么是物理地址？设一个 20 字的数据存储区，它的起始地址为 2101H：1A00H。试计算出该数据区的首单元和末单元的物理地址。

2.10 若某存储单元的实际地址是 1AB00H，且该存储单元所在的段首地址为 19F00H，则该存储单元在段内的偏移地址是多少？

2.11 简述时钟周期、总线周期和指令周期的概念。

2.12 8086CPU 中一个基本的总线周期由哪几个状态组成？在什么情况下需要插入等待周期（T_w）？插入多少个 T_w 取决于什么因素？

2.13 复位信号 RESET 到来后，8086CPU 的内部状态有何特征？系统从何处开始执行指令？

2.14 8086 系统中为什么要用地址锁存器？锁存的是什么信息？

2.15 8086 的存储器可以寻址 1MB 的空间，在对 I/O 端口进行读/写操作时，20 位地址中有哪些位是有效的？I/O 地址的寻址空间为多大？

2.16 8086 有两种工作模式，即最小模式和最大模式，它由什么信号决定？最小模式的特点是什么？最大模式的特点是什么？

2.17 填空题

（1）8086CPU 在结构上由（　　　）和（　　　）两个独立的处理单元构成。

（2）将 62A0H 和 4321H 相加，则 AF =（　　　）、SF =（　　　）、ZF =（　　　）、CF =（　　　）、OF =（　　　）、PF =（　　　）。

（3）已知 CS = 1800H，IP = 1500H，则指令所处的物理地址为（　　　）。给定一个数据的有效地址是 2360H，且 DS = 49B0H，该数据在内存中的实际物理地址为（　　　）H。

（4）当存储器的读出时间长于 CPU 所要求的时间，为保证 CPU 与存储器的周期配合，则需要用（　　　）信号，使 CPU 插入一个（　　　）状态。

（5）8086 中地址/数据线时分复用，为保证总线周期内地址稳定，应配置（　　　）；为提高总线驱动能力，应配置（　　　）。

（6）8086 的总线控制信号在最小模式下由（　　　）产生，最大模式下由（　　　）产生。

2.18　单项选择题

（1）8086 段寄存器的功能是（　　　）。

    A. 用于计算有效地址　　　　　　B. 执行各类数据传送操作

    C. 用于存放段地址

（2）微机的地址总线主要功能是（　　　）。

    A. 只用于选择存储单元

    B. 只用于选择进行信息传输的设备

    C. 用于传送要访问的存储单元或 I/O 端口的地址

    D. 只用于选择 I/O 端口

（3）在堆栈段中，用于存放栈顶地址的寄存器是（　　　）。

    A. IP　　　　B. SP　　　　　C. BX　　　　　　　D. BP

（4）8086 有两种工作方式，当 8086 处于最小工作模式时，MN/$\overline{\text{MX}}$接（　　　）。

    A. +12V　　B. −12V　　　C. +5V　　　　　　　D. 地线

（5）8086CPU 上 INTR 信号为（　　　）信号有效。

    A. 上升沿　　B. 下降沿　　　C. 高电平　　　　　　D. 低电平

（6）下列说法中属于 8086CPU 最小工作模式特点的是（　　　）。

    A. CPU 提供全部的控制信号　　B. 不需要双向三态缓冲器

    C. 不需要地址锁存器　　　　　　D. 需要总线控制器 8288

（7）对存储器访问时，地址线有效和数据线有效的时间关系应该是（　　　）。

    A. 数据线较先有效　　　　　　　B. 二者同时有效

    C. 地址线较先有效　　　　　　　D. 同时高电平

（8）8086CPU 芯片的时序中，不加等待的一个总线周期需要时钟周期数为（　　　）。

    A. 1　　　　B. 2　　　　　C. 3　　　　　　　　D. 4

（9）8086 执行一个总线周期最多可传送（　　　）个字节。

    A. 1　　　　B. 2　　　　　C. 3　　　　　　　　D. 4

（10）RESET 信号有效后，CPU 执行的第一条指令地址为（　　　）。

    A. 00000H　B. FFFFFH　　C. FFFF0H　　　　　D. 0FFFFH

2.19　将下列两组词汇和说明关联起来。

  （1）CPU　　　　　A. 以先进后出方式工作的存储器空间

  （2）IP　　　　　　B. 由算术逻辑单元（ALU）和寄存器组等组成的部件

  （3）SP　　　　　　C. 控制 CPU 响应外部中断的标志

  （4）IF　　　　　　D. 记录指令操作结果的标志

  （5）存储器　　　　E. 用指令的助记符、符号地址、标号等符号书写程序的语言

  （6）堆栈　　　　　F. 保存当前栈顶地址的寄存器

  （7）指令　　　　　G. 存储程序、数据等信息的记忆装置

  （8）状态标志　　　H. 唯一代表存储器空间中的每个字节单元的地址

  （9）汇编语言　　　I. 告诉 CPU 要执行的操作，在程序运行时执行

  （10）物理地址　　　J. 指示下一条要执行指令的地址

第 3 章　8086 的寻址方式与指令系统

指令系统是计算机所能执行的全部指令的集合，它描述了微处理器内部的全部控制信息和"逻辑判断"能力，是学习汇编语言程序设计的基础。8086 指令系统是 x86 系列处理器指令的基本集合，且向后兼容。本章首先介绍 8086 微处理器指令系统的数据类型、指令格式和寻址方式，然后详细介绍 8086 微处理器的指令系统，重点是各条指令的格式、功能、对标志位的影响以及指令在使用上的一些特殊限制。

3.1　指令格式

指令是指挥计算机进行操作的命令。指令系统是指微处理器能执行的各种指令的集合。程序就是一系列按一定顺序排列的指令，执行程序的过程就是计算机的工作过程。微处理器的主要功能由它的指令系统来体现，不同的微处理器有不同的指令系统，其中每一条指令对应着微处理器的一种基本操作，这在设计微处理器时便确定了。

8086 汇编语言指令由 4 部分组成，格式如下：

〔标号:〕〔前缀〕助记符　〔操作数〕〔;注释〕

其中，方括号表示的部分为任选部分，它在具体指令中不是必需的。

1. 标号 （Label）

标号即指令语句的标识符，也可以理解为给该指令所在地址取的名字，或称为符号地址。它可以省略，是可供选择的项。标号可由字母（包括英文 26 个大小写字母）、数字（0~9）及一些特殊符号组成。但是，第一个字符只能是字母，且字符总数不得超过 31 个（一般为 1~8 个）。标号和后面的助记符之间必须用冒号"："分隔开。一般来说，跳转指令的目标语句或子程序的首语句必须设置标号。

2. 前缀及助记符 （Prefixes and Mnemonic）

助记符是一些与指令操作类型和功能意义相近的英文缩写，用来指示指令语句的操作类型和功能，也称为操作码。所有的指令语句都必须有操作码，不可缺少。

在一些特殊指令中，有时需要在助记符前面加前缀，它和助记符配合使用，从而实现某些附加操作。例如，和"串操作指令"（MOVS、CMPS、SCAS、LODS 和 STOS）连用的 5 条"重复指令"（REP、REPE/REPZ、REPNE/REPNZ），以及总线封锁指令 LOOK 等，都是前缀。

3. 操作数 （Operand）

操作数即参与操作的数据。不同的指令对操作数的要求也各不相同，有的不带任何操作数，有的要求带一个或两个操作数。若指令中有两个操作数，中间必须用逗号分隔开，并且称逗号左边的操作数为目的操作数，称逗号右边的操作数为源操作数。操作数与助记符之间必须以空格分隔。

操作数又可分为数据操作数和转移地址操作数。

（1）数据操作数　指令中操作的对象是数据，包括立即数操作数、寄存器操作数、存储器操作数和 I/O 操作数。

（2）转移地址操作数　这类操作数是与转移地址有关的操作数，即指令中操作的对象不是数据，而是要转移的目标地址。转移地址操作数也可分为立即数操作数、寄存器操作数和存储器操作数，也就是说，要转移目标的地址包含在指令中，或存放在寄存器中，或存放在存储单元中。

4. 注释（Description）

注释是对有关指令语句及程序功能的标注和说明，用于增加程序的可读性。对程序汇编后，注释不产生目标代码。并非所有的语句都要加注释，因此注释是可以省略的。可以使用英文或中文进行注释。注释与操作数之间用分号分隔，分号标示着注释的开始。

3.2　8086 的寻址方式

在指令中可以直接给出操作数的值，或者给出操作数存放的地址。CPU 可根据指令中给出的地址信息求出存放操作数的有效地址（Effective Address，EA），对存放在有效地址中的操作数进行操作。指令中关于如何求出操作数有效地址的方法称为操作数的寻址方式，计算机按照指令给出的寻址方式求出操作数的有效地址和存取操作数的过程被称为寻址操作。根据指令中操作数所存放位置的不同，8086CPU 的寻址方式有两类：数据寻址和转移地址寻址。

在讨论寻址方式之前，先简单介绍一条汇编语言中最常用的指令：

```
MOV dst,src        ;dst←(src)
```

其功能是将由"源操作数 src"所指出的数据传送到由"目的操作数 dst"所指定的地方，其中 dst 用于指定目的操作数的寻址方式，src 用于指定源操作数的寻址方式。

3.2.1　数据寻址方式

8086 指令系统的常用数据寻址方式有 8 种：立即数寻址、寄存器寻址、存储器寻址（5 种）和隐含寻址。存储器寻址方式又可以细分为：直接寻址、寄存器间接寻址、寄存器相对寻址、基址变址寻址和基址变址相对寻址。下面详细介绍这些寻址方式。

1. 立即数寻址

立即数寻址方式所提供的操作数直接包含在指令中，其紧跟在操作码的后面，与操作码一起被放在代码段区域中。因而，立即数总是与操作码一起被取入 CPU 的指令队列，在指令执行时不需要再访问存储器。立即寻址方式仅用于源操作数，主要是用来给寄存器或存储器赋初值。

立即数可以是 8 位或 16 位的。若是 16 位的，则其低 8 位字节存放在相邻两个存储单元的低地址单元中，其高 8 位字节存放在高地址单元中。

例如：

```
MOV AX,1234H          ;将立即数 1234H 送入累加器 AX
MOV AL,0FH            ;将立即数 0FH 送入累加器 AL
MOV VAR,12H          ;将立即数 12H 送入变量 VAR 指向的存储单元
MOV DI,0             ;把 0000H 送入 DI
MOV AH,'A'           ;把字母 A 的 ASCII 码(41H)送入 AH
MOV BX,'AB'          ;把 ASCII 码(4241H)送入 BX
MOV CL,10100011B     ;把二进制数 10100011B 送入 CL
MOV WORD PTR[SI],100 ;把 100(64H)送入数据段由 SI 和 SI+1 指向的两个存储单元中
```

前两条指令的指令码在内存中的存放格式及指令执行过程如图 3-1 所示。

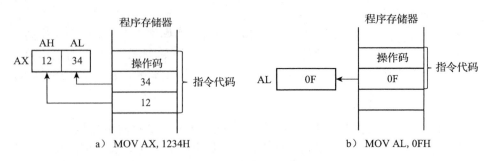

图 3-1　立即数寻址操作

2. 寄存器寻址

寄存器寻址即为寄存器直接寻址。在此寻址方式中，操作数存放在指令规定的 CPU 内部寄存器中。对于 16 位操作数，寄存器可以是 AX、BX、CX、DX、SI、DI、SP 或 BP；对于 8 位操作数，寄存器可以是 AL、AH、BL、BH、CL、CH、DL 或 DH。

例如：

```
INC CX              ; CX 内容加 1,结果送回 CX
MOV AX, CX          ; CX 内容送至 AX
MOV DS, AX          ; AX 内容送至 DS
MOV BP, SP          ; SP 内容送至 BP
MOV BH, BL          ; BL 内容送至 BH
MOV AX, ES          ; ES 内容送至 AX
```

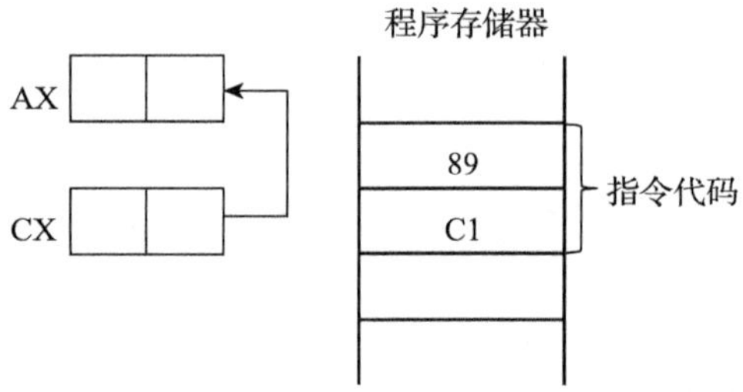

上述第 2 条指令的寻址及执行过程如图 3-2 所示。

显然，对于寄存器寻址方式而言，由于操作数就在 CPU 的两部寄存器中，不需要访问总线即可获得操作数，因而采用这种寻址方式的指令具有较快的执行速度。

图 3-2　MOV AX,CX 指令的寻址及执行过程

除上述两种寻址方式以外，下面第 3～7 这 5 种寻址方式的操作数都在内存中，需通过采用不同的方法得到操作数地址，然后通过访问存储器来取得操作数。因此，在指令中可以直接或间接地给出存放操作数的有效地址（EA），以达到访问操作数的目的。

3. 直接寻址

直接寻址是存储器直接寻址的简称，是一种最简单的存储器寻址方式。在这种寻址方式下，指令中直接给出操作数的有效地址（16 位的偏移地址），且该地址与操作码一起被放在代码段中。通常，在直接寻址方式中，操作数放在存储器的数据段（DS）中，这是一种默认的方式。

例如：

```
MOV AX, [2000H]     ; 将数据段中 2000H 单元内容送至 AX 中
MOV BX, NUM         ; 把数据段存储单元 NUM 中的字内容送至 BX
MOV VAR, AL         ; 把 AL 字节内容送至数据段存储单元 VAR 中
MOV DATA, SP        ; 把 SP 的内容送至数据段存储单元 DATA 中
```

在汇编语言中，带方括号"[ ]"的操作数称为存储器操作数，括号中的内容作为存储单元的有效地址（EA），存储器操作数本身并不能表明地址的类型，而需要通过寄存器操作数的类型或别的方式来确定。上述第 1 条指令中，目的操作数 AX 为字型，源操作数也应与之对应，因此 EA＝2000H 为字单元。设 DS＝3000H，该指令的寻址及执行过程如图 3-3 所示。

物理地址 = 3000H × 16 + 2000H = 32000H

第 1 条指令的功能是将存储器 32000H 和 32001H 两个存储单元的内容，按照高位字节对应高地址、低位字节对应低地址的原则，送到 AX 寄存器中。

此外，如果要访问除 DS 段之外的其他段中的数据，如 CS、ES、SS 中的数据寻址，则应在指令中增加段前缀，用以指出当前段的段寄存器名，这称为段超越，即在有关操作数的前面加上段寄存器名，再加上冒号"："。例如：

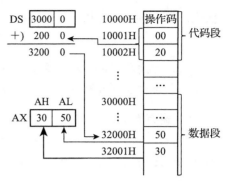

图 3-3　MOV AX，[2000H] 指令的寻址及执行过程

```
MOV AX, ES: [2000H]     ;将 ES 段中 2000H 单元内容
                         送至 AX
```

在汇编语言中还允许用符号地址代替数值地址，例如：

```
VAR DW 1234H
…
MOV AX, VAR
```

这里的 DW 伪指令语句用来定义变量（详见第 4.3.1 小节），变量名 VAR 表示内存中一个数据区的名字，也就是符号地址，该地址存放一个字型数据 1234H。变量名可以作为指令中的内存操作数来引用，因此属于直接寻址方式。

4. 寄存器间接寻址

在寄存器间接寻址方式中，操作数存放在存储区中，其有效地址用基址寄存器（BP、BX）或变址寄存器（SI、DI）这 4 个寄存器中的 1 个来指定，即

$$EA = \begin{bmatrix} (BP) \\ (BX) \\ (SI) \\ (DI) \end{bmatrix}$$

需要注意的是，在书写此类指令时，必须用方括号"[ ]"将用作间接寻址的寄存器括起来，以免与前面介绍的寄存器寻址方式相混淆。

寄存器间接寻址分为两种情况：

1）以 SI、DI、BX 间接寻址，通常操作数在现行数据段区域中，此时 DS × 16 + REG 为操作数的地址，REG 表示寄存器是 SI、DI、BX 之一。

2）以寄存器 BP 间接寻址，操作数在堆栈段中，即 SS × 16 + BP 为操作数的地址。

例如：

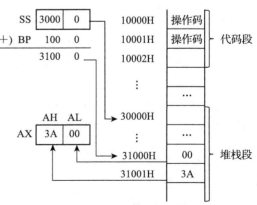

图 3-4　MOV AX，[BP] 指令的寻址及执行过程

```
MOV AX, [SI]     ;将[SI]为有效地址的存储器
                  单元中的操作数送至 AX,默认
                  DS 为当前段基寄存器
MOV AX, [BP]     ;将[BP]为有效地址的存储器
                  单元中的操作数送至 AX,默认
                  SS 为当前段基寄存器
```

设 SS = 3000H，BP = 1000H，上述第 2 条指令寻址及执行过程如图 3-4 所示。

寄存器间接寻址也可以使用段超越前缀来从默

认段以外的段中取得数据。例如：

```
MOV AX, ES: [BI]
```

寄存器间接寻址方式可用于表格处理（即访问连续存储单元）。此时，在执行完一条指令后，只需修改寄存器内容就可以取出表格中的下一项。

5. 寄存器相对寻址

在这种寻址方式中，操作数存放在存储单元中，其有效地址等于一个由指令规定的基址寄存器（BP、BX）或变址寄存器（SI、DI）的内容与指令中给定的 8 位或 16 位的相对地址位移量之和，即

$$EA = \begin{bmatrix} (BP) \\ (BX) \\ (SI) \\ (DI) \end{bmatrix} + \begin{bmatrix} 8\ 位\ disp \\ 16\ 位\ disp \end{bmatrix}$$

寄存器相对寻址方式的操作数在汇编语言中的书写也可以采用多种形式。例如：

```
MOV [SI + disp], AX        ;将 AX 的内容送至有效地址为[SI + disp]的存储单元中
MOV disp[SI], AX           ;与上一条指令同
MOV [disp + SI], AX        ;与上一条指令同
```

寄存器相对寻址方式也允许段超越。在省略段超越前缀时，BX、SI、DI 默认的段寄存器为 DS，BP 默认的段寄存器为 SS。例如：

```
MOV BX, [VALUE + DI]       ;默认 DS 为当前段寄存器
MOV SS: STR[SI], AX        ;SS 是段超越前缀,即 SS 为当前段寄存器
```

6. 基址变址寻址

这种寻址方式中操作数的有效地址等于一个基址寄存器（BX 或 BP）与一个变址寄存器（SI 或 DD）的内容之和，即

$$EA = \begin{bmatrix} (BX) \\ (BP) \end{bmatrix} + \begin{bmatrix} (SI) \\ (DI) \end{bmatrix}$$

基址变址寻址方式的操作数的书写形式也可有多种。例如：

```
MOV AL, [BX + SI]
MOV [BP][DI], AX
```

基址变址寻址方式允许段超越。在缺少段超越前缀时，BX 默认的段寄存器为 DS，BP 默认的段寄存器为 SS。

设 DS = 3000H，执行下列程序，其中第 3 条指令的寻址及执行过程如图 3-5 所示。

```
MOV BX, 2000H
MOV SI, 1
MOV AX, [BX + SI]
```

物理地址 $= 3000H \times 16 + 2000H + 1H = 32001H$

需要注意的是，该寻址方式的基址寄存器只能是 BX 或 BP，而变址寄存器只能是 SI 或 DI。这种寻址

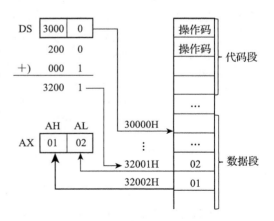

图 3-5　MOV AX, [BX + SI] 指令的寻址及执行过程

方式同样可用于数组和表格处理。在进行处理时，可将首地址放在基址寄存器中，而用变址寄存器来访问数组或和表格中的各个元素。

7. 基址变址相对寻址

在这种寻址方式中，操作数存放在存储单元中，其有效地址等于一个由指令规定的基址寄存器（BP、BX），一个变址寄存器（SI、DI）的内容与指令中给定的 8 位或 16 位的相对地址位移量之和，即

$$EA = \begin{bmatrix} (BX) \\ (BP) \end{bmatrix} + \begin{bmatrix} (SI) \\ (DI) \end{bmatrix} + \begin{bmatrix} 8 \text{ 位 disp} \\ 16 \text{ 位 disp} \end{bmatrix}$$

基址变址相对寻址方式的操作数的书写形式也有多种。例如：

```
MOV AX, [BX + SI + disp]
MOV AX, disp [BX + SI]
MOV AX, disp [BX][SI]
```

基址变址相对寻址方式允许段超越。在缺少段超越前缀时，BX 默认的段寄存器为 DS，BP 默认的段寄存器为 SS。

这种寻址方式常用来访问二维数组，设数组元素在内存中按行顺序存放（先放第一行所有元素，再放第二行所有元素），将 disp 设为数组起始地址的偏移量，基址寄存器（如 BX）为某行首与数组起始地址的字节距离（即 BX = 行下标 × 一行所占有的字节数），变址寄存器（如 SI）为某列与所在行首的字节距离（对于字节数组，即 SI = 列下标），这样，通过基址寄存器和变址寄存器即可访问数组中不同行和列上的元素。若保持 BX 不变而 SI 改变，则可以访问同一行上的所有元素；若保持 SI 不变而 BX 改变，则可以访问同一列上的所有元素。

8. 隐含寻址

在有些指令的指令码中，不仅包含有操作码信息，而且还隐含了操作数地址的信息。例如，乘法指令 MUL 的指令码中只需指明一个乘数的地址，另一个乘数和积的地址是隐含固定的。再如，DAA 指令隐含对 AL 的操作。

这种将操作数的地址隐含在指令操作码中的寻址方式就称为隐含寻址。

3.2.2　转移地址寻址方式

一般情况下指令是顺序逐条执行的，但实际上也经常发生执行转移指令改变程序执行流向的现象。与前述数据寻址方式是确定操作数的地址不同，转移地址寻址方式是用来确定转移指令的转向地址（又称转移的目标地址）。下面首先说明与程序转移有关的几个基本概念，然后介绍四种不同类型的转移地址寻址方式，即段内直接寻址、段内间接寻址、段间直接寻址和段间间接寻址。图 3－6 展示了四种程序转移地址的寻址方式。

如果转向地址与转移指令在同一个代码段中，这样的转移称为段内转移，也称近转移；如果转向地址与转移指令位于不同的代码段中，这样的转移称为段间转移，也称远转移。近转移时的转移地址只包含偏移地址部分，找到转移地址后，将其送入 IP 即可实现转移（不需改变 CS 的内容）；远转移时的转移地址既包含偏移地址部分又包含段基址部分，找到转移地址后，将转移地址的段基址部分送入 CS，偏移地址部分送入 IP，即可实现转移。

如果转向地址直接放在指令中，则这样的转移称为直接转移，视转移地址是绝对地址还是相对地址（即地址位移量）又可分别称为绝对转移和相对转移；如果转向地址间接放在其他地方（如寄存器中或内存单元中），则这样的转移称为间接转移。

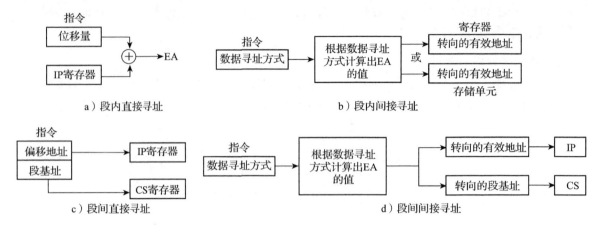

图 3 - 6　程序转移地址的寻址方式

1. 段内直接寻址

采用段内直接寻址方式，在汇编指令中直接给出转移的目标地址（通常是以符号地址的形式给出）；而在指令的机器码表示中，此转移地址是以对当前 IP 值的 8 位或 16 位位移量的形式来表示的。此位移量即为转移的目标地址与当前 IP 值之差（用补码表示）。指令执行时，转向的有效地址是当前的 IP 值与机器码指令中给定的 8 位或 16 位位移量之和。

段内直接寻址方式既适用于条件转移指令，也适用于无条件转移指令。但当它用于条件转移指令时，位移量只允许 8 位；无条件转移指令的位移量可以为 8 位，也可以为 16 位。通常将位移量为 8 位的转移称为 "短转移"。

段内直接寻址转移指令的汇编格式如下：

```
JMP NEAR PTR L1
JMP SHORT L2
```

其中，L1 和 L2 均为符号形式的转移目标地址。在机器码指令中，它们是用距当前 IP 值的位移量的形式来表示的。若在符号地址前加操作符 "NEAR PTR"，则相应的位移量为 16 位，可实现距当前 IP 值 - 32768 ~ + 32767 字节范围内的转移；若在符号地址前加操作符 "SHORT"，则相应的位移量为 8 位，可实现距当前 IP 值 - 128 ~ + 127 字节范围内的转移。若在符号地址前不加任何操作符，则默认为 "NEAR PTR"。

2. 段内间接寻址

采用段内间接寻址方式，转向的有效地址在一个寄存器或内存单元中，其寄存器内容或内存单元地址可用数据寻址方式中除立即寻址以外的任何一种寻址方式获得。转移指令执行时，从寄存器或内存单元中取出有效地址送给 IP，从而实现转移。

段内间接寻址转移指令的汇编格式如下：

```
JMP BX
JMP WORD PTR [BX + SI]
```

第 1 条指令 "JMP BX" 执行时，将从寄存器 BX 中取出有效地址送入 IP。

第 2 条指令中的操作符 "WORD PTR" 表示其后的 [BX + SI] 是一个字型内存单元。指令执行时，将从 [BX + SI] 所指向的字单元中取出有效地址送入 IP。

3. 段间直接寻址

采用段间直接寻址方式，指令中直接提供了转向地址的段基址和偏移地址，所以只要用指令中指定的偏移地址取代 IP 的内容，用段基址取代 CS 的内容就完成了从一个段到另一个段的转移操作。

段间直接寻址转移指令的汇编格式如下：

```
JMP FAR PTR LAB
```

其中，LAB 为转向的符号地址，FAR PTR 则是段间转移的操作符。

4. 段间间接寻址

采用段间间接寻址方式，用存储器中的两个相继字单元的内容来取代 IP 和 CS 的内容，以达到段间转移的目的。其存储单元的地址是通过指令中指定的除立即寻址和寄存器寻址以外的任何一种数据寻址方式取得的。

段间间接寻址转移指令的汇编格式如下：

```
JMP DWORD PTR [BX + SI]
```

其中，[BX + SI] 表明存储单元的寻址方式为基址变址寻址；"DWORD PTR" 为双字操作符，说明要从存储器中取出双字的内容来实现段间间接转移。

3.3　8086 的指令系统

虽然 8086 的指令系统只是 x86 指令系统的一个子集，但它却是理解和掌握整个 x86 指令系统进而进行 x86 汇编语言程序设计的一个重要基础。

8086 指令系统包括 100 多条指令，按功能可分为以下 6 种类型：

- 数据传送指令；
- 算术运算指令；
- 逻辑运算和移位指令；
- 串操作指令；
- 程序控制指令；
- 处理器控制指令。

在学习时，要注意掌握各类指令的书写格式、指令功能、寻址方式以及指令对 PSW 中各标志位的影响等，这些是编写汇编程序的关键。

3.4　数据传送指令

数据传送指令的传送数据可以是某些变量的内容、地址或标志寄存器内容。使用该类指令既可以在寄存器之间进行数据传送，也可以在寄存器与存储单元之间进行数据传送。这类指令分为4 类，共有 14 条，详见表 3 - 1。由表可知，仅 SAHF 和 POPF 指令影响标志位。

表 3 - 1　数据传送类指令

指令类型	指令书写格式	指令功能	功能说明
通用 数据传送	MOV dst, src	dst←(src)	字节或字的传送
	XCHG opr, opr2	(opr1) ↔(opr2)	数据交换
	XLAT	AL←[(BX) + (AL)]	字节转换
	PUSH src	SP←(SP) − 2；[(SP) + 1：(SP)]←(src)	字被压入堆栈
	POP dst	dst←[(SP) + 1：(SP)]；SP←(SP) + 2	字被弹出堆栈

（续）

指令类型	指令书写格式	指令功能	功能说明
地址传送指令	LEA reg, src	reg←(src) 的有效地址 EA	装入有效地址 EA
	LDS reg, src	reg←(src)，DS←(src+2)	装入 DS
	LES reg, src	reg←(src)，ES←(src+2)	装入 ES
标志寄存器传送指令	LAHF	AH←(PSW) 的低 8 位	将 PSW 低字节装入 AH
	SAHF	PSW 的低 8 位←(AH)	将 AH 装入 PSW 低字节
	PUSHF	SP←(SP)−2；[(SP)+1：(SP)]←(PSW)	将 PSW 内容压入堆栈
	POPF	PSW←[(SP)+1：(SP)]；SP←(SP)+2	从堆栈弹出 PSW 内容
I/O 数据传送指令	IN AX, port	AX←[port]	输入字节或字
	OUT port, AX	port←(累加器)	输出字节或字

注：dst 表示目的操作数；src 表示源操作数；reg 表示寄存器；opr 表示操作数。

3.4.1 通用数据传送指令

1. 传送指令——MOV

指令格式：

```
MOV   dst, src        ; dst←(src)
```

功能：将源操作数的内容传送给目的操作数。MOV 指令对 PSW 的 6 个状态标志位均无影响。在 MOV 指令中，两个操作数可以是字，也可以是字节，但两者必须等长。

通常操作数数据传送方向如图 3-7 所示。从图中可以看出以下几点：

1）段寄存器 CS 和 IP 不能作为目的操作数，即这两个寄存器的值不能用 MOV 指令来修改。

2）源操作数和目的操作数不能同时为存储单元操作数（串操作指令除外）。

3）立即数不能直接传送给段寄存器，且不同的段寄存器之间不能进行直接传送。

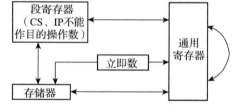

图 3-7　数据传送方向示意图

例如：

```
MOV AX, BX            ; 寄存器之间传送 AX←BX,字传送
MOV AL, 12H           ; 将立即数 12H 传送给寄存器 AL,字节传送
MOV SI, BX            ; 将寄存器 BX 中内容传送给寄存器 SI,字传送
MOV CL, VAR           ; 将内存单元 VAR 中的内容传送给寄存器 CL,字节传送
MOV [3000H], DX       ; 将 DX 中内容传送到存储器 3000H 单元,字传送
MOV [SI], DS          ; 将 DS 中的内容传送到 SI 所指示的内存单元,字传送
MOV [2000H], DS       ; 将段寄存器 DS 中内容传送到存储器 2000H 单元,字传送
MOV SS, BX            ; 将寄存器 BX 中内容传送给段寄存器 SS,字传送
```

2. 交换指令——XCHG

指令格式：

```
XCHG opr1, opr2       ; (opr1)↔(opr2)
```

功能：源操作数和目的操作数的内容相互交换。该指令对 PSW 的 6 个状态标志位均无影响。

在该指令中，交换的数据可以是字节，也可以是字。数据交换可以在寄存器之间或寄存器与存储器之间进行。例如：

```
XCHG AX, BX
XCHG BX, [BP + SI]
```

使用 XCHG 指令时，有以下 4 种不允许的情况：①同时都为内存操作数；②任何一个操作数都为段寄存器；③任何一个操作数为立即数；④两个操作数的长度不相等。

3. 字节转换指令——XLAT

指令格式：

```
XLAT                ; AL←((BX) + (AL))
```

功能：用来将一种字节代码转换成另一种字节代码。它将 BX 中的内容（代码表格首地址）和 AL 中的内容（表格偏移量）相加作为有效地址，并读出地址单元中的内容传送到 AL 寄存器中，指令执行后，AL 中的内容是所要转换的代码。

4. 堆栈操作指令——PUSH/POP

堆栈是一块特殊的存储空间，它的特殊性在于，最后进入这个空间的数据最先出去，即后进先出（Last in First out，LIFO）。例如，洗碗的时候，洗干净一个碗，就摆在之前洗好的那个碗上面，那么每次用的时候，从最上面取，则最先取的就是最后洗过的碗。

8086CPU 提供相关的指令来以堆栈的方式访问内存空间。不过在 8086 中，堆栈空间的使用是从高地址往低地址方向的。

要实现堆栈操作，必须解决以下两个问题：

1）如何让 CPU 知道哪段内存空间用作堆栈空间。

2）如何让 CPU 知道栈顶的位置。

回忆在第 2 章学习过的堆栈段寄存器（SS）和堆栈指针寄存器（SP），栈顶的段地址放在 SS 中，偏移地址放在 SP 中，任意时刻 SS：SP 都指向栈顶。

8086CPU 提供了入栈指令 PUSH 和出栈指令 POP。

（1）PUSH 指令

指令格式：

```
PUSH   src
```

功能：将字类型的源操作数 src 压入堆栈。

见表 3 - 2，src 可以是 16 位的通用寄存器、段寄存器和内存操作数，但不能是立即数。

表 3 - 2　PUSH 和 POP 指令格式

指令格式	说明
PUSH　reg16	将一个 16 位寄存器中的数据入栈
PUSH　sreg	将一个段寄存器中的数据入栈
PUSH　mem	将内存单元中的字入栈
POP　reg16	将栈顶的字数据送入一个 16 位寄存器
POP　sreg	将栈顶的字数据送入一个段寄存器
POP　mem	将栈顶的字数据送入内存单元

CPU 从 SS 和 SP 获得栈顶的地址。PUSH 指令执行过程如下：

1）SP←SP - 2。

2）将 src 送入 SS：SP 指向的内存单元中，此时 SS：SP 指向新的栈顶。

例如：

`PUSH  AX`

上述指令执行前若给定（SP）=2500H、（SS）=4000H、（AX）=3125H。执行后，（SP）=24FEH，（424FEH）=3125H。指令执行过程及堆栈操作如图 3-8 所示。

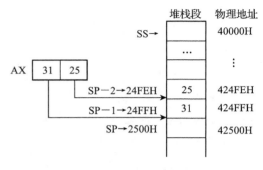

（2）POP 指令

指令格式：

`POP   dst`

功能：将当前栈顶的一个字送到目的操作数 dst 中。

图 3-8 PUSH AX 指令执行过程及堆栈操作

dst 的形式见表 3-2。POP 指令执行过程如下：

1）将 SS：SP 指向的内存单元中的一个字数据送入 dst 中。

2）SP←SP+2，SS：SP 指向新的栈顶。

例如：

`POP BX`

上述指令执行前若给定（SP）=2000H，（SS）=8000H，（82000H）=1122H。执行后，（SP）=2002H，（BX）=1122H。指令执行过程及堆栈操作如图 3-9 所示。

在程序设计中，堆栈是种十分有用的结构。其经常用于子程序的调用与返回，保存程序中的某些信息，以及在输入/输出系统中的中断响应和返回。

8086 堆栈的使用规则如下：

1）堆栈的使用要遵循后进先出的准则。

2）堆栈中操作数的类型必须是字操作数，不允许以字节为操作数。

3）PUSH 指令可以使用 CS 寄存器，但 POP 指令不允许使用 CS 寄存器。

4）8086CPU 堆栈操作可以使用除立即寻址以外的任意寻址方式。

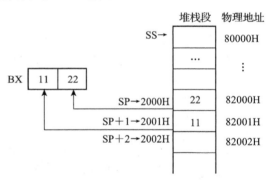

图 3-9 POP BX 指令执行过程及堆栈操作

3.4.2 地址传送指令

地址传送指令完成的操作是传送存储器操作数的地址（偏移量、段基址），而不是传送存储器操作数的内容。这组指令对 PSW 的 6 个状态标志位均无影响，指令中的源操作数都必须是存储器操作数，而目的操作数可以是任意一个 16 位的通用寄存器。

1. 装入有效地址——LEA

指令格式：

`LEA  reg16,mem16          ; reg16←EA(mem16)`

功能：将当前段内的源操作数的有效地址（地址偏移量）传送至目的操作数，即将 1 个 16

位的近地址指针写入到指定的 16 位通用寄存器中。

例如：

```
LEA BX, BUFFER          ；将变量 BUFFER 的地址偏移量传送至 BX
LEA DI, BETA[BX][SI]    ；将内存单元的地址偏移量送至 DI
```

LEA 指令可用在表格处理、存取若干连续的基本变量的处理和串操作处理中，为寄存器建立地址指针。

例如：

```
MOV DI, TABLE           ；将变量 TABLE 的内容传送至 DI
LEA DI, TABLE           ；将变量 TABLE 的地址偏移量送至 DI
MOV DX, [1000H]         ；将内存单元[1000H]和[1001H]的内容送至 DX
LEA DX, [1000H]         ；将 1000H 送至 DX
```

2. 装入远地址指针——LDS/LES

指令格式：

```
LDS    reg16, mem32     ；reg16←EA(mem32), DS←EA(mem32)+2
LES    reg16, mem32     ；reg16←EA(mem32), ES←EA(mem32)+2
```

功能：将源操作数所对应的 4 字节内存单元中的第一个字送入指定的通用寄存器，而第二个字则送入段寄存器 DS（或 ES），即将一个 32 位的远地址指针的偏移地址写入到指定的通用寄存器中，而该指针的段基址送至段寄存器 DS（或 ES）。

例如：

```
LDS SI, [1000H]         ；SI←EA[1000H], DS←EA[1002H]
```

假设，当前 (DS)＝3000H，存储单元 [30100H]＝80H，[30101H]＝20H，[30102H]＝00H，[30103H]＝25H，则执行上述指令后，(SI)＝2080H（偏移地址），(DS)＝2500H（段基址）。

地址传送类指令 LEA、LDS、LES 常用于串操作时，需要建立初始的串地址指针。

3.4.3　标志寄存器传送指令

在 CPU 中，PSW 的 6 个状态标志位用于反应 CPU 运行的状态。许多指令的执行结果会影响 PSW 的某些状态标志位；同时，有些指令的执行也受 PSW 中某些状态标志位的控制。标志寄存器传送类指令共有 4 条，专门用于对 PSW 的保护或更新。

1. 标志寄存器读/写指令

指令格式：

```
LAHF                    ；AH←(PSW)的低 8 位
SAHF                    ；PSW 的低 8 位(AH)
```

功能：LAHF 指令是把 PSW 的低 8 位读出后传送给 AH 寄存器；SAHF 指令是把寄存器 AH 中的内容写入 PSW 的低 8 位。

【例 3-1】若希望修改标志寄存器中的 SF 位，如置 1，可首先用 LAHF 指令把含有 SF 标志位的标志寄存器的低 8 位送入 AH；然后，对 AH 的第 7 位（其对应于 SF 位）进行修改或设置；最后用 SAHF 指令将 AH 中的内容送回标志寄存器。实现以上操作的程序段为：

```
LAHF                    ；PSW 的低 8 位送到 AH
OR AH,80H               ；逻辑"或"指令,将 SF 位置 1
SAHF                    ；将 AH 中的内容送回到 PSW
```

2. 标志寄存器压栈/弹栈指令

指令格式：

```
PUSHF                          ; SP←(SP)-2;[(SP)+1:(SP)]←(PSW)
POPF                           ; PSW←[(SP)+1:(SP)];SP←(SP)+2
```

功能：PUSHF 指令首先修改堆栈指针，然后将 PSW 的内容送入 SP 指向的堆栈顶部字单元中；POPF 指令将当前栈顶的一个字传送给 PSW，同时修改堆栈指针。

上述两条指令中，PSW 中各标志位本身不受影响。指令 PUSHF 常用于保护调用过程以前的 PSW 的值，而在过程返回以后，再利用指令 POPF 恢复出这些标志状态。

利用指令 PUSHF/POPF，可以方便地修改标志寄存器中任意标志位的状态。

【例 3-2】可以用下面的程序段来修改 TF 标志，将 TF 位置 1。

```
PUSHF                ; 保护当前 PSW 的内容
POP AX               ; 将 PSW 的内容送至 AX
OR AH,01H            ; 将 PSW 的 TF 位置 1
PUSH AX              ; 将修改后 AX 的内容压入栈
POPF                 ; 将 AX 的内容送至 PSW
```

3.4.4 I/O 数据传送指令

这组指令专门用于累加器（AL 或 AX 寄存器）与 I/O 端口之间的数据传输。其中，输入指令 IN 用于从外设端口接收数据；输出指令 OUT 用于向外设端口发送数据。

指令格式：

```
IN   累加器,port         ; 累加器←[port]
OUT port,累加器          ; port←(累加器)
```

8086 CPU 中低 16 根地址线用来访问 I/O 端口，可提供 64K 个 8 位端口地址或 32 K 个 16 位端口地址，地址范围为 00000H~0FFFFH。8086CPU 采取独立编址方式，对 I/O 端口可采用直接寻址和间接寻址两种寻址方式。在使用 I/O 数据传送指令 IN/OUT 时，应注意：

1）当端口地址小于 256（即地址为 00H~FFH）时，宜采用直接寻址方式。

2）当端口地址等于或大于 256（即地址为 0100H~FFFFH）时，宜采用间接寻址方式（当然，端口地址为 00H~FFH 时，也可使用间接寻址方式），即先将端口地址放在 DX 寄存器中，然后再使用 I/O 指令。

例如：

```
IN   AX,20H          ; 从端口 20H 输入 16 位数到 AX
OUT 28H,AL           ; 将 8 位数从 AL 输出到端口 28H
```

例如：

```
MOV  DX,3F3H         ; 将 16 位端口地址 3F3H 存入 DX
IN   AX,DX           ; 从端口 3F3H 输入 16 位数到 AX
OUT  DX,AX           ; 将 16 位数从 AX 输出到端口 3F3H
```

3.5 算术运算指令

8086 微处理器的算术运算指令包括二进制数运算指令及十进制数运算指令两种。指令系统中提供了加、减、乘、除 4 种基本算术操作，用于字节或字的运算、有符号二进制数和无符号二进制数的运算。如果操作数是有符号数，则用补码来表示。指令系统中还提供了各种校正操作指令，可以进行 BCD 码（压缩型或非压缩型）及 ASCII 码表示的十进制数的算术运算。

在学习算术运算类指令的过程中，不仅要掌握每条指令的格式、功能和操作数选取，还要掌握各种指令对 6 个状态标志位的影响。8086 微处理器算术运算指令共 20 条，可分为 6 组，见表 3 - 3。

表 3 - 3 8086 指令系统的算术运算指令

类型	指令名称	指令格式	状态标志位					
			OF	SF	ZF	AF	PF	CF
加法	加法（字节/字）	ADD dst,src	↑	↑	↑	↑	↑	↑
	带进位加法（字节/字）	ADC dst,src	↑	↑	↑	↑	↑	↑
	加 1（字节/字）	INC dst	↑	↑	↑	↑	↑	·
减法	减法（字节/字）	SUB dst,src	↑	↑	↑	↑	↑	↑
	带借位减法（字节/字）	SBB dst,src	↑	↑	↑	↑	↑	↑
	减 1（字节/字）	DEC dst	↑	↑	↑	↑	↑	·
	求补	NEG dst	↑	↑	↑	↑	↑	1
	比较	CMP dst,src	↑	↑	↑	↑	↑	↑
乘法	不带符号乘法（字节/字）	MUL src	↑	×	×	×	×	↑
	带符号乘法（字节/字）	IMUL src	↑	×	×	×	×	↑
除法	不带符号除法（字节/字）	DIV src	×	×	×	×	×	×
	带符号除法（字节/字）	IDIV src	×	×	×	×	×	×
十进制调整	加法的 ASCII 码调整	AAA	×	×	×	↑	×	↑
	加法的十进制调整	DAA	×	↑	↑	↑	↑	↑
	减法的 ASCII 码调整	AAS	×	×	×	↑	×	↑
	减法的十进制调整	DAS	×	↑	↑	↑	↑	↑
	乘法的 ASCII 码调整	AAM	×	↑	↑	×	↑	×
	除法的 ASCII 码调整	AAD	×	↑	↑	·	↑	×
符号扩展	字节扩展成字	CBW	·	·	·	·	·	·
	字扩展成双字	CWD	·	·	·	·	·	·

注：↑ 表示运算结果影响标志位，· 表示运算结果不影响标志位，× 表示标志位为任意值，1 表示将标志位置 1。

3.5.1 加法指令

1. 加法指令——ADD

指令格式：

```
ADD   dst,src          ; dst←(dst)+(src)
```

功能：完成两个操作数的加法运算，结果返回给目的操作数。指令的执行结果对标志位 AF、CF、OF、PF、SF 和 ZF 都有影响。ADD 指令完成半加器的功能。

在使用 ADD 指令时，应注意以下几点：

1）源操作数和目的操作数应同时为带符号数或同时为无符号数，且二者长度应相同；

2）源操作数可以是通用寄存器、存储器或立即数，而目的操作数只能是通用寄存器或存储器，不能为立即数，且两者不能同时为存储器操作数。

【例 3 - 3】 使用 ADD 指令示例。

```
ADD AL, 80H
ADD [3000H], AX
ADD CX, SI
```

需要注意的是，使用 ADD 时，不考虑 CF 位的标志（即不考虑最高位有无进位）。

2. 带进位的加法指令——ADC

指令格式：

```
ADC   dst, src          ; dst←(dst)+(src)+CF
```

功能：ADC（add with carry）指令的操作和功能与 ADD 指令基本相同，唯一不同的是还要加上当前进位标志 CF 的值。ADC 指令完成全加器的功能，主要用于两个多字节（或多字）二进制数的加法运算。指令的执行结果对标志位 AF、CF、OF、PF、SF 和 ZF 都有影响。ADC 指令对操作数的要求与 ADD 指令的相同。

【例 3 - 4】 ADC 指令的使用示例。

```
ADC AX, BX              ; (AX)←(AX)+(BX)+CF
ADC BX, [BP+2]          ; 由 BP+2 寻址的堆栈段存储单元的字内容加 BX 和 CF,
                        ; 结果存入 BX
```

【例 3 - 5】 编写汇编程序段，计算 11112222H + 33334444H。

```
MOV AX, 2222H
ADD AX, 4444H
MOV BX, 1111H
ADC BX, 3333H
```

3. 加 1 指令——INC

指令格式：

```
INC dst                 ; dst←(dst)+1
```

功能：将目的操作数当作无符号数，将其内容加 1 后，再送回到目的操作数中。目的操作数可以为 8 位或 16 位的通用寄存器或存储器操作数，但不允许是立即数和段寄存器。INC 指令的执行结果对 AF、OF、PF、SF 和 ZF 共 5 个标志位有影响，对 CF 位不产生影响。INC 指令通常用在循环过程中修改地址指针和循环次数。

【例 3 - 6】 INC 指令的使用示例。

```
INC SI
INC BYTE PTR [BX]
```

【例 3 - 7】 计算两个多字节十六进制数 3B74 AC25 610FH 与 5B24 9678 E345H 之和
假设：DAT1 和 DAT2 为字节型变量，将被加数和加数分别存入以 DAT1、DAT2 为首地址的内存区，要求相加结果送到以 DAT1 为首地址的内存区。程序段如下：

```
MOV CX, 6
MOV SI, 0
CLC
L1: MOV AL, DAT2[SI]
    ADC DAT1[SI], AL
    INC SI
```

```
DEC CX
JNZ L1
 HLT
```

3.5.2　减法指令

1. 减法指令——SUB

指令格式：

```
SUB   dst,src        ;dst←(dst)-(src)
```

功能：完成两个操作数的减法运算，结果返回给目的操作数。SUB 指令的格式以及对标志位的影响与 ADD 指令的相同。

【例 3 – 8】使用 SUB 指令示例。

```
SUB AX,0CCCCH        ;(AX)←(AX)-(0CCCCH)
SUB [DI],CH          ;由 DI 寻址的数据段字节单元的值减去 CH 后,回存结果
```

注意：SUB 指令运算时不减 CF，但指令的执行结果会影响 CF。

2. 带借位的减法指令——SBB

指令格式：

```
SBB   dst,src        ;dst←(dst)-(src)-CF
```

功能：SBB 指令的操作和功能与 SUB 的类似，只是在两个操作数相减时，还要减去借位标志（CF）的当前值。与 ADC 指令一样，SBB 指令主要用于多字节操作数相减。

3. 减 1 指令——DEC

指令格式：

```
DEC dst              ;dst←(dst)-1
```

功能：DEC 指令的功能以及操作数的规定与 INC 指令的基本相同，所不同的只是将目的操作数的内容减 1，结果回送到目的操作数中。DEC 指令的执行结果对 AF、OF、PF、SF 和 ZF 共 5 个标志位有影响，对 CF 位不产生影响。DEC 指令通常用于在循环过程中修改地址指针和循环次数。

【例 3 – 9】DEC 指令的使用示例。

```
MOV AL,0
DEC AL               ;AL=FFH,OF=0,SF=1,ZF=0,AF=1,PF=1,对 CF 无影响
DEC NUM              ;由定义 NUM 的类型来确定这是字节减 1 还是字减 1
```

4. 求补指令——NEG

指令格式：

```
NEG   dst            ;dst←0-(dst)
```

功能：NEG 指令把目的操作数当成带符号数（用补码表示），如果目的操作数是正数，执行 NEG 指令则将其变成负数；如果目的操作数是负数，执行 NEG 指令则将其变成正数。指令的具体实现是：将操作数的各位（包括符号位）求反，末位加 1。所得结果就是原操作数的相反数。NEG 指令中目的操作数的规定同 INC、DEC 指令。NEG 指令的执行结果对 AF、OF、PF、SF 和 ZF 共 5 个标志位有影响，而 CF 位总是置 1。

【例 3 - 10】 NEG 指令的使用示例。

```
MOV AL,11H        ; (AL) =11H
NEG AL            ; (AL) = EFH
```

5. 比较指令——CMP

指令格式：

```
CMP   dst, src   ; (dst) - (src)
```

功能：CMP 指令也是执行两个操作数的减法运算，但 CMP 指令不保存相减以后的结果，即该指令执行后，两个操作数原先的内容不会改变，只是根据相减结果设置标志位。CMP 指令通常用于在分支程序结构中比较两个数的大小，在该指令之后经常安排一条条件转移指令，根据比较的结果让程序转移到相应的分支去执行。用 CMP 指令判断两个操作数的大小分为以下 3 种情况：

1) 比较两个数是否相等：若 (ZF) =0，则两数相等；否则，需利用其他标志来判断两数的大小。

2) 在无符号数之间的比较中，可根据 CF 的状态来判断：若 (CF) = 1，则 (dst) < (src)；否则，(dst) > (src)。

3) 在带符号数之间的比较中，应依据 OF 和 CF 的关系来判断：若 (OF) $\oplus$ (CF) = 1，则 (dst) < (src)；否则，(dst) > (src)。

【例 3 - 11】 比较 AL、BL、CL 中带符号数的大小，将最小数放入 AL 中。

```
      CMP AL, BL
      JNG L1
      XCHG AL, BL
L1：  CMP AL, CL
      JNG L2
      XCHG AL, CL
L2：  HLT
```

3.5.3 乘法指令

乘法类指令包括无符号乘法指令（MUL）与带符号乘法指令（IMUL）两种。本书只介绍无符号乘法指令（MUL）。

指令格式：

```
MUL   src
```

功能：将操作数（字节或字）与累加器（AL/AX）中的数都看作是无符号数，相乘之后，积存放在 AX 或 DX 与 AX 中。

说明：乘法指令的目的操作数（即被乘数）是隐含的。若是字节数据相乘，被乘数必须放在 AL 中；若是字数据相乘，被乘数将必须放在 AX 中。由于两个 n 位数的乘积可能需要 $2n$ 位，因此，若两个 8 位数相乘，则结果需要 16 位来表示；同样，若两个 16 位数相乘，则结果需要 32 位来表示。在进行乘法时规定：

1) 8 位×8 位→16 位的乘积固定放在 AX 中。

2) 16 位×16 位→32 位的乘积，高 16 位放在 DX 中，低 16 位放在 AX 中。

源操作数可以是通用寄存器和内存操作数，但不可以是立即数。

对状态标志位的影响：影响 CF 和 OF，其余标志位无定义。如果运算结果的高半部分（在

AH 或 DX 中）全为 0，则 CF = OF = 0，表示在 AH 或 DX 中无乘积的有效数字；否则 CF = OF = 1，表示在 AH 或 DX 中有乘积的有效数字。

【例 3 – 12】MUL 指令的使用示例。

```
MUL BL              ;AL×BL,乘积在 AX 中
MUL CX              ;AX×CX,乘积在 DX 和 AX 中
MUL BYTE PTR [BX];AL 与字节存储单元内容相乘,乘积在 AX 中
```

3.5.4 除法指令

除法类指令包括无符号除法指令（DIV）与带符号除法指令（IDIV）两种。本书只介绍无符号除法指令（DIV）。

指令格式：

```
DIV  src
```

功能：若 src 是 8 位，则 AX 除以 src，商放在 AL，余数放在 AH；若 src 是 16 位，则 DX：AX 除以 src，商放在 AX，余数放在 DX。

说明：

1）8086CPU 执行除法运算，要求被除数字长为除数字长的两倍（这是除法指令的基本要求），参加运算的被除数、商及余数的存放见表 3 – 4。除法指令对状态标志位的影响无定义。需要注意的是，若被除数与除数均为 8 位数，则在使用除法指令之前，必须将被除数扩展为 16 位。

表 3 – 4 被除数、商及余数的存放

类型	被除数	商	余数
字节除法	AX	AL	AH
字除法	DX：AX	AX	DX

2）若除数为 0 或者由于商太大，导致 AX 或 AL 不能容纳而产生溢出时，则 CPU 将产生一个类型 0 的除法出错中断。例如，以 16 位除以 8 位的方式计算 0800H÷2，商应该为 0400H，超出了 8 位的表示范围。因此，在使用除法指令前，应考虑可能产生溢出的情况。

【例 3 – 13】DIV 指令的使用示例。

```
DIV CL              ;AX÷CL
DIV WORD PTR [BX];DX：AX 除以 BX、BX +1 两个字节存储单元中
                    ;的内容(16 位),商送 AX,余数送 DX 存放
```

3.5.5 十进制调整指令

计算机中的算术运算都是针对二进制数的，而人们在日常生活中习惯使用十进制，为此在 8086 系统中，针对十进制算术的运算有一类十进制调整指令。

在计算机中人们用 BCD 码表示十进制数，BCD 码分为两类：一类为压缩 BCD 码，即规定每个字节表示两位 BCD 数；另一类为非压缩 BCD 码，即用一个字节表示一位 BCD 数，在该字节的高四位用 0 填充。所以相应的调整指令也有两组，即组合 BCD 数调整指令及非组合 BCD 数调整指令。下面分别予以介绍。

1. 组合 BCD 数调整指令

8086 指令系统只提供了组合 BCD 数的加法和减法调整指令，即 DAA 指令和 DAS 指令。下面分别介绍这两条指令的格式及具体使用。

（1）组合 BCD 数加法十进制调整指令——DAA

指令格式：

```
DAA
```

功能：跟随在二进制加法指令之后，将 AL 中的和数调整为组合 BCD 数格式并送回 AL。DAA 指令的执行结果对 AF、CF、PF、SF 和 ZF 共 5 个标志位有影响，而 OF 位无定义。

【例 3-14】实现 27+15=42 的功能，27 和 15 均表示为组合 BCD 数形式。

```
MOV AL, 27H        ;27H 是 27 的组合 BCD 数形式
ADD AL, 15H        ;15H 是 15 的组合 BCD 数形式,ADD 指令执行后 AL=3CH
DAA                ;调整后 AL=42H,为正确的组合 BCD 数结果
```

（2）组合 BCD 数减法十进制调整指令——DAS

指令格式：

```
DAS
```

功能：跟随在二进制减法指令之后，将 AL 中的差数调整为组合 BCD 数格式并送回 AL。DAS 指令的执行结果对 AF、CF、PF、SF 和 ZF 共 5 个标志位有影响，而 OF 位无定义。

【例 3-15】实现 32-18=14 的功能，32 和 18 均表示为组合 BCD 数形式。

```
MOV AL, 32H        ;32H 是 32 的组合 BCD 数形式
SUB AL, 18H        ;18H 是 18 的组合 BCD 数形式, SUB 指令执行后 AL=1AH
DAS                ;调整后 AL=14H,为正确的组合 BCD 数结果
```

需要说明的是，8086 指令系统没有提供组合 BCD 数的乘法和除法调整指令，主要原因是相应的调整算法比较复杂，所以 8086 不支持组合 BCD 数的乘、除法运算。如果需要处理组合 BCD 数的乘、除法问题，可以把操作数（组合 BCD 数）变换成相应的二进制数，然后使用二进制算法进行运算，运算完成后再将结果转换成组合 BCD 数形式。

2. 非组合 BCD 数调整指令

这组指令既适用于数字 ASCII 的十进制调整，也适用于一般的非组合 BCD 数的十进制调整。它们是：加法的 ASCII 码调整指令 AAA、减法的 ASCII 码调整指令 AAS、乘法的 ASCII 码调整指令 AAM 及除法的 ASCII 码调整指令 AAD。

（1）加法的 ASCII 码调整指令——AAA

指令格式：

```
AAA
```

功能：跟随在二进制加法指令之后，将 AL 中的和数调整为非组合 BCD 数格式并送回 AL。AAA 指令的执行结果对 AF 和 CF 有影响，而对其他标志位无定义。

【例 3-16】AAA 指令的使用示例。

```
MOV AX, 0035H
MOV BL, 39H
ADD AL, BL
AAA
```

ADD 指令执行前，AL 和 BL 寄存器中的内容 35H 和 39H 分别为数字 5 和数字 9 的 ASCII 码。ADD 指令执行后，AL=6EH，AF=0，CF=0；AAA 指令执行 ASCII 码调整，使 AX=0104H，AF=1，CF=1。

（2）减法的 ASCII 码调整指令——AAS

指令格式：

AAS

功能：跟随在二进制减法指令之后，将 AL 中的差数调整为非组合 BCD 数格式并送回 AL。

AAS 指令的执行结果对 AF 和 CF 有影响，而对其他标志位无定义。

【例 3-17】AAS 指令的使用示例。

```
MOV AX, 0235H
MOV BL, 39H
SUB AL, BL
AAS
```

SUB 指令执行前，AL 和 BL 寄存器中的内容 35H 和 39H 分别为数字 5 和数字 9 的 ASCII 码。SUB 指令执行后，AL = FCH，AF = 1，CF = 1；AAS 指令执行 ASCII 码调整，使 AX = 0106H，AF = 1，CF = 1。

（3）乘法的 ASCII 码调整指令——AAM

指令格式：

AAM

功能：跟随在二进制乘法指令之后，对 AL 中的结果进行调整，调整后的非组合 BCD 数在 AX 中。

AAM 指令的执行结果对 SF、ZF 和 PF 有影响，而对其他标志位无定义。

【例 3-18】实现 5×9 的运算，5 和 9 必须用非组合 BCD 数表示。

```
MOV AL, 05H
MOV BL, 09H
MUL BL          ; AX = 002DH
AAM             ; 调整后 AX = 0405H,为正确的非组合 BCD 数结果
```

（4）除法的 ASCII 码调整指令——AAD

指令格式：

AAD

功能：AAD 指令放于二进制除法指令 DIV 之前，对 AX 中的非组合 BCD 形式的被除数进行调整，以便在执行 DIV 指令之后，在 AL 中得到非组合 BCD 形式的商，余数在 AH 中。

AAD 指令的执行结果对 SF、ZF 和 PF 有影响，对 AF 没有影响，而对 OF 和 CF 无定义。

【例 3-19】实现 65÷9 的运算，65 和 9 必须用非组合 BCD 数表示。

```
MOV AX, 0605H
MOV BL, 09H
AAD             ; 执行 DIV 前,对被除数 AX 进行调整,调整后 AX = 0041H
DIV BL          ; DIV 指令执行结果 AL = 07H(商), AH = 02H(余数)
```

3.5.6　符号扩展指令

在进行算术运算时，有时会遇到两个长度不等的数。此时应该将长度短的数扩展成与长度长的数的相同位数，然后再进行计算。CBW 和 CWD 的功能就是对有符号数进行扩展。

1. 字节扩展指令——CBW

指令格式：

```
CBW        ;如果(AL)<80H,AH←00H;否则,AH←0FFH
```

功能:将带符号数按其符号从字节扩展成字,且操作数隐含在累加器 AL 中,该指令对 6 个状态标志位均没有影响。

2. 字扩展指令——CWD

指令格式:

```
CWD        ;如果(AX)<8000H,DX←0000H;否则,DX←0FFFFH
```

功能:将带符号数按其符号从字扩展成双字,且操作数隐含在累加器 AX 中,该指令对 6 个状态标志位均没有影响。

【例 3 - 20】 编程完成 0BF4H÷0123H(带符号数相除)运算。

问题分析:由于除数为带符号的字,则必须将原来的除数进行符号扩展后才能相除。

程序段如下:

```
MOV AX,0BF4H
CWD                 ;被除数扩展为(DX:AX)=0000 0BF4H
MOV BX,123H
IDIV BX             ;(AX)=00BH(商),(DX)=F4H(余数)
```

需要注意的是,对于无符号数,无须用 CBW 或 CWD 指令,而只需简单地在无符号数的高半段补零即可。

3.6 逻辑运算和移位指令

逻辑运算和移位指令实现对二进制位的操作与控制,所以又称为位操作指令,共 13 条,可分为逻辑运算指令、移位指令和循环移位指令 3 组。下面分别予以介绍。

3.6.1 逻辑运算指令

逻辑运算指令可对字节或字操作数按位进行逻辑运算。源操作数和目的操作数可以是通用寄存器或存储器,但两者不能均是存储器;源操作数可以使用立即数,但目的操作数却不能。

需要注意的是,段寄存器不能作为源操作数或目的操作数。逻辑运算指令见表 3 - 5。

表 3 - 5 逻辑运算指令

指令名称	指令书写格式	状态标志位					
		OF	SF	ZF	AF	PF	CF
逻辑与	AND dst, src	0	↑	↑	×	↑	0
逻辑或	OR dst, src	0	↑	↑	×	↑	0
逻辑异或	XOR dst, src	0	↑	↑	×	↑	0
逻辑非	NOT dst	·	·	·	·	·	·
测试	TEST dst, src	0	↑	↑	×	↑	0

注:↑表示运算结果影响标志位,·表示运算结果不影响标志位,×表示标志位为任意值,0 表示将标志位清 0。

NOT 指令对 6 个标志位均无影响,而其他 4 条指令会对 PSW 有影响。其中,SF、ZF、PF 根据运算结果设置相应位,CF、OF 总是置 0,AF 则不确定。

1. 与指令——AND

指令格式：

```
AND   dst, src      ; (dst)←(dst)∧(src)
```

功能：对两个指定的操作数，按位进行逻辑"与"，运算结果存放在目的操作数中。

说明：AND 指令主要用于一个操作数的若干位维持不变，而若干位需要清 0 的场合。

【例 3 – 21】AND 指令的使用示例。

```
AND AL, 0FH          ; 保留 AL 中低 4 位
AND AL, 11010101B    ; 将 AL 的 D_1、D_3、D_5 位清 0，其余位不变
```

2. 或指令——OR

指令格式：

```
OR   dst, src       ; (dst)←(dst)∨(src)
```

功能：对两个指定的操作数，按位进行逻辑"或"，运算结果存放在目的操作数中。

说明：OR 指令主要用于一个操作数的若干位维持不变，而若干需要位置 1 的场合。

【例 3 – 22】OR 指令的使用示例。

```
OR AL, 80H           ; AL 与立即数相"或"
OR BX, DI            ; BX 与 DI 相"或"
OR AL, 00101010B     ; 将 AL 的 D_1、D_3、D_5 位置 1，其余位不变
```

3. 异或指令——XOR

指令格式：

```
XOR   dst, src      ; (dst)←(dst)⊕(src)
```

功能：对两个指定的操作数，按位进行逻辑"异或"，运算结果存放在目的操作数中。

说明：XOR 指令主要用于一个操作数的若干位维持不变，而若干位需要取反的场合。

【例 3 – 23】XOR 指令的使用示例。

```
XOR AL, 0FH          ; AL 与立即数相"异或"
XOR AX, AX           ; 清零 AX，使 CF = 0
XOR AL, 00101010B    ; 将 AL 的 D_1、D_3、D_5 位取反，其余位不变
```

4. 取反指令——NOT

指令格式：

```
NOT   dst
```

功能：对目的操作数按位取反后，再送回目的操作数中。

说明：NOT 指令为单操作数指令。

【例 3 – 24】NOT 指令的使用示例。

```
NOT CX               ; 将(CX)取反后再送回给 CX
NOT BYTE PTR[DI]     ; 对存储器(8 位)取反
```

NOT 指令对标志位无影响。

5．测试指令——TEST

指令格式：

TEST opr1,opr2 ;(opr1)∧(opr2)

功能：TEST 指令的功能与 AND 指令的类似，但不将"与"运算的结果回送，只影响标志位。

说明：TEST 指令常用于位测试，一般与条件转移指令一起使用。

【例 3－25】TEST 指令的使用示例。

TEST AL,80H   ;若 AL 中 D₇=1，则 ZF=0，否则 ZF=1
TEST CX,0FFFFH   ;CX 内容不为 0，则 ZF=0

【例 3－26】检查 DL 中的最高位是否为 1。若为 1，则转移到标号 L1 去执行；否则，顺序执行。

```
        TEST DL,80H
        JNZ L1
        …
L1：  MOV AL,BL
        …
```

3.6.2 移位指令

移位指令共有 8 条，分为算术逻辑移位指令和循环移位指令两类。

1．算术逻辑移位指令

算术逻辑移位指令可以对寄存器或者内存操作数的各位进行算术移位或者逻辑移位，移位的次数由指令中的计数值决定，图 3－10 给出了该指令的操作示意图。

（1）逻辑/算术左移指令——SHL/SAL

指令格式：

SHL dst,cnt
SAL dst,cnt

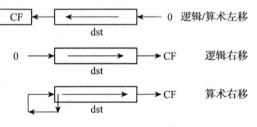

图 3－10 算术逻辑移位指令操作示意图

功能：将目的操作数 dst 的各位左移，每移一次最高位移入 CF，而最低位补 0。dst 可以是除立即数以外的任何寻址方式。cnt 用于指定移位的次数，如果移位次数是立即数，则 cnt 只能是 1；如果移位次数大于 1，则 cnt 必须为寄存器 CL，CL 中的内容即为移位次数。

在移位次数为 1 的情况下，如果移位后的最高位（符号位）被改变，则 OF 置 1，否则 OF 清 0。但在多次移位的情况下，OF 的值不确定。不论移位一次或多次，CF 总是等于目的操作数最后被移出去的那一位。SF 和 ZF 根据指令执行后目的操作数的状态来决定，PF 只有当目的操作数在 AL 中时才有效，AF 不定。

例如：

MOV AL,-128   ;AL=10000000B
SHL AL,1   ;AL=00000000B,OF=1,CF=1,SF=0,ZF=1,PF=1

左移 1 位，只要左移以后的数未超出 1 个字节或 1 个字的表达范围，则原数的每一位的权增加了 1 倍，相当于原数乘 2。因此 SHL 和 SAL 可以用于乘法。

【例 3 – 27】不用乘法实现将 AL 中的数乘以 10。

分析：因为 X × 10 = X × 2 + X × 8，所以可以采用移位和相加的办法来实现乘以 10。为保证结果完整，先将 AL 中的字节扩展为字。程序段如下：

```
MOV AH,0
SAL AX,1              ;X×2
MOV BX,AX             ;暂存在 BX 中
SAL AX,1              ;X×4
SAL AX,1              ;X×8
ADD AX,BX             ;X×10
```

（2）逻辑右移指令——SHR

指令格式：

```
SHR dst,cnt
```

功能：将目的操作数 dst 的各位右移，每移一次最低位移入 CF，而最高位补 0。

（3）算术右移指令——SAR

指令格式：

```
SAR dst,cnt
```

功能：将目的操作数 dst 的各位右移，每次移位时操作数的最低位移入 CF，而最高位保持不变，移入的仍然是原最高位。

相应地，右移 1 位相当于除以 2。SHR 可用于无符号数的快速除法，SAR 则用于有符号数的快速除法。但是，用这种方法做除法时，余数将被丢掉。

【例 3 – 28】用右移的方法做除法 133 ÷ 8 和 – 128 ÷ 8，设操作数均为字节类型。

分析：133 是无符号数，用 SHR 指令做除法；– 128 是有符号数，用 SAR 指令。程序段如下：

```
MOV AL,10000101B  ;AL=133
MOV CL,03H            ;CL 为移位次数
SHR AL,CL            ;右移 3 次
```

指令执行后，AL = 10H = 16，余数 5 被丢失。标志位 CF = 1，ZF = 0，SF = 0，PF = 0，OF 和 AF 不定。

```
MOV AL,10000000B  ;AL = -128
MOV CL,03H            ;CL 为移位次数
SAR AL,CL            ;右移 3 次
```

指令执行后，AL = 0F0H = – 16。标志位 CF = 0，ZF = 0，SF = 1，PF = 1，OF 和 AF 不定。

2. 循环移位指令

使用算术逻辑移位指令时，被移出操作数的数位均被丢失，而循环移位指令把操作数从一端移到另一端，这样移走的位就不会丢失了。循环移位指令共 4 条，它们的操作示意图如图 3 – 11 所示。

（1）循环左移指令——ROL

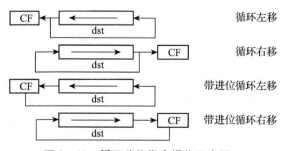

图 3 – 11　循环移位指令操作示意图

指令格式：

```
ROL dst,cnt
```

功能：将目的操作数 dst 的各位左移，移位过程中，最高位移入标志寄存器的 CF 位，同时也移入最低位，构成了一个环形移位。

（2）循环右移指令——ROR

指令格式：

```
ROR dst,cnt
```

功能：将目的操作数 dst 的各位右移，移位过程中，最低位移入标志寄存器的 CF 位，同时也移入最高位，构成了一个环形移位。

【例 3 - 29】 交换一个字节的高半部分和低半部分。

分析：可以使用 ROL 或 ROR 指令，移动 4 位。

```
MOV AL, 12H
MOV CL, 4
ROL AL, CL              ; AL = 21H, 说明使用 ROR AL, CL 指令也可实现交换
```

（3）带进位循环左移指令——RCL

指令格式：

```
RCL dst,cnt
```

功能：将目的操作数 dst 的各位左移，移位过程中，最高位移入标志寄存器的 CF 位，而 CF 位移入最低位，构成了一个环形移位。

（4）带进位循环右移指令——RCR

指令格式：

```
RCR dst,cnt
```

功能：将目的操作数 dst 的各位右移，移位过程中，最低位移入标志寄存器的 CF 位，而 CF 位移入最高位，构成了一个环形移位。

以上 4 条指令对各状态标志位的影响与算术逻辑移位指令的类似。

3.7 串操作指令

8086CPU 指令系统中有一组十分有用的串操作指令，这组指令的操作对象不只是单个的字节或字，而是内存中地址连续的字节串或字串。每次经过基本操作后，指令能够自动修改地址，为下一次操作做好准备。串操作指令可处理的数据串的最大长度为 64KB。

串操作指令为数据块操作提供了很好的支持，可以有效地加快处理速度、缩短程序长度。串操作指令共有以下 5 条：串传送指令（MOVS）、串装入指令（LODS）、串送存指令（STOS）、串比较指（CMPS）和串扫描指令（SCAS）。具体见表 3 - 6。

表 3 - 6　串操作指令

类别	指令名称	指令书写格式	状态标志位					
			OF	SF	ZF	AF	PF	CF
重复前缀	（CX）≠0 时，无条件重复	REP	·	·	·	·	·	·
	ZF = 1 且（CX）≠0 时，重复	REPE/REPZ	·	·	·	·	·	·
	ZF = 0 且（CX）≠0 时，重复	REPNE/REPNZ	·	·	·	·	·	·

（续）

类别	指令名称	指令书写格式	状态标志位					
			OF	SF	ZF	AF	PF	CF
基本串操作	串传送	MOVS　dst_str，src_str	·	·	·	·	·	·
		MOVSB/MOVSW	·	·	·	·	·	·
	串装入	LODS　dst_str，src_str	·	·	·	·	·	·
		LODSB/LODSW	·	·	·	·	·	·
	串送存	SOTS　dst_str，src_str	·	·	·	·	·	·
		SOTSB/SOTSW	·	·	·	·	·	·
	串比较	CMPS　dst_str，src_str	↑	↑	↑	↑	↑	↑
		CMPSB/CMPSW	↑	↑	↑	↑	↑	↑
	串扫描	SCAS　dst_str，src_str	↑	↑	↑	↑	↑	↑
		SCASB/SCASW	↑	↑	↑	↑	↑	↑

注：↑表示运算结果影响标志位，·表示运算结果不影响标志位。

串操作指令还可以加上重复前缀。此时，指令规定的操作将一直重复下去，直到完成预定的重复操作次数。串操作指令的重复前缀、操作数以及地址指针所用的寄存器等情况见表 3 - 7。

表 3 - 7　串操作指令的重复前缀、操作数以及地址指针所用的寄存器

重复前缀	指令	操作数	地址指针计数器
REP	MOVS	目的，源	ES：DI，DS：SI
无	LODS	源	DS：SI
REP	STOS	目的	ES：DI
REPE/REPNE	CMPS	源，目的	DS：SI，ES：DI
REPE/REPNE	SCAS	目的	ES：DI

1. 重复前缀

重复前缀 REP、REPE/REPZ 和 REPNE/REPNZ 是用来控制其后的基本串操作指令是否重复执行，重复前缀不能单独使用。

有的串操作指令（如 MOVS、LODS、STOS）可加重复前缀 REP，这时，指令规定的操作可重复执行。重复操作的次数由约定的 CX 寄存器的内容决定。

CPU 按以下步骤执行：

1）首先检查 CX 寄存器，若(CX) = 0，则退出 REP 操作。

2）指令执行 1 次字符串基本操作。

3）根据 DF 标志修改地址指针。

4）CX 减 1（但不改变标志）。

5）重复 1）～4）。

若串操作指令如 CMPS、SCAS 的基本操作影响零标志 ZF，则可加重复前缀 REPE/REPZ 或 REPNE/REPNZ。此时，串操作重复执行的条件为（CX）≠0，同时，还要求 ZF 的值满足重复前缀中的规定：REPE/REPZ 要求（ZF）= 1，REPNE/REPNZ 要求（ZF）= 0。

串操作指令的格式可以写上操作数，也可以只在指令助记符后加上字母"B"（字节操作）

或"W"（字操作）。加上字母"B"或"W"后，指令助记符后面不需要，也不允许再写操作数了。

2. 基本串操作指令

（1）串传送指令——MOVS

指令格式：

```
[REP]  MOVS  [ES:] dst_str,src_str
[REP]  MOVSB                          ;字节串传送
[REP]  MOVSW                          ;字串传送
```

功能：将 DS:SI 指定的源串中的一个字节或字，传送到由 ES:DI 指定的目的串中，且根据方向标志 DF 自动地修改 SI、DI，以指向下一个元素。其执行的操作为：

1）ES:DI ← (DS:SI)

2）SI ← (SI) ±1，DI← (DI) ±1   （字节操作）

 SI ← (SI) ±2，DI← (DI) ±2   （字操作）

其中，当方向标志（DF）=0 时用"＋"，当方向标志（DF）=1 时用"－"。

以上各种格式中，凡是方括号中的内容均表示任选项。串传送指令不影响状态标志位。

在第 1 种格式中，串操作指令给出了源操作数和目的操作数，此时，指令执行字节操作还是字操作，取决于这两个操作数定义时的类型。给出源操作数和目的操作数的作用有两个：

1）用以说明操作对象的大小（字节或字）。

2）明确指出所涉及的段寄存器，而指令执行时，仍用 SI 和 DI 寄存器寻址操作数。必要时可以用类型运算符 PTR 说明操作对象的类型。

第 1 种格式的一个优点是可以对源字符串进行段重设（但应注意，目的字符串的段基址只能在 ES，且不可进行段重设）。

在第 2 和第 3 种格式中，串操作指令字符的后面加上一个字母"B"或"W"，用以指出操作对象是字节串还是字串。此时，指令后面不要出现操作数。以下指令都是合法的：

```
REP MOVS DATA2, DATA1          ;应预先定义操作数类型
MOVS BUFFER2, ES: BUFFER1      ;源操作数进行段重设
REP MOVS WORD PTR [DI], [SI]   ;用变址寄存器表示操作数
REP MOVSB                      ;字节串传送
MOVSW                          ;字串传送
```

串操作指令常与重复前缀联合使用，这样不仅可以简化程序，而且提高了程序运行的速度。

【例 3-30】使用字节串传送指令将数据段中首地址为 BUFFER1 的 200 个字节数据，传送到附加段首地址为 BUFFER2 的内存区中。

```
LEA SI, BUFFER1        ;SI←源串首地址指针
LEA DI, BUFFER2        ;DI←目的串首地址指针
MOV CX, 200            ;CX←字节串长度
CLD                    ;将方向标志 DF 清 0
REP MOVSB
HLT
```

（2）串装入传送指令——LODS

指令格式：

```
LODS [sreg: ] src_str
LODSB                               ; 字节串装入
LODSW                               ; 字串装入
```

功能：将 DS:SI 指定的源串中的字节或字逐个装入累加器 AL 或 AX 中，同时，自动修改 SI。指令的基本操作为：

1）AL← （DS:SI）

或

　　AX← （DS:SI）

2）SI← （SI）±1　　（字节操作）

或

　　SI← （SI）±2　　（字操作）

其中，当方向标志（DF）=0 时用 "＋"，当方向标志（DF）=1 时用 "－"。

LODS 指令不影响状态标志位，而且一般不带重复前缀。因为，将字符串的每个元素重复地装入到累加器中没有实际意义。

（3）串送存指令——STOS

指令格式：

```
[REP]   STOSB                      ; 字节串送存
STOSW                              ; 字串送存
```

功能：将累加器 AL 或 AX 的内容送存到内存缓冲区中由 ES：DI 指定的目的串中，同时，自动修改 DI。指令的基本操作为：

1）ES：DI← （AL）

或

　　ES：DI← （AX）

2）DI← （DI）±1　　（字节操作）

或

　　DI← （DI）±2　　（字操作）

其中，当方向标志（DF）=0 时用 "＋"，当方向标志（DF）=1 时用 "－"。

STOS 指令不影响状态标志位，指令若加上重复前缀 REP，则操作数将一直重复进行下去，直到（CX）=0。

【例 3－31】将字符 "#" 装入以 AREA 为首址的 100 字节的内存空间中。

```
    LEA DI, AREA
    MOV AL, "#"
    MOV CX, 100
    CLD
REP  STOSB
    HLT
```

（4）串比较指令——CMPS

指令格式：

```
[REPE／REPNE]   CMPSB               ; 字节串比较
CMPSW                             ; 字串比较
```

功能：将由 DS:SI 指定的源串中的元素与由 ES:DI 指定的目的串中的元素逐个比较（即相减），但比较结果不送回目标操作数，仅反映在状态标志位上。CMPS 指令对状态标志位 SF、ZF、

AF、PF、CF 和 OF 有影响。串比较指令的基本操作为：

1)（（ES：DI））－（（DS：SI））

2）DI←（DI）±1 （字节操作）

或

　DI←（DI）±2 （字操作）

其中，当方向标志（DF）=0 时用"＋"，当方向标志（DF）=1 时用"－"。

CMPS 指令中的源操作数在前，而目标操作数在后。另外，CMPS 指令可以加重复前缀 REPE/REPZ 或 REPNE/REPNZ，这是由于 CMPS 指令影响着标志 ZF。

【例 3－32】比较两个字符串，找出其中第一个不相等字符的地址。如果两个字符全部相同，则转到 ALLMATCH 进行处理。这两个字符串长度均为 20，首地址分别为 STR1 和 STR2。

```
        LEA SI, STR1          ; SI←字符串 STR1 首地址
        LEA DI, STR2          ; DI←字符串 STR2 首地址
        MOV CX, 20            ; CX←字符串长度
        CLD                  ; 将方向标志 DF 清 0
REPE    CMPSB                ; 如果相等,重复进行比较
        JCXZ ALLMATCH        ; 若(CX) = 0,跳去 ALLMATCH
        DEC SI               ; 否则,(SI) - 1
        DEC DI               ; (DI) - 1
        HLT                  ; 停止
ALLMATCH:             MOV SI, 0
        MOV DI, 0
        HLT
```

在上述程序段中使用重复前缀 REPE/REPZ，当遇到第一个不相等的字符时，停止比较。但此地址已被修改，即（DS：SI）和（ES：DI）均已经指向下一个字节或字地址，应将 SI 和 DI 进行修正，使之指向所要寻找的不相等字符。但是，也有可能将整个字符串比较完毕后仍未出现规定的条件（如两个字符相等或不相等），但此时寄存器（CX）=0，故可用条件转移指令 JCXZ 进行处理。同理，如果要寻找两个字符串中第一个相等的字符，则应使用重复前缀 REPNE/REPNZ。

（5）串扫描指令——SCAS

指令格式：

```
[REPE/REPNE]  SCASB          ; 搜索字节串
SCASW                        ; 搜索字串
```

串扫描指令的基本操作为：

1)（AL）－（ES：DI）

或

（AX）－（ES：DI）

2）DI←（DI）±1 （字节操作）

或

DI←（DI）±2 （字操作）

其中，当方向标志（DF）=0 时用"＋"，当方向标志（DF）=1 时用"－"。

SCAS 指令将累加器的内容与字符串中的元素逐个进行比较，比较结果也反映在状态标志位上。SCAS 指令将影响状态标志位 SF、ZF、AF、PF、CF 和 OF。如果累加器的内容与字符串中的元素相等，则比较之后（ZF）=1。因此，指令可以加上重复前缀 REPE/REPNE。

【例 3 - 33】在某一数据块中搜索寻找一个关键字。找到该字后，把搜索次数记录在 COUNT 单元中，并将关键字的地址保留在 ADDR 中，然后，在屏幕上显示字符"Y"。如果没有找到关键字，则在屏幕上显示字符"N"。

假设，该数据块的首地址为 STR，长度为 100。根据要求可编程如下：

```
        LEA DI, STRING          ; DI←数据块首地址
        MOV AL, KEY_WORD        ; AL←关键字
        MOV CX, 100             ; CX←数据块长度
        CLD                     ; 对方向标志 DF 清 0
REPNE   SCASB                   ; 若未找到,重复扫描
        JZ   MATCH              ; 若找到,转 MATCH
        MOV DI, 0               ; 搜索完毕,未找到关键字,DI←0
        MOV DI, 'N'             ; 同时,DL←"N"
        JMP DISPLY              ; 转到 DISPLY 显示字符
MATCH:  DEC DI
        MOV ADDR, DI            ; 关键字地址保留在 ADDR 单元中
        LEA BX, STR            ; 以下指令用来计算搜索次数
        SUB DI, BX
        INC DI
        MOV COUNT, DI           ; 找到关键字,搜索次数记录在 COUNT 单元中
        MOV DI, 'Y'            ; DL←"Y"
DISPLY: MOV AH, 02H
        INT 21H                 ; 显示字符 N 或 Y
        HLT
```

综上所述，虽然串操作指令的基本操作各不相同，但都具有以下一些共同特点：

1）都是用 SI 寻址源操作数，用 DI 寻址目标操作数。其中，源操作数常用在当前的数据段，即隐含段寄存器 DS（允许段超越）；目标操作数总是在当前的附加段，隐含段寄存器 ES（不允许段超越）。

2）用方向标志 DF 规定进行串处理的方向。当（DF）= 0 时，地址指针增量；当（DF）= 1 时，地址指针减量。有的串操作指令可加重复前缀，以完成对数据串的重复操作。处理长数据串时，这种方法的处理速度要高于软件循环方法，但这时必须用 CX 作为重复次数计数器。每执行一次串操作指令，CX 的值自动减 1，直至（CX）= 0，停止串操作。

3.8　程序控制指令

在一般情况下，CPU 执行程序是按照指令的顺序逐条执行的，但实际上程序不可能总是顺序执行，而经常需要改变程序的执行流程，转移到所要求的目标地址去执行，这就需要借助转移指令来改变指令执行的顺序。

在 8086 汇编程序中，指令的执行顺序由代码段寄存器（CS）和指令指针寄存器（IP）的值决定。CS 寄存器包含现行代码段的段基址，用来指出将被取出指令的 64KB 存储器区域的首地址。使用 IP 作为距离代码段首地址的偏移量。CS 和 IP 的结合指出了将要取出的指令的存储单元地址。转移指令根据指令指针寄存器（IP）和 CS 寄存器进行操作。改变这些寄存器的内容就会改变程序的执行顺序。

8086 指令系统的四组转移指令见表 3 - 8。其中只有中断返回指令（IRET）影响 CPU 的控制标志位。而许多转移指令的执行受状态标志位的控制和影响，即当转移指令执行时把相应的状态标志的值作为测试条件。若条件为真，则转向指令中的目标标号（LABEL）处，否则顺序执行下一条指令。

表 3 - 8 转移指令

分组		格式	指令功能	测试条件
无条件转移指令		JMP DST	无条件转移	—
		CALL DST	过程调用	—
		RET/RET n	过程返回	—
条件转移指令	以某一标志位的状态为检测条件的	JC LABEL	有进位时转移	$(CF)=1$
		JNC LABEL	没有进位时转移	$(CF)=0$
		JE/JZ LABEL	相等/为零时转移	$(ZF)=1$
		JNE/JNZ LABEL	不相等/不为零时转移	$(ZF)=0$
		JO LABEL	溢出时转移	$(OF)=1$
		JNO LABEL	无溢出时转移	$(OF)=0$
		JP LABEL	奇偶位为 1 时转移	$(PF)=1$
		JNP LABEL	奇偶位为 0 时转移	$(PF)=0$
		JS LABEL	负数时转移	$(SF)=1$
		JNS LABEL	正数时转移	$(SF)=0$
	用于无符号数比较的	JB/JNAE LABEL	低于/不高于等于时转移	$(CF)=1$
		JNB/JAE LABEL	不低于/高于等于时转移	$(CF)=0$
		JA/JNBE LABEL	高于/不低于等于时转移	$(CF)=0$ 且 $(ZF)=0$
		JNA/JBE LABEL	不高于/低于等于时转移	$(CF)=1$ 或 $(ZF)=1$
	用于有符号数比较的	JL/JNGE LABEL	小于/不大于等于时转移	$(SF)\neq(OF)$
		JNL/JGE LABEL	不小于/大于等于时转移	$(SF)=(OF)$
		JG/JNLE LABEL	大于/不小于等于时转移	$(ZF)=0$ 且 $(SF)=(OF)$
		JNG/JLE LABEL	不大于/小于等于时转移	$(ZF)=1$ 或 $(SF)\neq(OF)$
循环控制指令		LOOP LABEL	循环	$(CX)\neq0$
		LOOPE/LOOPZ LABEL	相等/为零时循环	$(CX)\neq0$ 且 $(ZF)=1$
		LOOPNE/LOOPNZ LABEL	不等/结果不为零时循环	$(CX)\neq0$ 且 $(ZF)=0$
		JCXZ LABEL	CX 值为零时循环	$(CX)=0$
中断及中断返回指令		INT n	中断	—
		INTO	溢出中断	—
		IRET	中断返回	—

3.8.1 无条件转移指令

1. 无条件转移指令——JMP

JMP 指令可以使程序无条件地转移到目标标号指定的地址去执行。目标地址可以在当前代码段内（段内转移），也可以在其他代码段中（段间转移）。根据目标地址的位置和寻址方式的不同，有以下 5 种基本格式。下面分别予以说明。

（1）段内直接短转移

指令格式：

JMP SHORT LABEL　　; IP←(IP) + disp(8 位)

功能：将程序无条件转移到目标地址 LABEL。其中，SHORT 为属性操作符，表明指令代码中的操作数是一个以 8 位二进制补码形式表示的偏移量，它只能在 − 128 ～ + 127 字节范围内取值。SHORT 在指令中可以省略。执行指令时，转移的目标地址由当前的 IP 值（即跳转指令的下一条指令的首地址）与指令代码中 8 位偏移量之和决定。

【例 3 − 34】 在当前代码段中有一条无条件转移指令如下：

```
          JMP   SHORT LOP1
              ⋮
     LOP1: MOV AL, 55H
              ⋮
```

上述指令的执行过程及转移地址的形成如图 3 − 12 所示。由图 3 − 12 可知，当前 IP 的内容为 0102H，偏移量为 08H，则标号 LOP1 的偏移地址（新的 IP 值）= 0102H + 08H = 010AH。

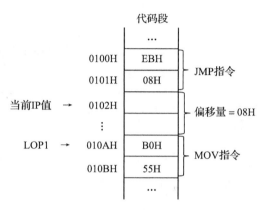

图 3 − 12　段内直接短转移举例

（2）段内直接近转移

指令格式：

JMP NEAR PTR　LABEL　　　　　　; IP←(IP) + disp(16 位)

功能：NEAR PTR 为近转移的属性操作符。段内直接近转移指令控制转移的目标地址由当前 IP 值与指令代码中 16 位偏移量之和决定，偏移量的取值范围为 − 32768 ～ + 32767 字节。其转移的过程和短程转移过程基本相同。属性运算符 NEAR PTR 在指令中可以省略。

（3）段内间接转移

指令格式：

JMP　reg16/mem16　　　　　　; IP←(reg16)/[mem16]

功能：使程序无条件地转移到由寄存器的内容所指定的目标地址，或无条件地转移到由各种存储器寻址方式提供的存储单元内容所指定的目标地址。段内间接转移属于绝对转移。由于是段内转移，故只修改当前 IP 值，而段寄存器 CS 的内容保持不变。

例如：

```
MOV BX, 1000H
JMP BX                       ; 程序将直接转向 1000H, 即(IP) = 1000H
JMP WORD PTR [BX + 20H]      ; 将存储器操作数定义为 WORD(16 位)
```

在上述程序段中，假设（DS）= 2000H，[21020H] = 34H，[21021H] = 12H，则第 2 个 JMP 指令将使程序转向 1234H，即（IP）= 1234H。

（4）段间直接转移

指令格式：

JMP　FAR PTR　LABEL　　　　　　; IP←LABEL 的偏移地址, CS←LABEL 的段基址

功能：使程序无条件地转移到由寄存器的内容所指定的段间目标地址 LABEL，指令的操作数是一个远标号，该标号在另一个代码段内。该指令也属于绝对转移指令。指令的操作是将标号的偏移地址取代当前 IP 指令指针的内容；同时，将标号的段基址取代当前段寄存器 CS 的内容；最

终，控制程序转移到另一代码段内指定的标号处。

（5）段间间接转移

指令格式：

```
JMP  mem32                          ; IP←[mem32],CS←[mem32 +2]
```

功能：使程序无条件地转移到由 mem32 所指定的另一个代码段中。存储器的前两个字节的内容为 IP，后两个字节的内容为 CS 的目标地址。该转移属于绝对转移。

例如：

```
MOV  SI,0100H
JMP  DWORD PTR[SI]   ;将存储器操作数的类型定义为 DWORD(32 位)
```

这段程序执行完毕后，将 DS：[SI]，即 DS：0100H 和 DS：0101H 两个单元的内容送至 IP；而把 DS：[SI +2]，即 DS：0102H 和 DS：0103H 两个单元的内容送至 CS。由此，程序转入由新的 CS 和新的 IP 决定的目标地址。

例如：

```
JMP   DWORD PTR[BX +SI +10H]
```

该指令为段间间接转移，目标地址在由 BX + SI + 10H 所指向的内存双字单元中。

2. 过程调用指令——CALL

"过程"是能够完成特定功能的程序段，也称为"子程序"。调用"过程"的程序称作"主程序"。随着软件技术的发展，过程已成为一种常用的程序结构，尤其是在模块化程序设计中，过程调用已成为一种必要的手段。在程序设计中，使用过程调用可简化主程序的结构，缩短软件的设计周期。

8086 指令系统中把处于当前代码段的过程称作近过程，可通过 NEAR 属性参数来定义；而把处于其他代码段的过程称作远过程，可通过 FAR 属性参数来定义。过程定义的一般格式如下：

```
PROC_1 PROC NEAR/FAR
            ⋮
          RET
PROC_1 ENDP
```

其中 PROC_1 为过程名，NEAR 或 FAR 为属性参数，PROC 和 ENDP 是伪指令（伪指令的概念将在第 4.3.4 小节进行说明）。

过程调用指令 CALL 迫使 CPU 暂停执行下一条顺序指令，而把下一条指令的地址压入堆栈，这个地址叫作返回地址。返回地址压栈保护后，CPU 会转去执行指定的过程。等过程执行完毕后，再由过程返回指令 RET/RET n 从堆栈顶部弹出返回地址，从而从 CALL 指令的下一条指令继续执行。

根据目标地址（即被调用过程的地址）寻址方式的不同，CALL 指令有 4 种格式，见表3 - 9。

表 3 - 9　过程调用指令

名称	格式及举例	操作	说明
段内直接调用	CALL dst 例如： CALL DISPLAY	SP←SP - 2	保存返回地址
		[(SP +1:SP)] ←IP	
		IP←IP + 16 位偏移量	形成转移地址

（续）

名称	格式及举例	操作		说明
段内间接调用	CALL dst 例如： CALL BX	SP←SP − 2		保存返回地址
		$[(SP+1:SP)]$ ←IP		
		IP←（EA[①]）		形成转移地址
段间直接调用	CALL dst 例如： CALL FAR PTR L	SP←SP − 2		保存返回地址
		$[(SP+1:SP)]$ ←CS		
		SP←SP − 2		
		$[(SP+1:SP)]$ ←IP		
		IP←偏移量		形成转移地址
		CS←段基址		
段间间接调用	CALL dst 例如： CALL DWORD PTR [DI]	SP←SP − 2		保存返回地址
		$[(SP+1:SP)]$ ←CS		
		SP←SP − 2		
		$[(SP+1:SP)]$ ←IP		
		IP←（EA）		形成转移地址
		CS←（EA + 2）		

①　EA 为由 dst 的寻址方式计算出的有效地址。

第一种为段内直接调用，与前面介绍的"JMP dst"指令类似，CALL 指令中的目的操作数在汇编格式的表示中也一般为符号地址（即被调用过程的过程名）。在指令的机器码表示中，它同样是用相对于当前 IP 值（即 CALL 指令的下一条指令的地址）的位移量来表示的。指令执行时，首先将 CALL 指令的下一条指令的地址压入堆栈，称为保存返回地址，然后将当前 IP 值与指令机器码中的一个 16 位偏移量相加，形成转移地址，并将其送入 IP，从而使程序转移至被调过程的入口处。

第二种为段内间接调用，此时也将 CALL 指令的下一条指令的地址压入堆栈，而调用目标地址的 IP 值则来自于一个通用寄存器或存储器两个连续字节单元中所存的内容。

第三种为段间直接调用，第四种为段间间接调用。与段内调用不同，段间调用在保存返回地址时要依次将 CS 和 IP 的值都压入堆栈。

【例 3 – 35】 CALL 2000H：5600H

这是一条段间直接调用指令，调用的段地址为 2000H，偏移地址为 5600H。执行该指令后，调用程序将转移到物理地址为 25600H 的过程入口去继续执行。

【例 3 – 36】 CALL DWORD PTR [DI]

这是一条段间间接调用指令，调用地址在 DI、DI + 1、DI + 2、DI + 3 所指的 4 个连续内存单元中，前两个字节为偏移地址，后两个字节为段基址。若（DI）= 0AH，（DI + 1）= 45H，（DI + 2）= 00H，（DI + 3）= 63H，则执行该指令后，将转移到物理地址为 6750AH 的过程入口去继续执行。

3. 过程返回指令——RET/RET n

过程返回指令有 4 种格式，见表 3 – 10。

表 3 - 10　过程返回指令

名称	格式及举例	操作	说明
段内返回	RET （机器码为 C3H）	IP← [（SP +1：SP）] SP←SP +2	弹出返回地址
段内带立即数返回	RET n	IP← [（SP +1：SP）] SP←SP +2 SP←SP + n	弹出返回地址 （n 为偶数）
段间返回	RET （机器码为 C3H）	IP← [（SP +1：SP）] SP←SP +2 CS← [（SP +1：SP）] SP←SP +2	弹出返回地址
段间带立即数返回	RET n	IP← [（SP +1：SP）] SP←SP +2 CS← [（SP +1：SP）] SP←SP +2 SP←SP + n	弹出返回地址 （n 为偶数）

由于段内调用时，不管是直接调用还是间接调用，执行 CALL 指令时对堆栈的操作都是一样的，即将 IP 值压入栈。因此，对于段内返回，RET/RET n 指令只将 IP 值弹出堆栈；而对于段间返回，RET/RET n 指令则与段间调用的 CALL 指令相呼应，分别将 CS 和 IP 值弹出堆栈。

如果主程序通过堆栈向过程传送了一些参数，过程在运行中要使用这些参数，一旦过程执行完毕返回时，这些参数也应从堆栈中作废，这就产生了"RET n"格式的指令，即 RET 指令中带立即数 n。n 就是要从栈顶作废的参数字节数。由于堆栈操作是以字为单位进行的，因此 n 必须是一个偶数。

3.8.2　条件转移指令

条件转移指令是通过指令执行时检测由前面指令已设置的标志位来确定是否发生转移的指令。它往往跟在影响标志位的算术运算或逻辑运算指令之后，用来实现控制转移。条件转移指令本身并不影响任何标志位。条件转移指令的执行包括两个过程：①测试规定的条件；②如果条件满足，则程序转移到指定的目标标号 LABEL 处，否则，顺序执行下一条指令。

在 8086 指令系统中，所有的条件转移指令都是短转移（SHORT），即目标地址必须在现行代码段，并且应在当前 IP 值的 -128 ~ +127 字节范围内。此外，8086 指令系统中的条件转移指令均为相对转移，它们的汇编格式也都是类似的，即形如"JCC LABEL"的格式，其中的标号在汇编指令中可直接使用符号地址，但在指令的机器码表示中对应一个 8 位的带符号数（数值为目标地址与当前 IP 值之差）。如果发生转移，则将这个带符号数与当前 IP 值相加，其和作为新的 IP 值。

另外，由于带符号数的比较与无符号数的比较，其结果特征是不一样的，因此指令系统给出了两组指令，分别用于无符号数与有符号数的比较。条件转移指令共有 18 条，具体情况见表 3 - 8。下面来介绍一些条件转移指令的例子。

（1）以某一标志位的状态为检测条件的条件转移指令　该类指令适用于根据标志寄存器中的单个标志位的状态来决定是否进行转移的场合。

例如：

```
ADD   AX, BX
JC    LOOP1          ; 当(AX) +(BX)有进位, 即(CF) =1 时, 转至 LOOP1
CMP   CX, DX
JE    LOOP2          ; 与指令 JZ LOOP2 同, 当(CX) -(DX) =0 时, 转至 LOOP2
```

（2）用于无符号数比较的条件转移指令　该类指令适用于根据无符号数之间的比较结果来决定是否转移的场合。指令在执行时所检测的是无符号数比较结果的特征标志 CF 和 ZF。

【例 3 – 37】求 $Z = |X – Y|$。已知 X、Y、Z 都是 16 位无符号数。程序段如下：

```
      MOV AX, X
      CMP AX, Y       ; 比较 X、Y
      JAE MAX         ; 若 X≥Y, 即(CF) =0 时,跳至 MAX
      XCHG AX, Y
MAX:  SUB AX, Y
      MOV Z, AX
```

（3）用于带符号数比较的条件转移指令　该类指令适用于根据带符号数之间的比较结果来决定是否转移的场合。指令在执行时所检测的是带符号数比较结果的特征标志 SF、OF 和 ZF。

【例 3 – 38】有两个数（AL）=01H 和（BL）=FEH，若它们作为无符号数，则 01H 小于 FEH；但作为带符号数，01H 则大于 FEH（ – 2）。当指令"CMP AL, BL"执行后，（AL）=01H，（CF）=1，（OF）=0，（ZF）=0。

例题分析：

1）当两数均为无符号数时，若要求（AL）>（BL）时程序转移，则必须使用"高于"指令 JA。但这时，因为（AL）<（BL），转移条件（CF）=0，且（ZF）=0 不满足，所以不会发生转移。

2）当两数均为带符号数时，若要求（AL）>（BL）时程序转移，则必须使用"大于"指令 JG。此时，由于（AL）>（BL）成立，满足转移条件（SF）⊕（OF）=0，且（ZF）=0，所以会发生转移。

需要注意的是，条件转移指令都是将状态标志位的状态作为测试的条件。因此，在使用条件转移指令时，应首先执行对有关标志位有影响的指令，然后再用条件转移指令测试这些标志位的状态，以确定程序是否转移。例如，可利用 CMP、TEST 和 OR 指令与条件转移指令配合使用，因为这些指令虽不改变目标操作数的内容，但影响着状态标志位。另外，其他指令如加法、减法及逻辑运算指令等也影响状态标志位。

3.8.3　循环控制指令

循环控制指令是一组增强型的条件转移指令，也是通过检测状态标志位来判定条件是否满足而进行控制转移的，仅用于控制程序的循环。循环控制指令规定 CX 寄存器为递减计数器，在其中预置程序的循环次数，并根据对 CX 内容的检测结果来决定是循环至目标地址还是顺序执行。具体见表 3 – 8。

循环控制指令采用 IP 相对寻址方式，即条件满足时，将 8 位偏移量加到当前 IP 上，使 IP 指向目标地址。因此，所有的循环控制指令能转移程序的范围不能超过 – 128 ~ + 127。与条件转移指令相同，循环控制指令对状态标志位没有影响。

（1）LOOP 指令　该指令执行时将 CX 寄存器的值减 1。若（CX）≠0，则转移到标号地址继续循环；否则结束循环，执行紧跟 LOOP 指令的下一条指令。

【例3-39】利用循环指令实现程序延时。程序段如下：

```
        MOV CX, 0F000H        ; 预置循环初值
NEXT: NOP                     ; 空操作 F000H 次, 产生延时 LOOP NEXT
```

（2）LOOPE/LOOPZ 指令　LOOPE 和 LOOPZ 是同一条指令的不同助记符。该指令执行时将 CX 寄存器的值减 1。若（CX）≠0 且（ZF）=1，则继续循环；否则，顺序执行下一条指令。

【例3-40】比较两组输入端口的数据是否一致，其中一组端口的首地址为 D1_PORT，另一组端口的首地址为 D2_PORT。两组端口的数目均为 NUM。程序段如下：

```
        MOV DX, D1_PORT       ; DX←D1_PORT 端口地址指针
        MOV BX, D2_PORT       ; BX←D2_PORT 端口地址指针
        MOV CX, NUM           ; CX 端口数
CHCEK: IN    AX, DX           ; 输入 D1_PORT 端口数据到 AX
       XCHG  AX, BP           ; D1_PORT 端口数据暂存于 BP
       INC   DX               ; D1_PORT 端口地址指针加 1
       XCHG  BX, DX           ; BX 与 DX 交换
       IN    AX, DX           ; 输入 D2_PORT 端口数据到 AX
       INC   DX
       XCHG  BX, DX           ; D2_PORT 端口地址指针加 1
       CMP   AX, BP           ; 比较两个端口数据的值
       LOOPE  CHCEK
       JNZ ERROR              ; 判断循环结束的原因
        ⋮
ERROR: ⋮
```

（3）LOOPNE/LOOPNZ 指令　LOOPNE 和 LOOPNZ 也是同条指令的不同助记符。该指令执行时将 CX 的值减 1。若（CX）≠0 且（ZF）=0，则继续循环；否则，顺序执行下一条指令。

【例3-41】若在存储器数据段中有 100 个字节组成的数组，要求从该数组中找出 "&" 字符，然后，将 "&" 字符前面的所有元素相加，结果保留在 AX 寄存器中。程序段如下：

```
        MOV CX, 100           ; 初始化计数值
        MOV SI, 0FFH          ; 设置指针
LL:  INC  SI                  ; 以下 3 条指令用于查找 & 字符
     CMP [SI], '&'
     LOOPNE LL                ; 未找到, 继续查找
     SUB SI, 0100H
     MOV CX, SI               ; & 字符之前的字节数
     MOV SI, 0100H
     MOV AX, [SI]
     DEC  CX                  ; 相加次数
LLL: INC  SI
     ADD AX, [SI]             ; 累加 & 字符之前的字节数
     LOOP  LLL
     HLT
```

（4）JCXZ 指令　该指令不对 CX 的值进行操作，只是根据 CX 的值控制转移。若（CX）=0，则转移到标号位置处。

【例3-42】为检查当前数据段所在的 64KB 内存单元能否正确地进行读/写操作，一般做法是：先向每个字节单元写入一个位组合模式 01010101B（55H）或 10101010B（AAH），然后读出

来进行比较，若读/写正确，则转入处理正确的程序段，否则转入出错处理程序段。程序段如下：

```
          XOR CX, CX              ;初始值清0,(CX)=0
          XOR BX, BX              ;BX 寄存器清0,(BX)=0
          MOV AL, 01010101B       ;设置位组合模式,(AL)=01010101B=55H
CHECK: MOV [BX], AL               ;将55H写入存储单元
          INC   BX                ;修改地址,(BX)←(BX)+1
          CMP [BX-1], AL          ;取出写入单元的内容与 AL 的值(55H)相比较
          LOOPZ CHECK             ;满足(ZF)=1,且(CX)≠0 则转到 CHECK 执行
          JCXZ RIGHT              ;(CX)=0,64KB 内存单元均能正确读/写,转 RIGHT 执行
ERROR:     ⋮                     ;一旦不能正确读/写,转入出错处理程序
          HLT
RIGHT:     ⋮                     ;处理正确程序
          HLT
```

3.8.4　中断及中断返回指令

中断及中断返回指令能使 CPU 暂停执行后续指令，而转去执行相应的中断服务程序或从中断服务程序返回主程序。它与过程调用和返回指令有相似之处，区别在于，中断类指令不直接给出服务程序的入口地址，而是给出服务程序的类型码（即中断类型码）。CPU 可根据中断类型码从中断入口地址表中查到中断服务程序的入口地址。

（1）中断指令——INT

指令格式：

INT n

功能：产生一个类型为 n 的软中断。

指令完成的操作如下：

1）标志寄存器入栈。

2）断点地址入栈，CS 先入栈，然后 IP 入栈。

3）从中断向量表中获取中断服务程序入口地址，即

$(IP)←(0:4n+1,0:4n)$

$(CS)←(0:4n+3,0:4n+2)$

（2）溢出中断指令——INTO

指令格式：

INTO

功能：检测 OF 标志位。当（OF）=1 时，产生中断类型为 4 的中断；当（OF）=0 时，不起作用。

当产生中断类型为 4 的中断时，INTO 指令完成的操作如下：

1）标志寄存器入栈。

2）断点地址入栈，CS 先入栈，然后 IP 入栈。

3）从中断向量表中获取中断服务程序入口地址，即

$(IP)←(0000H:0010H)$

$(CS)←(0000H:0012H)$

（3）中断返回指令——IRET

指令格式：

IRET

功能：从中断服务程序返回断点处，并将标志寄存器的值从堆栈弹出，继续执行原程序。

指令完成的操作如下：

1）断点出栈，IP 先出栈，CS 后出栈。

2）标志寄存器出栈。

3.9 处理器控制指令

处理器控制指令完成各种控制 CPU 的功能以及对某些标志位的操作，共有 12 条指令，可以分为 3 组，见表 3-11。

表 3-11 处理器控制指令

分组	格式	功能
标志操作指令	STC	对进位标志 CF 置 1
	CLC	对进位标志 CF 清 0
	CMC	对进位标志 CF 取反
	STD	对方向标志 DF 置 1
	CLD	对方向标志 DF 清 0
	STI	对中断标志 IF 置 1
	CLI	对中断标志 IF 清 0
外同步指令	HLT	暂停
	WAIT	等待
	ESC	交权
	LOCK	封锁总线
空操作指令	NOP	空操作

1. 标志操作指令

各条标志操作指令的功能见表 3-11。其中没有设置单步标志 TF 的指令，设置 TF 的方法在本章前面讲述 PUSHF 和 POPF 指令时已经提到。

2. 外同步指令

8086CPU 构成最大模式系统时，可与别的处理器一起构成多处理器系统。当 CPU 需要协处理器帮助它完成某个任务时，CPU 可用同步指令向协处理器发出请求，等它们接受这一请求，CPU 才能继续执行程序。为此，8086 指令系统中专门设置了 4 条外同步指令。

（1）暂停指令——HLT 该指令使 8086CPU 进入暂停状态。若要离开暂停状态，要靠 RESET 的触发，或靠接受 NMI 线上的不可屏蔽中断请求，或者允许中断时，靠接受 INTR 线上的可屏蔽中断请求。HLT 指令不影响任何标志位。

（2）等待指令——WAIT 该指令使 CPU 进入等待状态，并每隔 5 个时钟周期测试一次 8086CPU 的 TEST 引脚状态，直到 TEST 引脚上的信号变为有效为止。WAIT 指令与交权指令 ESC 组合使用，提供了一种存取协处理器 8087 数值的能力。

（3）交权指令——ESC 该指令是 8086CPU 要求协处理器完成某种功能的命令。协处理器平时处于查询状态，一旦查询到 CPU 发出 ESC 指令，被选协处理器便可开始工作，根据 ESC 指令的要求完成某种操作。等协处理器操作结束，便在 TEST 引脚上向 8086CPU 回送一个有效信号。

CPU 查询到 TEST 有效才能继续执行后续指令。

（4）LOCK   LOCK 是一个特殊的指令前缀，它使 8086CPU 在执行后面的指令期间，发出总线封锁信号 LOCK，以禁止其他协处理器使用总线。它一般用于多处理器系统的程序设计。

3. 空操作指令

空操作指令 NOP 执行期间，CPU 不完成任何有效功能，只是每执行一条 NOP 指令，耗费 3 个时钟周期的时间。该指令常用来延时。

习 题

3.1 什么叫寻址方式？8086CPU 支持哪几种寻址方式？

3.2 8086 支持的数据寻址方式有哪几类？采用哪一种寻址方式的指令的执行速度最快？

3.3 内存寻址方式中，一般只指出操作数的偏移地址，那么，段地址如何确定？如果要用某个段寄存器指出段地址，指令中应如何表示？

3.4 什么是堆栈？它有什么用途？堆栈指针的作用是什么？举例说明堆栈的操作。

3.5 执行指令"MOV [SI]，AX"，则 CPU 外部引脚 $\overline{RD}$、$\overline{WR}$ 和 $M/\overline{IO}$ 的状态如何？

3.6 在 8086 系统中，设（DS）=1000H，（ES）=2000H，（SS）=1200H，（BX）=0300H，（SI）=0200H，（BP）=0100H，VAR 的偏移量为 0060H，请指出下列指令的目标操作数的寻址方式。若目标操作数为存储器操作数，请计算它们的物理地址。

(1) MOV BX, 12   (2) MOV [BX], 12   (3) MOV ES：[SI], AX

(4) MOV VAR, 8   (5) MOV [BX][SI], AX   (6) MOV 6[BP][SI], AL

(7) MOV [1000H], DX   (8) MOV 6[BX], CX   (9) MOV VAR+5, AX

3.7 判断指令对错。如果是错误的，请说明原因（VAR 为字节型变量）。

(1) XCHG   CS, AX   (2) MOV [BX], [1000]   (3) XCHG   BX, IP

(4) PUSH   CS   (5) POP   CS   (6) PUSH   AL

(7) MOV   CS, AX   (8) MOV   CH, SI   (9) XCHG   BX, 3

(10) OUT   3EBH, AL   (11) MOV COUNT[BX][SI], ES:AX

(12) MOV AX, [SI][DI]   (13) MOV BX, OFFSET VAR[SI]

(14) MOV   CS, [1000]   (15) MOV BYTE[BX], 1000

(16) IN BX, DX   (17) ADC AX, 0ABH   (18) MUL AL, CL

(19) INC   [SI]   (20) ADD [BX], 456H   (21) DIV AX, BX

(22) DEC   [BP]   (23) ADD CX+1   (24) DAA   CX

(25) TEST [BP], BL   (26) PUSH   2000H   (27) LEA DS, 35[BI]

(28) ADD VAR, [1200H]   (29) IN AL, BX

(30) NOT 4000H   (31) MOVSB AX, DS：BP   (32) XCHG AX, CL

3.8 试述以下指令的区别。

(1) MOV AX, 3000H   与   MOV AX, [3000H]

(2) MOV AX, MEM   与   MOV AX, OFFSET MEM

(3) MOV AX, MEM   与   LEA AX, MEM

(4) JMP SHORT L1   与   JMP NEAR PTR L1

(5) CMP DX, CX   与   SUB DX, CX

(6) MOV [BP][SI], CL与   MOV DS：[BP][SI], CL

3.9 扩展无符号数是否可以使用下列指令？为什么？

(1) CBW 指令   (2) CWD 指令

3.10 若 AL、BL 中是压缩 BCD 数，且在执行"ADD AL, BL"之后，（AL）=0CH，（CF）=1，（AF）=0，执行 DAA 后，AL 的值为多少？

3.11 按要求编写下列指令序列。

(1) 清除 DL 中的低 2 位而不改变其他位。

(2) 把 SI 的高 3 位置 1 而不改变其他位。

(3) 把 AX 中的 0～3 位置 0，7～9 位置 1，13～15 位取反。

(4) 检查 CX 中的 1、3 和 5 位中是否有一位为 1。

(5) 检查 BX 中的 2、6 和 10 位是否同时为 1。

(6) 检查 CX 中的 1、3、5 和 7 位中是否有一位为 0。

(7) 检查 BX 中的 2、6、10 和 12 位是否同时为 0。

3.12 设（DS）= 2100H，（SS）= 5200H，（BX）= 1400H，（BP）= 6200H，试说明下面两条指令所进行的具体操作。

(1) MOV BYTE PTR [BP], 200   (2) MOV WORD PTR [BX], 2000

3.13 设当前（SS）= 2010H，（SP）= FE00H，（BX）= 3457H，计算当前栈顶的地址为多少？当执行 PUSH BX 指令后，栈顶地址和栈顶 2 字节的内容分别是什么？

3.14 设（DX）= 78C5H，（CL）= 5，（CF）= 1，确定下列各条指令执行后 DX 和 CF 中的值。

(1) SHR DX, 10   (2) SAR DX, CL   (3) SHL DX, CL

(4) ROR DX, CL   (5) RCL DX, CL   (6) RCR DH, 1

3.15 设（AX）= 0A69H，VALUE 字变量中存放的内容为 1927H，写出下列各条指令执行后 AX 寄存器和 CF、ZF、OF、SF、PF 的值。

(1) XOR AX, VALUE   (2) AND AX, VALUE   (3) SUB AX, VALUE

(4) CMP AX, VALUE   (5) NOT AX   (6) TEST AX, VALUE

3.16 设 AX 和 BX 是有符号数，CX 和 DX 是无符号数，若转移目标指令的标号是 NEXT，请分别为下列各项确定 CMP 和条件转移指令。

(1) CX 值超过 DX 值转移   (2) AX 值未超过 BX 值转移

(3) DX 为 0 转移   (4) CX 值等于低于 DX 值转移。

3.17 阅读分析下面的指令序列。

```
ADD   AX,BX
JNO   L1
JNC   L2
SUB   AX,BX
JNC   L3
JNO   L4
JMP   L5
```

若 AX 和 BX 的初值分别为下列 5 种情况，则执行该指令序列后，程序将分别转向何处（L1～L5 中的哪一个）？

(1)（AX）= 14C6H，（BX）= 80DCH   (2)（AX）= 0B568H，（BX）= 54B7H

(3)（AX）= 42C8H，（BX）= 608DH   (4)（AX）= 0D023H，（BX）= 9FD0H

(5)（AX）= 9FD0H，（BX）= 0D023H

3.18 编写计算多项式 $4A^2 - B + 10$ 值的程序段。说明：多项式的值存于 AX 中，A、B 是无符号字节数。

数据说明：A   DB   0AH

              B   DB   10H

3.19 编写一个计算 CL 的 3 次方的指令序列，假设结果不超过 16 位二进制数。

3.20 假设 DX:AX 中存放了一个双字数据。

```
NEG   DX
NEG   AX
```

```
SBB  DX,0
```

请问：上述程序段完成什么功能？设执行前，（DX）= 0001H，（AX）= FFFFH，上述程序段执后，DX、AX 的值是什么？

3.21 列出两种以上实现下列要求的指令或指令序列。

(1) 清累加器 AX

(2) 清 CF 位

(3) 将累加器内容乘以 2（不考虑溢出）

(4) 将累加器内容除以 2（不考虑余数）

3.22 分析下列程序段执行后 AX 的值为多少？

```
MOV  AX,1234H
MOV  CL,4
AND  AL,OFH
ADD  AL,30H
SHL  AH,CL
AND  AH,0F3H
```

3.23 分析下列程序段执行之后 AX 和 CF 的值为多少？

```
MOV  AX,99H
MOV  BL,88H
ADD  AL,BL
DAA
ADC  AH,0
```

3.24 试完成下面程序段，使其完成将存储单元 DA1 中压缩型 BCD 码，拆成两个非压缩型 BCD 码，低位放入 DA2 单元，高位放入 DA3 单元，并分别转换为 ASCII 码。

```
START:MOV  AL,DA1
      MOV  CL,4
      __(1)__
      OR   AL,30H
      MOV  DA3,AL
      MOV  AL,DA1
      __(2)__
      OR   AL,30H
      MOV  DA2,AL
```

3.25 下面程序段的功能是完成 s =（a×b + c）/a 的运算，其中 a、b、c 和 s 均为有符号字数据，结果的商存入 s，余数不计，请按注释填空。

```
      MOV  AX,a
      MOV  BX,b
      IMUL BX
      __(1)__
      __(2)__  ;a*b在CX:BX中
      MOV  AX,c
      MOV  AL,DA1
      __(3)__  ;c扩展到DX:AX中
      __(4)__
      __(5)__  ;a*b+c在DX:AX中
      IDIV a
      __(6)__  ;商存入s中
```

3.26 用普通运算指令执行 BCD 码运算时，为什么要进行十进制调整？具体来讲，在进行 BCD

码的加、减、乘、除运算时，程序段的什么位置必须加上十进制调整指令？

3.27 在编制乘法程序时，为什么常用移位指令来代替乘、除法指令？试编写一个程序段，不用除法指令，实现将 BX 中的数除以 8，结果仍放在 BX 中。

3.28 串操作指令使用时与寄存器 SI、DI 及方向标志 DF 密切相关，请具体就指令 MOVSB/MOVSW、CMPSB/CMPSW、SCASB/SCASW、LODSB/LODSW、STOSB/STOSW 列表说明和 SI、DI 及 DF 的关系。

3.29 用串操作指令设计实现以下功能的程序段：首先将 100 个数从 2170H 处搬到 1000H 处，然后从中检索等于 AL 值的单元，并将此单元值换成空格符。

3.30 求双字长数 DX:AX 的相反数。

3.31 将字变量 A1 转换为反码和补码，并分别存入字变量 A2 和 A3 中。

3.32 试编程对内存 53481H 单元中的单字节数完成以下操作：

（1）求补后存 53482H 单元。

（2）最高位不变，低 7 位取反存 53483H 单元。

（3）仅将该数的第 4 位置 1 后，存 53484H 单元。

3.33 自 1000H 单元开始有 1000 个单字节带符号数，找出其中的最小值，并存放在 2000H 单元。

3.34 试编写一个程序，比较两个字符串 STRING1 和 STRING2 所含字符是否完全相同，相同则显示 "MATCH"，不同则显示 "NOTMATCH"。

3.35 用子程序的方法，计算 a + 10b + 100c + 20d。其中 a、b、c、d 均为单字节无符号数，存放于数段 DATA 起的 4 个单元中，结果为 16 位，存入 DATA + 4 的两个单元中。

3.36 试编写一段程序把 LIST 到 LIST + 100 中的内容传送到 BLK 到 BLK + 100 中。

3.37 自 BUFFER 单元开始有一个数据块，BUFFER 和 BUFFER + 1 单元中放的是数据块长度，自 BUFFER + 2 开始存放的是以 ASCII 码表示的十进制数码，把它们转换为 BCD 码，且把两个相邻单元的数码合并成一个单元（地址高的放在高 4 位），放到自 BUFFER + 2 开始的存储区。

3.38 不使用乘法指令，将数据段中 10H 单元中的单字节无符号数乘 11，结果存于 12H 单元（设结果小于 256）。

3.39 不使用除法指令，将数据段中 10H、11H 单元中的双字节带符号数除以 8，结果存入 12H、13H 单元（多字节数存放格式均为低位在前，高位在后）。

3.40 内存 BLOCK 起存有 32 个双字节带符号数，试将其中的正数保持不变，负数求补后放回原处。

3.41 数据段中 3030H 起有两个 16 位的带符号数，试求它们的积，并存入 3034H 单元中。

3.42 试编制一程序，找出数据区 DA 中带符号的最大数和最小数。

3.43 编写子程序 DATAMOV，将处于同一 DS 段中的数据串从地址 STRING1 传送至地址 STRING2。入口参数为 DS:SI 为源串首地址，ES:DI 为目的串首地址，CX 的值为串长度（提示：串可能有重叠）。

3.44 编写一个有主程序和子程序结构的程序模块，实现如下功能：

（1）主程序 MAIN 从键盘接收一个字符串 STRING，将 STRING 的首地址、串长度 LEN 作为参数，通过堆栈传递给段内调用的子程序，在 AL 中放入要查找的字符 "X"。

（2）子程序 FIND 查找 AL 中的字符在 STRING 中出现的次数，将出现的次数放入到 AX 中。

第 4 章　汇编语言程序设计

汇编语言是一种利用指令助记符、符号常量或变量、标号等符号编写程序的语言，又称符号语言。汇编语言具有执行速度快和易于实现对硬件的控制等独特优点，能够直接利用硬件系统的特性（如寄存器、标志、中断系统等），且能够对位、字节、字寄存器或存储单元、I/O 端口进行操作；同时，也能直接使用 CPU 指令系统提供的各种寻址方式，编制出高质量的程序。与高级语言相比，汇编语言程序占用内存空间小、执行速度快。因此，汇编语言常被用来编写计算机系统程序、实时通信程序、实时控制程序等，同时也可被各种高级语言调用。

汇编语言是一门重要的程序设计语言。本章介绍汇编语言基础，以及顺序结构、分支结构、循环结构、子程序结构、DOS 系统调用、字符串处理等相关指令的使用及程序设计方法。通过本章的学习，可以初步掌握汇编语言程序的编写和调试方法，能够阅读和编写简单的汇编语言程序。

4.1　汇编语言程序的基本格式

4.1.1　汇编语言概述

汇编语言（Assemble Language）是一种面向机器的程序设计语言，其基本内容是机器语言的符号化描述。

与机器语言相比，使用汇编语言来编写程序的突出优点就是可以使用符号。具体地说，就是可以用助记符来表示指令的操作码和操作数，可以用标号来代替地址，用符号表示常量和变量。助记符一般都是表示相应操作的英文字母的缩写，便于识别和记忆。不过，用汇编语言编写的程序不能由机器直接执行，而必须翻译成由机器代码组成的目标程序，这个翻译的过程称为汇编。当前绝大多数情况下，汇编过程是通过软件自动完成的。用来把汇编语言编写的程序（称为汇编语言源程序）自动翻译成目标程序的软件叫作汇编程序（即汇编器，Assembler）。汇编过程示意图如图 4-1 所示。

第 3 章中介绍的指令系统中的每条指令都是构成汇编语言源程序的基本语句。汇编语言的指令和机器语言的指令之间有一一对应的关系。

图 4-1　汇编过程示意图

汇编语言是和机器硬件密切相关的，汇编代码基于特定平台，不同 CPU 芯片有不同的汇编语言。采用汇编语言进行程序设计时，可以充分利用芯片的硬件功能和结构特点，从而可以有效地加快程序的执行速度，减少目标程序所占用的存储空间。

与高级语言相比，汇编语言提供了直接控制目标代码的手段，而且可以直接对输入/输出端口进行控制，实时性能好，执行速度快，节省存储空间。大量的研究与实践表明，为解决同一问题，用高级语言与用汇编语言所写的程序，经编译与汇编后，它们所占用的存储空间与执行速度存在很大差别。汇编语言所占用的存储空间要少 30%，执行速度要快 30%。所以，对这两方面要求都很高的实时控制程序往往用汇编语言编写。另外，要了解计算机是如何工作的，也需学习汇编语言。汇编语言的出现是计算机技术发展的一个重要里程碑。它迈出了走向今天我们所使用的高级语言的第一步。

汇编语言的缺点是编程效率较低,又由于它紧密依赖于机器结构,所以可移植性较差,即在一种机器系统上编写的汇编语言程序很难直接移植到不同的机器系统上去。

尽管如此,由于利用汇编语言进行程序设计具有很高的时空效率并能够充分利用机器的硬件资源等方面的特点,使其在需要软、硬件结合的开发设计中尤其是计算机底层软件的开发中,仍有着其他高级语言所无法替代的优势。

支持 PC 系列微机的汇编程序有 ASM、MASM、TASM 等多种,现在广泛使用的 MASM 是 Microsoft 公司开发的宏汇编程序。它不仅包含了 ASM 的功能,还增加了宏指令等高级宏汇编语言功能,使得采用汇编语言进行程序设计更为方便灵活。

4.1.2 汇编语言源程序的结构形式

一个汇编语言源程序由若干个逻辑段组成,每个逻辑段都有一个段名,由段定义语句 SEGMENT 来定义,以 ENDS 语句结束。通常,源程序中有代码段、数据段、堆栈段和附加数据段。其中,代码段是必须要定义的;数据段和附加数据段用来在内存中建立一个适当容量的工作区以存放常量和变量,并作为算术运算或 I/O 接口传送数据的工作区;堆栈段则是在内存中建立的一个堆栈区,用以在中断和过程(或子程序)调用、各模块之间传递参数时使用。

下面通过一个具体的汇编源程序,来说明一个完整汇编语言源程序的结构。该程序的具体功能是将程序中定义的 16 位二进制数转换为 4 位十六进制数,并在显示器上输出。

```
DATA SEGMENT                            ;数据段
    NUM DW 0011101000000111B            ;即 3A07H
    NOTES DB 'The result is:', '$'
DATA ENDS
STACK SEGMENT                           ;堆栈段
    STA DB 50 DUP (?)
    TOP EQU LENGTH
STACK ENDS
CODE SEGMENT                            ;代码段
    ASSUME CS: CODE, DS: DATA, SS: STACK
BEGIN: MOV AX, DATA
    MOV DS, AX                          ;为 DS 赋初值
    MOV AX, STACK
    MOV SS, AX                          ;为 SS 赋初值
    MOV AX, TOP
    MOV SP, AX                          ;为 SP 赋初值
    MOV DX, OFFSET NOTES                ;显示提示信息
    MOV AH, 09H
    INT 21H
    MOV BX, NUM                         ;将数装入 BX
    MOV CH, 4                           ;共 4 个十六进制数字
ROTATE:MOV CL, 4                        ;CL 为移位位数
    ROL BX, CL
    MOV AL, BL
    AND AL, 0FH                         ;AL 中为一个十六进制数
    ADD AL, 30H                         ;转换为 ASCII 码值
    CMP AL, '9'                         ;是 0 ~ 9 的数码
    JLE DISPLAY
    ADD AL, 07H                         ;在 A ~ F 之间
```

```
DISPLAY:MOV DL, AL                    ;显示这个十六进制数
    MOV AH, 2
    INT 21H
    DEC CH
    JNZ ROTATE
    MOV AX, 4C00H                     ;退出程序并回到 DOS
    INT 21H
CODE ENDS                            ;代码段结束
END BEGIN                            ;程序结束
```

从这个示例程序可以清楚地看到汇编语言源程序的两个组成特点：分段结构和语句行。下面简要说明这两个特点。

1. 分段结构

汇编语言源程序是按段来组织的。通过第 3 章的介绍我们已经知道，8086 汇编语言源程序最多可由 4 种段组成，即代码段、数据段、附加段和堆栈段，并分别由段寄存器 CS、DS、ES 和 SS 中的值（段基值）来指示段的起始地址，每段最大可占 64KB 单元。

从示例程序可以看到，每段有一个名字，并以符号 SEGMENT 表示段的开始，以 ENDS 作为段的结束符号。两者的左边都必须有段的名字，而且名字必须相同。

示例程序中共有 3 个段。其中，数据段的段名为 DATA，段内存放原始数据和运算结果；堆栈段的段名为 STACK，其功能是用于存放堆栈数据；代码段的段名为 CODE，它包含了实现基本操作的指令。在代码段中，用 ASSUME 命令（伪指令）告诉汇编语言源程序，在各种指令执行时所要访问的各段寄存器将分别对应哪一段。程序中不必给出这些段在内存中的具体位置，而由汇编程序自行定位。各段在源程序中的顺序可任意安排，段的数目原则上也不受限制。

2. 语句行

汇编语言源程序的段由若干语句行组成。语句是完成某种操作的指示和说明，是构成汇编语言源程序的基本单位。上述示例程序共有 38 行，即共有 38 个语句行。汇编语言源程序中的语句可分为 3 种类型：指令语句、伪指令语句和宏指令语句。

需要指出的是，对于指令语句，汇编程序将把它翻译成机器代码，并由 CPU 识别和执行；而对于伪指令语句（又称指示性语句），汇编程序并不把它翻译成机器代码，它仅向汇编程序提供某种指示和引导信息，使之在汇编过程中完成相应的操作，如给特定符号赋予具体数值，或向特定存储单元放入所需数据等；关于宏指令的特点，将在 4.4 节做详细介绍。

4.1.3　汇编语言的语句

由 4.1.2 小节内容可知，汇编语言的语句可分为指令语句、伪指令语句和宏指令语句 3 种类型。

1. 指令语句

指令语句是可执行语句，汇编后将生成目标代码，CPU 根据这些目标代码执行并完成特定操作。每一条指令语句表达了计算机具有的一个基本能力，这种能力在目标程序执行时被反映出来。3.1 节对指令的格式进行了详细描述。为了便于与伪指令、宏指令进行比较，这里给出指令语句的格式如下：

〔标号：〕　指令助记符　〔操作数〕　〔；注释〕

2. 伪指令语句

伪指令语句也称指示性语句，是不可执行语句，汇编后不产生目标代码，它仅仅在汇编过程

中告诉汇编程序如何汇编源程序。伪指令语句可以告诉汇编程序哪些语句是属于一个段，是什么类型的段，各段存入内存应如何组装，给变量分配多少存储单元，给数字或表达式命名等。伪指令语句的功能是由汇编程序在对源程序进行汇编时完成的，不是由 CPU 执行目标代码时实现的。伪指令语句的格式为：

〔符号名〕　　伪指令助记符〔操作数〕〔；注释〕

3. 宏指令语句

宏是一个以宏名定义的指令序列。一旦把某程序段定义成宏，则可以用宏名代替那段程序。在汇编时，要对宏进行宏展开，即把以宏名表示的地方替换为该宏对应的指令序列的目标代码。宏可以被看成指令语句的扩展，相当于多条指令语句的集合。宏指令语句的格式为：

〔宏名〕宏指令助记符〔操作数〕〔；注释〕

4. 汇编语句的格式说明

（1）关于格式的几个组成部分　　上述 3 种汇编语句的格式都由 4 部分构成。其中，带中括号的部分是可选项。各部分之间必须用空格（Space）或水平制表符（Tab）隔开。操作数项由一个或多个表达式组成，它为执行语句所要求的操作提供需要的信息。注释项用来说明程序或语句的功能，注释项在汇编时不会产生目标代码。分号"；"表示注释项的开始。注释项可以跟在语句的后面；当分号"；"作为一行的第一个字符时，表示注释占据整行，常用来说明下面一段程序的功能。

（2）关于标号与符号名　　标号与符号名都称为名字或者标识符。标号是可选项，一般设置在程序的入口处或程序跳转点，表示一条指令的符号地址，在代码段中定义，后面必须跟上冒号"："；符号名也是一个可选项，可以是常量、变量、段名、过程名、宏名等，后面不能跟冒号。

（3）名字的命名规则

1）合法符号：字母（不分大小写）、数字及特殊符号（"？""@""_""$""·"）。

2）名字可以用除数字外所有的合法符号开头。但如果用到符号"·"，那么这个符号必须是第一个字符。

3）名字的有效长度不超过 31 个英文字符。

4）不能把保留字（如 CPU 的寄存器名、指令助记符等）用作名字。

（4）注释项　　注释项用来说明一段程序、一条或几条指令的功能，此项是可有可无的。但是，对于汇编语言源程序来说，注释项可以使程序易于被读懂；而对编写程序的人来讲，注释项可以是一种"备忘录"。例如，一般在循环程序的开始都有初始化程序，用于设置有关工作单元的初值：

```
MOV CX,100          ;将 100 送入 CX
MOV SI,0100H        ;将 0100H 送入 SI
MOV DI,0200H        ;将 0200H 送入 DI
```

这样注释没有告诉它们真正在程序中的作用，应该改为：

```
MOV CX,100          ;循环计数器 CX 置初值
MOV SI,0100H        ;源数据区指针 SI 置初值
MOV DI,0200H        ;目标数据区指针 DI 置初值
```

因此，编写好汇编语言源程序后，如何写好注释也是一项重要工作。

4.2　汇编语言的基本语法

操作数是汇编语言语句中的一个重要项，它可以是寄存器、存储器单元或数据项。而汇编语言能识别的数据项又可以是常量、变量、标号、偏移地址计数器和表达式。下面结合示例程序，对这几个概念进行详细讲述。

4.2.1　常量、变量与标号

数据是指令中操作数的基本组成部分，数据的形式对语句格式有很大影响。汇编程序能识别的数据项有常量、变量和标号。

1. 常量

常量是没有任何属性的纯数值。在汇编时，常量的值已经确定，并且在程序运行过程中，常量的值不会改变。常量分为两种类型：数值型常量和字符串型常量。

（1）数值型常量　常采用的数制有以下 4 种：

1）二进制数：以字母 B 结尾，如 01011010B。

2）八进制数：以字母 O 结尾，如 21O。

3）十进制数：以字母 D 结尾（可省略），如 935D、123。

4）十六进制数：以字母 H 结尾，如 3A40H、0ES0H。

需要注意的是，对于十六进制数，当第一位（即最高位）是字母 A ~ F 时，必须在第一个字母前加写一个数字 0，以便和标号名或变量名相区别。

（2）字符串型常量　字符串型常量是指用单引号引起来的、可打印的 ASCII 码字符串。汇编程序把它们表示成一个字节序列，一个字节对应一个字符，把引号中的字符翻译成它的 ASCII 码值存放在内存中，如 'ABCD'、'123'、'HOW ARE YOUR? ' 等。其中，'123' 并不表示十进制数 123，而是 1、2、3 三个数字的 ASCII 码，即 31H、32H 和 33H。

在汇编语言的语句中，常量有常量数值和符号两种表达形式。其中，符号形式需要预先给它定义一个"名字"，供编程时直接引用。用"名字"表示的常量称为符号常量，符号常量是用伪指令"EQU"或"="定义的。例如：

```
ONE EQU 1
DATA1 = 2 * 12H
MOV AX, DATA1 + ONE
```

即把 25H 送给 AX。

2. 变量

变量在除代码段以外的其他段中被定义，用来定义存放在存储单元中的数据。

如果存储单元中的数据在程序运行中随时可以修改，则这个存储单元中的数据可以用变量来定义。为了便于对变量进行访问，要给变量取一个名字，这个名字称为变量名。变量名应符合标识符的规定。变量与一个数据项的第一个字节相对应，表示该数据项第一个字节在现行段中的地址偏移量。变量和后面的操作项应以空格隔开（注：此处无冒号）。

定义变量可用变量定义伪指令（详见第 4.3.1 小节）进行定义。经过定义的变量有三重属性。

（1）段属性（SEG）　SEG 定义变量所在段的起始地址（即段基址）。此值必须在一个段寄存器中，一般在 DS 段寄存器中，也可以用段前缀来指明是 ES 或 SS 段寄存器。

（2）偏移地址属性（OFFSET）　OFFSET 表示变量所在的段内偏移地址。此值为一个 16 位无符号数，它代表从段的起始地址到定义变量的位置之间的字节数。段基址和偏移地址构成变量的逻辑地址。

（3）类型属性（TYPE）　TYPE 表示变量占用存储单元的字节数，即所存放数据的长度。这一属性是由数据定义伪指令来规定的。变量可分别被定义为 8 位（DB，1 个字节）、16 位（DW，2 个字节）、32 位（DD，4 个字节）、64 位（DQ，8 个字节）和 80 位（DT，10 个字节）数据。

3. 标号（label）

标号可在代码段中被定义，是指令语句的标识符，表示后面的指令所存放单元的符号地址（即该指令第一个字节存放的内存地址），标号必须和后面的操作项以冒号分隔开来。标号常作为转移指令的操作数，确定程序转移的目标地址。例如，下列指令序列中的 L 就是标号，它是 JNZ 指令的直接操作数（转移地址）。

```
    MOV CX,2
L：DEC CX
    JNZ L
```

与变量类似，标号也有 3 重属性：

（1）段属性（SEG）　SEG 定义标号所在段的起始地址（即段基址）。此值必须在一个段寄存器中，而标号的段基址则总是在 CS 段寄存器中。

（2）偏移属性（OFFSET）　OFFSET 表示标号所在的段内偏移地址。此值为一个 16 位无符号数，它代表从段的起始地址到定义标号的位置之间的字节数。段基址和偏移地址构成标号的逻辑地址。

（3）距离属性（Distance）　当标号作为转移类指令的操作数时，可在段内或段间转移。

NEAR：只允许在本段内转移。在执行调用指令或转移指令时，只需要把标号的偏移地址送给 IP，就可以实现调用或转移，并不需要改变代码段的段值。

FAR：允许在段间转移。在执行调用指令或转移指令时，不仅需要改变偏移地址 IP 的值，而且还需要修改代码段寄存器 CS 的值。

如果没有对标号进行类型说明，就默认它为 NEAR 属性。在定义标号时，最好用在程序功能方面具有一定含义的英文单词或单词缩写表示，以便于阅读。标号也可单列一行，紧跟的下一行为执行性指令。例如：

```
Result：
    MOV AX,100H
```

4.2.2　表达式与运算符

表达式是常量、寄存器、标号、变量与一些运算符相组合的序列。表达式的运算是在程序汇编过程中进行的，表达式的计算结果作为操作数参与指令所规定的操作。

1. 表达式

8086 汇编语言中使用的表达式有两类：数值表达式和地址表达式。

（1）数值表达式　数值表达式是指用运算符将数值常量、字符串常量等连接而成的表达式。汇编时，由汇编程序计算出数值表达式的数值结果，它只有大小，没有属性。

例如：

```
MOV DX,(6*A-B)/2
```

指令的源操作数$(6*A-B)/2$是一个表达式。若设变量 A 的值为 1，变量 B 的值为 2，则此表达式的值为 2，是一个数值，此表达式是数值表达式。

（2）地址表达式　地址表达式是指用运算符或操作符将常量、变量、标号或寄存器中的内容连接而成的表达式。地址表达式的结果是一个存储单元的地址。当这个地址中存放的是数据时，称为变量；当这个地址中存放的是指令时，称为标号。

在指令操作数部分采用地址表达式时，应注意其物理意义。例如，两个地址相乘或相除是无意义的，两个不同段的地址相加或相减也是无意义的。地址表达式经常进行的是地址加、减数字量运算。例如，SUM + 1 表示指向 SUM 字节单元的下一个单元的地址。

再例如：

```
MOV AX, ES:[BX + SI +1000H]
```

其中，BX + SI + 1000H 为地址表达式，结果是一个存储单元的地址。

2. 表达式中的常用运算符

汇编语言程序中的运算符的种类有很多，可分为算术运算符、逻辑运算符、关系运算符、分析运算符、合成运算符和其他运算符共 6 类，见表 4 - 1。

表 4 - 1　表达式中的常用运算符

类型	符号	功能	实例	运算结果
算术运算符	+	加法	1 + 2	3
	−	减法	5 − 3	2
	*	乘法	2 * 2	4
	/	除法	14/7	2
	MOD	模除	14/3	2
	SHL	按位左移	0010B SHL 2	1000B
	SHR	按位右移	1100B SHR 1	0110B
逻辑运算符	NOT	逻辑非	NOT　0110B	1001B
	AND	逻辑与	0101B AND 1100B	0100B
	OR	逻辑或	0101B OR 1100B	1101B
	XOR	逻辑异或	0101B XOR 1100B	1001B
关系运算符	EQ	相等	2 EQ 11B	全 0
	NE	不等	2 NE 11B	全 1
	LT	小于	2 LT 10B	全 0
	LE	小于等于	2 LE 10B	全 1
	GT	大于	2 GT 10B	全 0
	GE	大于等于	2 GE 10B	全 1
分析运算符	SEG	返回段基值	SEG VAR	—
	OFFSET	返回偏移地址	OFFSET VAR	—
	LENGTH	返回变量单元数	LENGTH VAR	—
	TYPE	返回变量的类型	TYPE VAR	—
	SIZE	返回变量总字节数	SIZE VAR	—
合成运算符	PTR	修改类型属性	BYTE PTR [SI]	—
	THIS	指定类型/距离属性	X EQU THIS BYTE	—
	段操作码	段超越前缀	ES:[BX]	—
	HIGH	分离高字节	HIGE 1020H	10H
	LOW	分离低字节	LOW 1020H	20H
	SHORT	短程转移说明	JMP SHORT LAB	—
其他运算符	( )	改变运算优先级	(7 − 1) * 2	12
	[ ]	下标或间接寻址	MOV AX, [BX]	—

如果在一个表达式中出现多个表 4 - 1 中的运算符，将根据它们的优先级别，按照由高到低的顺序进行运算，优先级别相同的运算符则按照从左到右的顺序进行运算。运算符的优先级别见表 4 - 2。

表 4 - 2　运算符的优先级规定

优先级		符号
高级	1	LENGTH、SIZE、WIDTH、MASK、（ ）、[ ]、< >
	2	PTR、OFFSET、SEG、TYPE、THIS
	3	HIGH、LOW
	4	+、-（单目）
	5	*、/、MOD
	6	+、-（双目）
	7	EQ、NE、LT、LE、GT、GE
	8	NOT
	9	AND
	10	OR、XOR
低级	11	SHORT

下面对各种运算符做简单说明。

（1）算术运算符　算术运算符通常用在数值表达式或地址表达式中，当将它们用在地址表达式中时，一般应采用在标号上加或减某一个数字量的形式，如 START + 3、SUM - 1 等，用这样的表达式来表示一个存储单元的地址。

算术运算符的运算对象和运算结果都必须是整数。其中，求模运算（MOD）就是求两个数相除后的余数。移位运算 SHL 和 SHR 可对数进行按位左移或右移，相当于对此数进行乘法或除数运算，因此归入算术运算符。注意，8086 指令系统中也有助记符为 SHL 和 SHR 的指令，但与表达式中的移位运算符是有区别的。表达式中的移位运算符是伪指令运算符，它是在汇编过程中由汇编器进行计算的；而机器指令中的移位运算是在程序运行时由 CPU 执行的操作。

例如：

```
A1 EQU 1000H+200H          ；相当于 AI EQU 1200H
MOV BX, A1 -100H           ；相当于 MOV BX, 1100H
MOV BX, 2 * 4              ；相当于 MOV BX, 8
MOV BX, A1 /100H           ；相当于 MOV BX, 12H
MOV BX, A1 MOD 500H        ；相当于 MOV BX, 200H
MOV AL, 00001100B SHL 2    ；相当于 MOV AL, 00110000B
SHL AL, 1                  ；移位指令
```

第 6 条语句中的"SHL"是伪指令的移位运算符，它在汇编过程中由汇编器负责计算；第 7 条语句中的"SHL"是机器指令的移位助记符，它在程序运行时由 CPU 负责执行。

（2）逻辑运算符　逻辑运算符表示对操作数按位进行逻辑运算，只能用于数字表达式中，不能用于存储器的地址表达式中。

例如：

```
MOV AL, NOT 0FFH           ；相当于 MOV AL, 0
NOT AL                     ；逻辑运算指令
AND AL, 0EH AND 0FH        ；相当于 AND AL, 0EH
```

通过上面的例子可知，这些逻辑运算符与指令系统中的逻辑运算指令助记符在形式上是相同的，但两者有显著的区别。表达式中的逻辑运算符由汇编程序来完成运算，而逻辑运算指令助记符要在 CPU 执行该指令时才完成相应的操作。

（3）关系运算符　关系运算符连接的两个操作数必须都是数字或同一段内的两个存储器地址。关系运算符对两个运算对象进行比较操作，运算的结果是逻辑值。若满足条件，则表示运算结果为真（TRUE），输出结果全为 1；若不满足条件，则表示运算结果为假（FALSE），这时输出结果为全 0。

例如：

```
MOV AX, 5 EQ 101B          ; 相当于 MOV AX, 0FFFFH
MOV BH, 10 GT 16           ; 相当于 MOV BH, 00H
MOV BL, FFH EQ 255         ; 相当于 MOV BL, 0FFH
```

（4）分析运算符　分析运算符又称数值返回运算符，包括 SEG、OFFSET、LENGTH、TYPE 和 SIZE。分析运算符总是加在运算对象之前，返回的结果是运算对象的某个参数，或将存储器地址分解为它的组成部分，如段基址、偏移地址和类型等。

1）SEG 运算符。

格式：

SEG 变量/标号

SEG 运算符加在某个变量或标号之前，返回的数值是该变量或标号的段基址。

例如，若 DATAE 是从存储器的 20000H 地址开始的一个数据段段名，LOP1 是该段中的一个变量，则用指令

MOV SI, SEG LOP1

将变量名 LOP1 所在数据段的段基址 2000H 作为立即数传送到寄存器 SI 中。

2）OFFSET 运算符。

格式：

OFESET 变量/标号

OFFSET 运算符加在某个变量或标号之前，返回的数值是该变量或标号的偏移地址。

例如：

MOV DI, OFFSET NN

汇编程序汇编时，将 NN 的偏移地址作为立即数回送给指令作为源操作数；而在执行指令时，将该偏移地址值送入 DI 寄存器，所以这条指令与指令 LEA DI, NN 是等价的。

3）LENGTH 运算符。

格式：

LENGTH 变量

LENGTH 运算符加在某个变量之前，返回的数值是该变量所包含的单元数，分配单元可以以字节、字、双字为单位计算。对于变量中使用 DUP 的情况，汇编程序将返回分配给变量的单元数，而对于其他情况则返回"1"。

例如，变量 K1、K2 和 K3 可用下列伪指令定义：

```
K1 DB 4 DUP(0)
K2 DW 10 DUP(?)
K3 DD 1,2,3
```

则：

```
BB: MOV AL, LENGTH K1          ; 等效于 BB: MOV AL, 4
    MOV BL, LENGTH K2          ;              MOV BL, 10
    MOV CL, LENGTH K3          ;              MOV CL, 1
```

4）TYPE 运算符。

格式：

`TYPE  变量/标号`

TYPE 运算符加在某个变量或标号之前，返回一个存储器操作数的类型值。对于变量，返回的是类型的字节长度；对于标号，返回的是 NEAR 或 FAR 类型代码。存储器操作数的类型值见表 4-3。

表 4-3 存储器操作数的类型值

存储器操作数		类型属性	TYPE 返回值
变量	字节	BYTE	1
	字	WORD	2
	双字	DWORD	4
标号或过程名	近	NEAR	-1（FFH）
	远	FAR	-2（FEH）

例如：

```
VAR DW 1, 2, 3                 ; 为变量 VAR 定义一个字类型的数据区
    ...
ADD SI, TYPE VAR               ; 汇编后为 ADD SI, 2
```

5）SIZE 运算符。

格式：

`SIZE  变量`

SIZE 运算符只用于变量名，返回 TYPE 与 LENGTH 的乘积值。若一个变量已用重复数据定义符 DUP 定义过，那么，利用 SIZE 运算符可以得到该变量的字节总数，即

$$SIZE \text{ 变量名} = TYPE \text{ 变量名} \times LENGTH \text{ 变量名}$$

例如：

```
VAR DW 100 DUP(0)              ; 为变量 VAR 定义一个字类型的数据区
    ...
MOV BL, SIZE VAR               ; 汇编后为 MOV BL, 200
                               ; 即 SIZE VAR = TYPE VAR × LENGTH VAR
```

（5）合成运算符 合成运算符又称为修改属性运算符。在程序运行过程中，当需要修改变量或标号的属性（段属性、偏移地址属性和类型属性）时，可采用合成运算符来实现。

1）PTR 运算符。

格式：

`类型  PTR 表达式`

PTR 运算符可用来修改变量或标号的类型属性。类型可以是 BYTE、WORD、DWORD、NEAR 和 FAR，表达式可以是变量、标号或存储器操作数，其含义是将 PTR 左边的类型属性赋给

右边的表达式。

例如：

```
INC BYTE PTR [BX][SI]
```

上述指令使用 PTR 运算符临时规定存储器为字节类型，但不改变其原有的段属性和偏移属性。

在使用 PTR 运算符时，应注意以下几个问题：

第 1 个问题：当操作数的类型很明确，且与已定义的类型相一致时，指令中可省略 PTR 操作行；反之，当类型不明确，或需修改类型时，必须使用 PTR 运算符。经 PTR 指定或修改的类型属性仅在当前指令中有效。

例如：

```
TAB1 DB   'A',1,2,3,4            ;定义字节类型变量表 TAB1
TAB2 DW   1,2,'A','B'            ;定义字类型变量表 TAB2
TAB3 DD   1,2,3,4                ;定义双字类型变量表 TAB3
     …
L1：MOV BX, WORD PTR TAB1        ;BX ← 0141H
L2：MOV CX, WORD PTR TAB1[3]     ;CX ← 0403H
    CMP TAB1, 33H               ;未修改类型属性,不必使用 BYTE PTR
L3：CMP BYTE PTR [SI], 20H       ;指定[SI]为字节单元
L4：MOV CL, BYTE PTR TAB2[6]     ;CL ← 42H
L5：MOV AX, WORD PTR TAB3        ;AX ← 0001H
L6：MOV WORD PTR [SI], 10H       ;SI 开始的第一个单元←0010H
```

在上述程序中，第一条语句由 DB 将 TAB1 定义为字节变量。第二条语句由 DW 将 TAB2 定义为字变量。而在标号为 L1 和 L2 的语句中，用 PTR 运算符将变量 TAB1 的类型属性由原定义的字节改为字，否则该指令将无法执行，汇编程序将指示出错，指出该指令中的两个操作数类型不匹配。同样，在标号为 L4 的语句中，用 PTR 运算符将变量 TAB2 的类型属性由原定义的字改为字节；在标号为 L5 的语句中，用 PTR 运算符将变量 TAB3 的类型属性由原定义的双字改为字，否则该指令将同样产生操作数类型不匹配的错误而无法执行。而在标号为 L3 和 L6 的语句中，用 PTR 运算符规定存储器操作数分别为字节和字类型，否则这两处的指令将产生操作数类型不明确的错误而无法执行。

第 2 个问题：PTR 还可与 EQU 伪指令配合使用，重新为变量定义新的变量名。此时，可以在以后的程序中直接使用所定义的新变量，且新变量的段地址和偏移地址均与原变量的相同。PTR 的这种使用方法与直接在指令中用 PTR 指定存储器操作数类型的作用相同。

例如：

```
WBYTE EQU WORD PTR TAB1          ;为变量 TAB1 重新起名
BWORD EQU BYTE PYR TAB2          ;为变量 TAB2 重新起名
     …
MOV BX, WBYTE [3]               ;BX←0403H
MOV CL, BWORD [6]               ;CL←42H
```

第 3 个问题：当 PTR 用来指明标号属性时，可以确定指令标号的属性。

例如：

```
JMP NEAR PTR LP1                ;标号 LP1 的属性为 NEAR 时,可省略 NEAR PTR
     …
JMP FAR PTR LP1                 ;其他段要使用标号 LP1,用 FAR PTR 指明
```

```
CALL FAR PTR LP2                        ;LP2 在另一个段内,用 FAR PTR 指明
```

2）THIS 运算符。

格式：

```
THIS   类型
```

THIS 为指定类型属性运算符，可用来定义变量或标号的类型属性。THIS 运算符的对象是类型（BYTE、WORD、DWORD）或距离（NEAR、FAR），用于规定所指变量或标号的类型属性，使用时常和 EQU 伪指令配合使用。

例如：

```
GAMA EQU THIS BYTE
START EQU THIS FAR
```

第一条语句将变量 GAMA 的类型属性定义为字节，不管原来 GAMA 的类型是什么，从本条语句开始，GAMA 就成为字节变量，直到遇到新的指定类型属性语句为止。第二条语句将标号 START 的属性定义为 FAR，不管原来 START 的属性是什么，从本条语句开始，START 就成为 FAR 类型标号，允许作为其他代码段中的调用或转移指令的目标标号。

3）段操作码。段操作码也称为段超越前缀，用来表示一个标号、变量或地址表达式的段属性。例如，用段超越前缀来说明地址在附加段中，可以用指令 MOV DX, ES：[BX][DI] 表示，可见它是用"段寄存器名：地址表达式"来表示的。

4）分离运算符（HIGH/LOW）。分离运算符有 HIGH 和 LOW 两种。HIGH 运算符用来从运算对象中分离出高字节，而 LOW 运算符用来从运算对象中分离出低字节。

分析下列程序段：

```
K1 EQU 1234H
K2 EQU 5678H
      …
MOV AL, LOW K1
MOV BL, HIGH K2
```

程序中的前两条语句将 K1 和 K2 定义为两个字常量，第三条语句将 K1 的低字节 34H 送入 AL 寄存器，第四条语句则将 K2 的高字节 56H 送入 BL 寄存器。

5）SHORT 运算符。SHORT 为说明运算符，它说明转移指令的目标地址与本指令之间的字节距离在 -128 ~ +127 范围内，具有短程转移的属性，例如：

```
      …
LOOP1：JMP SHORT LOOP2
      …
LOOP2：MOV AX, BX
```

上述程序表示标号 LOOP1 与目标标号 LOOP2 之间的距离小于 127 字节。

（6）其他运算符 其他运算符有 2 个，各运算符对应的说明如下：

1）圆括号运算符（ ）。（ ）用来改变运算的优先级别，（ ）中的运算符具有最高的优先级，与常见的算术运算中的（ ）作用相同。

2）方括号运算符 [ ]。[ ] 中括起来的数是数组变量的下标或者地址表达式，该运算符常用来表示间接寻址。例如：

```
MOV AL,[BX]
MOV AX,[BX + DI]
```

4.2.3　偏移地址计数器

偏移地址计数器 $ 用来记录当前正在被汇编程序翻译的指令的偏移地址或伪指令语句中变量的偏移地址，即 $ 的内容标示了汇编程序当前的工作位置。用户可将 $ 用于自己编写的源程序中。

在一个源程序中通常包含了多个段。汇编程序在将该源程序翻译成目标程序时，在每个段开始汇编时，汇编程序都将 $ 清 0。以后，每处理一条指令或一个变量，$ 就增加一个值，此值为该指令或该变量所占的字节数。可见，$ 的内容就是当前指令或变量的偏移地址。

在伪指令中，$ 代表其所在地的偏移地址。例如，下列语句中的第一个 $ +4 的偏移地址为 A +4，第二个 $ +4 的偏移地址为 A +10。

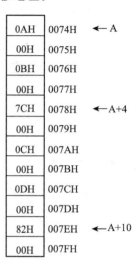

```
A DW 10, 11, $ +4, 12, 13, $ +4
```

如图 4－2 所示，如果 A 的偏移地址是 0074H，则汇编后，该语句中第一个 $ +4 =（A+4）+4 =（0074H +4）+4 =007CH，第二个 $ + 4 =（A +10）+4 =（0074H +0AH）+4 =0082H。图中第二个箭头指向的位置为第一个 $ +4 数据的首地址，第三个箭头指向的位置为第二个 $ +4 数据的首地址。因此，从 A 变量开始的字型数据依次为：000AH，000BH，007CH，000CH，000DH，0082H。

此外，利用 $ 可以计算数组或字符串的元素的个数，例如：

```
ARRAY DW 1, 2, 3, 4, 5
ARRSize = ( $ -ARRAY)
```

图 4－2　变量 A 中数据在内存中分配情况

可知数组中含有 5 个元素。无论数组为什么类型，均可按照下面方法获取数组中元素的个数：

```
ARRSize = ( $ -ARRAY) /TYPE ARRAY
```

在机器指令中，$ 无论出现在指令的任何位置，都代表本条指令第一个字节的偏移地址。例如，"JZ $ +6" 的转移地址是该指令的首地址加上 6。在这里，$ 表示该指令的第一个字节的地址。需要注意的是，这里的 $ +6 必须是另一条指令的首地址。否则，汇编程序将指示出错信息。例如，在下述指令序列中：

```
    DEC CX
    JZ $ +5
    MOV AX, 2
LAB: …
```

因为 $ 代表 JZ 指令的首字节地址，而 JZ 指令占 2 个字节，相继的 MOV 指令占 3 个字节，所以，在发生转移时，JZ 指令会将程序转向 LAB 标号处的指令，且标号 LAB 可省。

4.3　伪指令

伪指令用于在汇编过程中告诉汇编程序如何进行汇编，如定义数据、分配存储空间、定义段以及定义过程等，但不会产生目标程序。除数据定义伪指令以外，其余伪指令都不占用存储空间，仅在汇编时起到说明作用。

8086 宏汇编程序 MASM 提供了几十种伪指令。根据功能属性，伪指令大致可分为：变量定义伪指令、符号定义伪指令、段定义伪指令、过程定义伪指令、模块定义与结束伪指令。本节将介绍一些常用的基本伪指令。

4.3.1 变量定义伪指令

变量定义伪指令可用来为一个数据项预置初值（即初始化存储单元），为该数据项分配存储单元，并可给这个存储单元指定一个"符号名"，即变量名。另外，变量定义伪指令还可以指定变量的类型。汇编时，汇编程序会把初始值装入所定义的存储单元中。

格式：

[变量名] 数据定义符 操作数[，操作数，…]

其中，变量名是可选项，操作数是赋给变量的初值，多个相同类型的变量可以在一条语句中定义。常用的数据定义符如下：

DB：定义字节变量（变量类型为 BYTE），每个字节变量占 1 字节存储单元。

DW：定义字变量（变量类型为 WORD），每个字变量占 2 字节存储单元。字变量在内存中存放应遵循"低字节在低地址，高字节在高地址"的内存存放原则。

DD：定义双字变量（变量类型为 DWORD），每个双字变量占 4 字节存储单元。双字变量在内存中存放时，同样遵循内存存放原则。

需要注意的是，当用 DB、DW、DD 等对变量进行定义时，这些伪指令给出了该变量的类型属性 BYTE、WORD、DWORD 等，且变量在汇编时的偏移量等于段基址到该变量的字节数。

1）指令格式中的操作数可以是常数、表达式或字符串，但每项操作数的值不能超过由伪指令所定义的数据类型限定的范围。注意，字符串必须放在单引号内。

例如：

```
Y       DW 4344H            ;定义变量 Y,类型为 WORD
Z       DD 12345678H        ;定义变量 Z,类型为 DWORD
DATA    DB 2 * 3 + 7        ;定义一个表达式,汇编时由汇编程序计算表达式
VARB    DB 'AB'             ;存入 41H 和 42H
VARW    DW 'AB'             ;遵循内存存放原则,依次存入 42H、41H
VARD    DD 'AB'             ;依次存入 42H、41H、00H、00H
```

需要注意的是，若字符串的长度超过两个字符时，只能用 DB 伪指令来定义。

例如：

```
STR DB 'Good! '             ;字符串为 5 个字符,此处只能用 DB 定义
```

2）除了常数、表达式、字符串以外，操作 "?" 可以用来预留存储空间，但并不存入具体的数据。

例如：

```
VAR1   DB ?,?               ;为变量 VAR1 预留 2 个字节单元
VAR2   DW ?
```

3）当需要重复定义相同的操作数时，可使用重复数据定义符 DUP。

格式：

```
n   DUP(操作数,…)
```

括号中的内容为重复内容，n 为重复次数。DUP 可利用给出的一个或一组初值来重复地初始化存储器单元。

例如：

```
BUF1   DW 50H DUP(?)           ;为变量 BUFFER 预留 50H 个字单元
BUF2   DW 10H DUP(?),20H DUP( 7 ) ;定义 30H 个字单元
```

```
ONE    DB 10 DUP(5)                    ;定义一个一维数组
TWO    DB 2 DUP(10H, 'A', -5, ?)       ;定义一个简单的二维数组
STR    DB 3 DUP('TEST OK! ')           ;重复定义 3 次"TEST OK!"
```

4）当操作数是标号或变量时，伪指令 DW（或 DD）可用标号或变量的偏移地址（或全地址）对存储器进行初始化。

例如：

```
VARB   DB  'AB'                        ;定义变量 VARB
       …
ADDR1  DW VARB                         ;变量 ADDR1 的初值为 VARB 的偏移地址
ADDR2  DD VARB + 6                     ;变量 ADDR2 的初值为 VARB + 6 的偏移地址和段地址
       …
VARB:  MOV AX, BX                      ;VARB 是程序中的一个 NEAR(近)标号
```

5）若某个变量所表示的是一个数组，则其类型属性为变量的单个元素所占用的字节数。汇编程序可以用这种隐含的属性来确定某些指令是字指令还是字节指令。

例如：

```
PER1 DB ?                              ;定义 PER1 为字节变量
PER2 DW ?                              ;定义 PER2 为字变量
       …
INC PER1                               ;字节加 1 指令
INC PER2                               ;字加 1 指令
```

【例 4 - 1】定义如下多个变量，假设第一个变量 DAT1 的地址为 1000:0000H，画出变量在内存中存放的示意图。

```
DAT1   DB  30H
       DB  12H
DAT2   DW  1234H, 5678H
DAT3   DB  (2 * 4), (9 ∕ 3)
DAT4   DD  0ABCDEFH
DAT5   DB  '1234'
DAT6   DW  'AB', 'C', 'D'
DAT7   DB  ?
DAT8   DW  ?
DAT9   DB  3 DUP(0)
DAT10  DB  4 DUP(?)
```

解：变量在内存中存放的示意图如图 4 - 3 所示。

由第二条伪指令语句可以看出，并非所有的变量定义都需要变量名。

【例 4 - 2】执行下列程序后，CX = _____。

```
DATA SEGMENT
     A  DW  1, 2, 3, 4, 5
     B  DW  5
DATA ENDS
CODE SEGMENT
     ASSUME CS: CODE, DS: DATA
```

图 4 - 3 变量在内存中存放的示意图

```
START:
     MOV AX, DATA
     MOV DS, AX
     LEA BX, A
     ADD BX, B
     MOV CX, [BX]
     MOV AH, 4CH
     INT 21H
CODE ENDS
     END START
```

在例 4-2 所示的程序中，当执行指令"LEA BX，A"时，将 A 相对数据段首址的偏移量 0 送入 BX 寄存器；执行指令"ADD BX，B"后，BX=5；再执行指令"MOV CX，[BX]"时，由于源操作数是寄存器间接寻址方式且该指令为字传送指令，因此应将相对数据段首址偏移量为 5 的字单元内容 0400H 送入 CX 寄存器。所以上述程序执行完成后，CX=0400H。

4.3.2　符号定义伪指令

汇编语言中所有的变量名、标号名、过程名、指令助记符、寄存器名等统称为"符号"，这些符号可由符号定义伪指令来定义，也可以定义为其他名字及新的类型属性。符号定义伪指令有 4 种：EQU 伪指令、=伪指令、LABEL 伪指令和 PURGE 伪指令。

1. EQU 伪指令

格式：

名字 EQU 表达式

EQU 为赋值伪指令。EQU 伪指令给表达式赋予一个名字。语句中的"名字"为任何有效的标识符；"表达式"可以是常量、标号、数值表达式、地址表达式，甚至可是指令助记符。

EQU 伪指令只用来为常量、表达式以及其他符号定义一个符号名，它不产生任何目标代码，也不占用存储单元。表达式的更改只需修改其赋值指令（或语句），使原名字具有新赋予的值，而使用名字的各条指令可保持不变。EQU 伪指令的使用可使汇编语言程序简单明了，便于程序的调试和修改。下面分别举例说明。

1）为常量定义一个符号。

```
ONE EQU 1                    ;数值1 赋予符号名 ONE
TWO EQU 2                    ;数值2 赋予符号名 TWO
SUM EQU ONE + TWO            ;把 1+2＝3 赋予符号名 SUM
```

2）给变量或标号定义新的类型属性并取一个新的名字。

```
BYTES   DB 4 DUP(?)          ;定义变量 BYTES,并保留4 个字节连续内存单元
FIRSTW EQU WORD PTR BYTES    ;给变量 BYTES 重新定义为字类型
```

3）给由地址表达式指出的任意存储单元定义一个符号名，符号名可以是变量或标号，这取决于地址表达式的类型。

```
XYZ EQU [BP+3]               ;变址寻址引用赋予符号名 XYZ
A   EQU ARRAY[BX][SI]        ;基址加变址寻址引用赋予符号名 A
B   EQU ES: ALPHA            ;加段前缀的直接寻址引用赋予符号名 B
```

4）为汇编语言中的任何符号定义一个新的名字。

格式：

新的名字 EQU 原符号名

例如：

```
COUNT EQU CX                          ; 为寄存器 CX 定义新的符号名 COUNT
MOVE   EQU MOV                        ; 为指令助记符 MOV 定义新的符号名 MOVE
```

则在以后的程序中，可以用 COUNT 作为 CX 寄存器的名字，而用 MOVE 作为与 MOV 相同含义的助记符。

5）在同一个源程序中，一个名字只能用 EQU 定义一次，即 EQU 伪指令不能重新定义已使用过的符号名。

2. = 伪指令

格式：

符号名 = 表达式

"="为等号伪指令。"="与 EQU 的功能类似，也可作为赋值伪指令使用。它们之间的区别是，"="可以对同一个名字重新定义，使用更加方便灵活。

例如：

```
X = 6                                ; 经"="定义后,X 的内容暂时为 6
MOV AX, X                            ; 第 1 次使用 X,指令等价于 MOV AX, 6
…
X = X + 10                           ; "="允许重新定义,新的 X = 16
ADD CX, X                            ; 第 2 次使用 X,指令等价于 ADD CX, 16
X EQU 6                              ; 经 EQU 定义后,X 的内容永远为 6
```

3. LABEL 伪指令

LABEL 为类型定义伪指令。LABEL 伪指令为当前存储单元定义一个指定类型的变量或标号。它是与紧接着的下一条变量或标号定义语句相关的。

格式：

变量名/标号 LABEL 类型

对于数据项，类型可以是 BYTE、WORD、DWORD 等；对于可执行的指令代码，类型为 NEAR 或 FAR。

LABEL 伪指令不仅给名字（标号或变量）定义一个类型属性，而且隐含给名字定义了段属性和段内偏移量属性。

```
VARB LABEL BYTE                      ; 为变量 VARB 定义一个字节类型的数据区
VARW DW 50 DUP(?)                    ; 为变量 VARW 定义一个字类型的数据区
```

上述第二条语句定义的类型与 LABEL 指定的类型不同。这里 VARB 是 VARW 的别名，两者指向内存中的同一个存储地址，即同一组数据定义了两种不同的类型。在接受不同数据类型的访问时，可以使用对应类型的变量名，如下：

```
MOV AL, VARB                         ; 将该数据区的第一个字节数据送 AL
MOV BX, VARW                         ; 将该数据区的第一个和第二个字节数据送 BX
```

这两个变量名具有同样的段基址属性和偏移地址属性，只是类型属性不同，前者是 BYTE，后者是 WORD。

4．PUREG 伪指令

格式：

PUREG 符号名 1［，符号名 2［，…］］

PUREG 伪指令用于取消被 EQU 语句定义的符号名，然后便可用 EQU 语句再对该符号名重新定义。例如，可以用 PUREG 语句实现如下操作：

```
A EQU 7
PUREG A                          ;取消 A 的定义
A EQU 8                          ;重新定义 A
```

4.3.3 段定义伪指令

8086 的存储器是分段管理的，段定义伪指令用来定义汇编语言源程序中的逻辑段，即指示汇编程序如何按段组织程序和使用存储器。段定义伪指令主要有 SEGMENT、ENDS、ASSUME 与 ORG。下面分别予以介绍。

1．SEGMENT 和 ENDS 伪指令

段开始语句 SEGMENT 和段结束语句 ENDS 用来把程序模块中的指令或语句分成若干逻辑段。格式：

```
段名   SEGMENT   ［定位类型］  ［组合类型］  ［'类别名'］
…
段名   ENDS
```

SEGMENT 与 ENDS 必须成对出现，它们之间为段体，给其赋予一个名字，名字由用户指定，是不可省略的，而定位类型、组合类型和类别名是可选的。

（1）定位类型　又称定位方式，它指示汇编程序如何确定逻辑段的起始边界地址，定位类型有以下四种：

1）BYTE：即字节型，指示逻辑段的起始地址从字节边界开始，即可以从任何地址开始。这时本段的起始地址可以紧接在前一个段的最后一个存储单元。BYTE 型对应的段起始物理地址的边界要求如下：

```
BYTE  × × × ×   × × × ×   × × × ×   × × × ×   × × × ×
```

2）WORD：即字型，指示逻辑段的起始地址从字边界开始，即本段的起始地址必须是偶数。WORD 型对应的段起始物理地址的边界要求如下：

```
WORD  × × × ×   × × × ×   × × × ×   × × × ×   × × × 0
```

3）PARA：即节型，指示逻辑段的起始地址从一节（16 字节称为一节）的边界开始，即起始地址应能被 16 整除。PAPA 型对应的段起始物理地址的边界要求如下：

```
PAPA  × × × ×   × × × ×   × × × ×   × × × ×   0000
```

4）PAGE：即页型。指示逻辑段的起始地址从页边界开始。256 字节称为页，故 PAGE 型对应的段起始物理地址的边界要求如下：

```
PAGE  × × × ×   × × × ×   × × × ×   0000   0000
```

其中 PARA 为隐含值，即如果省略"定位类型"项，则汇编程序按 PARA 型处理。

（2）组合类型　又称联合方式或连接类型，用于告诉连接程序本段与其他段的关系。它有 NONE、PUBLIC、STACK、COMMON、MEMORY 和"AT 表达式"共六种类型，分别介绍如下：

1）NONE：表示本段与其他段在逻辑上不发生关系，每段都有自己的段基地址。这是隐含的组合类型，若省略"组合类型"项，则默认为 NONE。

2）PUBLIC：表示在不同程序模块中，凡是用 PUBLIC 说明的同名同类别的段在汇编时将被连接成一个大的逻辑段，而运行时又将它们装入同物理段中，并使用同一段基址。

3）STACK：在汇编连接时，将具有 STACK 类型的同名段连接成一个大的堆栈段，由各模块共享，而运行时，堆栈段地址 SS 和堆栈指针 SP 指向堆栈段的开始位置。

4）COMMON：表示本段与同名同类别的其他段共用同一段基地址，即同名同类段相重叠，段的长度是其中最长段的长度。

5）MEMORY：表示该段在连接时被放在所有段的最后（最高地址）。若有几个 MEMORY 组合类型的段，汇编程序认为所遇到的第一个为 MEMORY 型，其余为 COMMON 型。

6）"AT 表达式"：表示本逻辑段以表达式指定的地址值来定位 16 位段地址，连接程序将把本段装入由该段地址所指定的存储区内。例如，AT 2211H 表示该段的段基地址为 22110H。

（3）类别名　类别名必须用单引号引起来。类别名的作用是在连接时决定各逻辑段的装入顺序。当几个程序模块进行连接时，其中具有相同类别名的段，按出现的先后顺序被装入连续的内存区。没有类别名的段，与其他无类别名的段一起连续装入内存。典型的类型名有 STACK、CODE 和 DATA 等，也允许用户在类别名中用其他的表示。

以上是对定位类型、组合类型和类别名三个参数的说明，各参数之间用空格分隔。在选用时，可以只选其中一个或两个参数项，但不能改变它们之间的顺序。

2. ASSUME 伪指令

段寄存器说明伪指令 ASSUME 用来告诉汇编程序当前哪 4 个段分别被定义为代码段、数据段、堆栈段和附加段，以便对使用变量或标号的指令生成正确的目标代码。代码段用来存放被执行的程序；数据段用来存放程序执行中需要的数据和运算结果；当用户程序中使用的数据量很大或使用了串操作指令时，可设置附加段来增加数据段的容量；堆栈段用来设置堆栈。

格式：

ASSUME 段寄存器：段名［，段寄存器：段名，…］

使用 ASSUME 伪指令只是告诉汇编程序有关段寄存器将被设定为哪个段的段基址。

其中，ASSUME 是伪指令名，是语句中的关键字，不可省略。"段寄存器"后面必须有冒号。如果分配的段名不止一个，则应用逗号分开。"段名"是指用 SEGMENT 和 ENDS 伪指令定义过的段名。ASSUME 伪指令只能设置在代码段内，放在段定义语句之后。

使用 ASSUME 语句进行段分配时，要注意以下几点：

1）在一个代码段中，如果没有另外的 ASSUME 重新设置语句，则原有的 ASSUME 语句的设置一直有效。

2）每条 ASSUME 语句可设置 1～6 个段寄存器。

3）可以使用 NOTHING 将以前的设置删除，例如：

```
ASSUME ES: NOTHING              ;删除对 ES 与某段的关联设置
ASSUME NOTHING                  ;删除对全部 6 个段寄存器的设置
```

4）段寄存器的装入。任何对寄存器访问的指令，都必须使用 CS、DS、ES 和 SS 段寄存器的值才能形成真正的物理地址。因此在执行指令之前，必须首先设置这些段寄存器的值，即段基址。ASSUME 语句只建立当前段和段寄存器之间的联系，并不能将各段的段基址装入各个段寄存器。在程序中段基址的装入由指令来完成，四个段寄存器的装入方法也不相同。因为代码段寄存器 CS 的值是在系统初始化时自动设置的，即在模块被装入时由 DOS 设定，因此，除代码段 CS

和堆栈段 SS（在组合类型中选择了"STACK"参数）外，其他定义的段寄存器（DS 和 ES）应由用户在代码段起始处用指令进行段基址的装入。对于堆栈段，还必须要将堆栈栈顶的偏移地址置入堆栈指针 SP 中。

由于在段定义格式中，每个段的段名即为该段的段基址，它表示一个 16 位的立即数，而段寄存器不能使用立即数寻址方式直接装入，因此，段基址需先送入通用寄存器，然后再传送给段寄存器，即必须用两条 MOV 指令才能完成其传送过程。例如：

```
MOV AX, DATA
MOV DS, AX
```

【例 4 - 3】 下面的程序可以说明如何使用 SEGMENT 和 ENDS 以及 ASSUME 伪指令来定义代码段、数据段、堆栈段和附加段。

```
DATA SEGMENT                          ;定义数据段
XX  DB ?
YY  DB ?
ZZ  DB ?
DATA ENDS
EXTRA SEGMENT                         ;定义附加段
RSS1 DW ?
RSS2 DW ?
RSS3  DD ?
EXTRA ENDS
STACK SEGMENT                         ;定义堆栈段
      DW  50 DUP(?)
    TOP EQU THIS WORD
STACK ENDS
CODE SEGMENT                          ;定义代码段
    ASSUME CS: CODE, DS: DATA
    ASSUME ES: EXTRA, SS: STACK
START: MOV AX, DATA
    MOV DS, AX
    MOV AX, EXTRA
    MOV ES, AX
    MOV AX, STACK
    MOV SS, AX
    MOV SP, OFFSET TOP
    ...
CODE ENDS
END STARTS
```

在本例中，用 SEGMENT 和 ENDS 分别定义了四个段：数据段、附加段、堆栈段和代码段。在数据段和附加段中分别定义了一些数据，在堆栈段中定义了 50 个字单元的堆栈空间。段寄存器说明伪指令 ASSUME 指明 CS 寄存器指向代码（CODE）段、DS 指向数据（DATA）段，ES 指向附加（EXTRA）段，SS 指向堆栈（STACK）段。如果一行写不下，可分为两个 ASSUME 语句来说明。

3. ORG 伪指令

定位伪指令 ORG 强行指定地址指针计数器的当前值，以改变数据或代码在段中的偏移地址。它有两种使用格式：

格式1：

ORG 表达式

格式 2：

ORG $+ 表达式

其中，格式 1 可直接将表达式的值（0 ~ 65535）置入地址计数器；格式 2 将语句 ORG 前程序计数器的现行值 $ 加上表达式的值后置入地址计数器

【例 4 – 4】段定义伪指令示例。

```
DATA SEGMENT
    ORG 10H                    ; 在数据段 10H 偏移地址处开始存放 20H,30H
    X DB 20H,30H
    ORG $ +5                   ; 在数据段 17H 偏移地址处开始存放 'OK!'  Y DB 'OK!'
DATA ENDS
```

4.3.4　过程定义伪指令

过程是程序的一部分，可被主程序调用。每次可调用一个过程，当过程中的指令执行完后，控制返回调用它的地方。

利用过程定义语句可以把程序分成若干独立的程序模块，便于理解、调试和修改。过程调用对模块化程序设计是很方便的。

8086 系统中过程调用和返回指令是 CALL 和 RET，可分为段内和段间操作两种情况。段间操作把过程返回地址的段基值和偏移地址都压栈（通过执行 CALL 指令实现）或出栈（通过执行 RET 指令实现），而段内操作则只把偏移地址压栈或出栈。

格式：

过程名 PROC [NEAR/FAR]
…
过程名 ENDP

其中，过程名是一个标识符，是给被定义过程取的名字。过程名像标号一样，有 3 重属性：段基址、偏移地址和距离属性（NEAR 或 FAR）。

NEAR 或 FAR 指明过程的距离属性。NEAR 过程只允许段内调用，FAR 过程则允许段间调用。默认为 NEAR。

过程内部至少要设置一条返回指令 RET，以作为过程的出口。允许一个过程中有多条 RET 指令，而且可以出现在过程的任何位置上。

4.3.5　模块定义和结束伪指令

在编写规模比较大的汇编语言程序时，可以将整个程序划分为几个独立的模块（或源程序），然后将各个模块分别进行汇编，生成各自的目标程序，最后将它们连接成为一个完整的可执行程序。

1. TITLE 伪指令

格式：

TITLE　标题

TITLE 伪指令可指定每一页上打印的标题。标题最多可用 60 个字符。

2. NAME 伪指令

格式：

NAME　模块名

模块开始伪指令 NAME 用来为源程序的目标程序指定一个模块名。如果程序中没有 NAME 伪指令，则汇编程序将 TITLE 伪指令定义的标题名前 6 个字符作为模块名；如果程序中既没有 NAME 伪指令又没有 TITLE 伪指令，则汇编程序将源程序的文件名作为目标程序的模块名。

3. END 伪指令

格式：

END［标号］

模块结束伪指令 END 用于表示源程序的结束。标号指示程序开始执行的起始地址。如果多个程序模块相连接，则只有主程序要使用标号，其他子模块则只用 END 而不必指定标号。

4.3.6　其他伪指令

1. EVEN 伪指令

格式：

EVEN

对准伪指令 EVEN 使下一个分配地址为偶地址。在 8086 系统中，一个字的地址最好为偶地址。因为 8086 CPU 存取一个字，如果地址是偶地址，需要 1 个读或写周期；如果是奇地址，则需要 2 个读或写周期。所以，EVEN 伪指令常用于字定义语句之前。

例如：

```
DATA SEGMENT
    …
    EVEN
    VAR DW 100 DUP(?)
    …
DATA ENDS
```

2. RADIX 伪指令

格式：

RADIX　表达式

表达式取值为 2～16 任何整数。基数控制伪指令 RADIX 用于指定汇编程序使用的默认数制。默认使用十进制。

例如：

```
MOV BX,0FFH                    ;十六进制数要加后缀
MOV BX,150                     ;十进制数不要加后缀
RADIX 16                       ;设置十六进制为默认数制
MOV AX,0FF                     ;十六进制数不要加后缀
MOV BX,150D                    ;十进制数要加后缀
```

3. COMMENT 伪指令

格式：

COMMENT 定界符 注释 定界符

COMMENT 伪指令用于书写大块注释，格式中的定界符是自定义的任何非空字符。

例如：

```
COMMENT    /
          注释文
          /
```

4.4　宏指令

在汇编语言源程序中，有的程序段可能要多次使用，为了在源程序中不重复书写这一程序段，可以用一条宏指令来代替，由汇编程序在汇编时产生所对应的机器代码。宏指令一经定义，便可以在以后的程序中被多次调用。

4.4.1　宏定义语句

宏指令的使用过程就是宏定义、宏调用和宏展开这 3 个过程，下面分别予以说明。

1. 宏定义

宏定义是对宏指令进行定义的过程，由 MASM 提供的伪指令 MACRO/ENDM 实现。

格式：

```
宏指令名　MACRO　　［形式参数列表］
宏定义体
ENDM
```

其中，宏指令名给出该宏定义的名称，即为宏指令起的名字，以便在源程序中调用该宏指令时使用。宏指令名的选择和规定与段名相同。MACRO 和 ENDM 为宏定义的伪指令，它们必须成对地出现在源程序中，且必须以 MACRO 作为宏定义的开头，而以 ENDM 作为宏定义的结尾。MACRO 和 ENDM 之间的语句称为宏定义体（简称为宏体），是实现宏指令功能的实体。形式参数列表也称为哑元表，给出宏定义中所用到的参数。形式参数的设置根据需要而定，可以有一个或多个（最多不能超过 132 个），也可以没有。当有多个形式参数时，参数之间必须以逗号隔开。

2. 宏调用

经过宏定义后的宏指令就可以在源程序中被调用了，这种对宏指令的调用称为宏调用。

格式：

```
宏指令名　［实际参数列表］
```

宏调用的宏指令名就是宏定义中的宏指令名，它们是一一对应的。实际参数列表也称为实元表，其中的每项均为实际参数，相互之间用逗号隔开。

由宏调用格式可以看出，只需在源程序的操作码域写上已定义过的宏指令名就算是调用该宏指令了。若宏定义时该宏指令有形式参数，还必须在宏调用时在宏指令名后面写上实际参数以便和形式参数一一对应；若宏定义时该宏指令没有形式参数，则在宏调用时也不需要写实际参数。

3. 宏展开

具有宏调用的源程序被汇编时，汇编程序将对每个宏调用进行宏展开。宏展开实际上是用宏定义时设计的宏体去代替宏指令名，并且用实际参数一一取代形式参数，即第 n 个实际参数取代第 n 个形式参数，以形成符合设计功能且能够实现、执行的程序代码。

一般来说，实际参数的个数应与形式参数的个数相等，且一一对应。若两者个数不等，无论是形式参数多还是实际参数多，汇编程序在完成它们一一对应的关系后，便将多余的形式参数做"空"处理，而多余的实际参数不予考虑。下面举例说明宏定义、宏调用、宏展开的具体使用方法。

【例4-5】用宏指令定义两个字操作数相乘，得到一个16位的第三个操作数作为结果。

宏定义：
```
MULTIPLY MACRO OPR1,OPR2,RESULT
  PUSH DX
  PUSH AX
  MOV AX,OPR1
  IMUL OPR2
  MOV RESULT,AX
  POP AX
  POP DX
ENDM
```

宏调用：
```
MULTIPLY CX,VAR,XYZ[BX]
       …
MULTIPLY 240,BX,SAVE
       …
```

宏展开：
```
+   PUSH DX
+   PUSH AX
+   MOV AX,CX
+   IMUL VAR
+   MOV XYZ[BX],AX
+   POP AX
+   POP DX
    …
+   PUSH DX
+   PUSH AX
+   MOV AX,240
+   IMUL BX
+   MOV SAVE,AX
+   POP AX
+   POP DX
    …
```

汇编程序在所展开的指令前加上"＋"号以示区别。宏指令可以带形式参数，调用时可以用实际参数取代，这就避免了子程序由于变量传送带来的麻烦，从而增加了宏汇编使用的灵活性。实际参数可以是常量、寄存器、存储单元地址及其他表达式，还可以是指令的操作码（助记符）或操作码的一部分。

4.4.2 宏定义中的标号和变量

如果在宏定义体中出现标号和变量，该宏指令又需要多次被调用，这样在宏展开后的程序中将多次重复出现相同的标号和变量，也就是说，会产生重复定义标号或变量的错误，这在汇编语言程序中是不允许的。为了避免发生这种错误，MASM 在宏定义中用伪指令 LOCAL 把要出现在宏定义体中的标号或变量定义为局部标号或变量。

格式：

LOCAL 参数表

其中，LOCAL 为重复定义的定义符；参数表中给出宏体中要用到的标号或变量，可以有多个，各参数之间必须用逗号隔开。宏展开时，汇编程序用??0000,??0001，…,??FFFF 来依次取代参数表中出现的标号或变量，以建立唯一的符号。

LOCAL 伪指令只能出现在宏定义体内，而且必须是 MACRO 伪指令后的第一条语句，在 MACRO 和 LOCAL 伪指令之间不允许有注释和分号标志。

【例 4 - 6】宏定义中标号的使用。

```
ABSOL MACRO OPER
      CMP OPER, 0
      JGE NEXT
      NEG OPER
NEXT:
      …
ENDM
```

上述宏定义中出现了标号 NEXT，如果要在程序中多次调用该宏定义，宏展开后就会出现重复的标号。因此，在宏体中应使用 LOCAL 伪指令进行定义。本例可被重新定义如下：

```
ABSOL MACRO OPER
      LOCAL NEXT
      CMP OPER, 0
      JGE NEXT
      NEG OPER
NEXT:
      …
ENDM
```

宏调用：

```
      …
ABSOL   VAR
      …
ABSOL   BX
      …
```

宏展开：

```
+   CMP   VAR,0
+   JGE   ??0000
+   NEG   VAR
+   ??0000:
      …
+   CMP   BX,0
+   JGE   ??0001
+   NEG   BX
+   ??0001:
      …
```

4.4.3　宏指令和子程序

在汇编语言程序设计中，宏指令和子程序都为程序设计者提供了很大的方便。子程序把要多次执行的程序段按一定的格式定义后，存放在内存的某个区域，可被调用程序多次调用；宏指令也是根据需要按一定的格式进行定义的，用一条指令来代替一段程序。无论是宏指令还是子程序，都可以起到简化源程序的作用。但两者的区别如下：

1）子程序由 CALL 指令调用，由 RET 指令返回，汇编以后子程序的机器码只占用一个程序段。即使在一个源程序中多次调用同一个子程序，子程序的代码段也只有一段，主程序中只有调用指令的目标代码。即汇编后产生的代码少，目标程序占用的内存空间少，节约了内存空间。而宏指令每调用一次，宏体展开时都要占一个程序段，有多少次调用，在目标程序中就要插入相同次数的目标代码，调用次数越多，占用的内存空间就越大。因而从占用内存空间大小这个角度来说，子程序优于宏指令。

2）子程序在执行时，每调用一次都要保护和恢复返回地址及寄存器的内容等，这些操作都额外增加了时间。子程序被调用的次数越多，这些附加时间就越长，从而导致 CPU 执行程序的时间长、速度慢。而宏指令在执行时不存在保护和恢复返回地址及寄存器内容的问题，执行的时间短、速度快。因而从程序执行时间长短这个角度来说，宏指令优于子程序。

在程序设计过程中，到底选择子程序结构还是宏指令结构，需视具体情况而定。一般来说，当要重复执行的程序不长，重复次数又较多时，速度是主要问题，通常使用宏指令；而当要重复执行的程序较长，重复次数又不是太多时，额外操作所附加的时间就不明显了，节省内存空间应被视为主要问题，通常采用子程序结构。

4.5 DOS 和 BIOS 功能调用

DOS（Disk Operation System）是微型计算机磁盘操作系统。操作系统是用来控制和管理计算机的硬件资源，方便用户使用的程序集合。由于这些软件程序存放在磁盘上，而且主要功能是进行文件管理和输入/输出设备管理，因此称为磁盘操作系统。磁盘操作系统是人和机器交互的界面，用户通过操作系统使用和操作计算机。

随着计算机硬件的发展，DOS 版本从 DOS 1.0 逐步升级到 DOS 8.0，版本越高功能越强。DOS 由三个层次的程序文件及 1 个 BOOT 引导程序构成。三个层次模块文件是：

IO. SYS   输入/输出管理系统

MSDOS. SYS   文件管理系统

COMMAND. COM   命令处理系统

BIOS（Basic Input/Output System）是基本输入/输出系统，它是固化在只读存储器 ROM 中的基本输入/输出程序。它可以直接对外部设备进行设备升级的控制，包括系统测试、初始化引导程序、控制 I/O 设备的服务程序等。

DOS 和 BIOS 提供了大量的可供用户直接使用的系统服务程序。DOS 系统中的 IO. SYS 输入/输出管理模块通过 BIOS 控制管理外部设备。DOS 与 BIOS 之间的关系如图 4-4 所示。

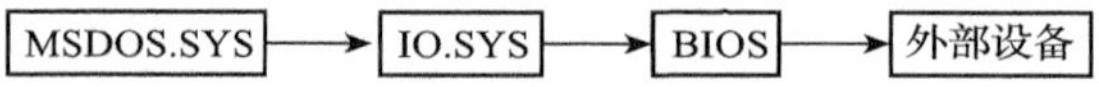

$$\boxed{\text{MSDOS.SYS}} \longrightarrow \boxed{\text{IO.SYS}} \longrightarrow \boxed{\text{BIOS}} \longrightarrow \boxed{\text{外部设备}}$$

图 4-4 DOS 与 BIOS 之间的关系

在一般情况下，用户程序通过 MSDOS. SYS 使用外部设备。应用汇编语言编程，可以直接使用 BIOS 中的软中断指令对应的中断调用程序。如果对内部硬件比较熟悉，可以用 IN 和 OUT 指令对设备进行端口编程。

4.5.1 DOS 功能调用

DOS 操作系统为程序设计者提供了可以直接调用的软中断处理程序，每个中断处理程序完成一个特定的功能操作。程序设计者依据编程需要，不用再重新编写程序，而是使用"INT n"软中断指令。每调用一种不同类型号的软中断指令，就执行一个中断处理程序，中断处理程序结束后又返回到 INT 指令的下一条指令处。主要的 DOS 中断调用见表 4-4。

表 4 - 4　主要的 DOS 中断调用

中断号	功能	中断号	功能
20H	程序终止	26H	绝对磁盘写
21H	主要的 DOS 功能调用	27H	终止并驻留内存
22H	结束地址	28H ~ 2EH	DOS 内部使用的中断
23H	Ctrl + Break 出错地址	2FH	补充的 DOS 中断
24H	严重出错处理	30H ~ 3FH	保留给 DOS
25H	绝对磁盘读	—	—

所谓 DOS 功能调用，就是在 DOS 中预先设计好了一系列的功能子程序，以便供 DOS 调用。调用这些功能子程序时，程序设计者不必考虑程序的内部结构和细节，只要遵照如下步骤就可以直接调用：

1）将子程序的入口参数送给规定的寄存器。

2）将功能号 n 送 AH。

3）发出软中断命令"INT n"。

DOS 功能调用主要由中断指令"INT 21H"来实现，该中断指令共有 84 个功能子程序，当累加器 AH 中设置不同的值时，指令将完成不同的功能。例如，从键盘输入数据，在显示器显示输出结果和设置系统时间等。下面介绍其中一些常用的功能。

1. 从键盘输入一个字符

功能号：01H。

入口参数：无。

出口参数：AL = 输入字符的 ASCII 码。

功能：从键盘输入一个字符，将字符的 ASCII 码送给 AL，同时将该字符显示在屏幕上。

【例 4 - 7】功能号 01H 调用方法示例。

```
MOV AH,01H    ;将 DOS 功能调用号 01 送 AH
INT  21H
```

需要注意的是，在输入一个字符后，不需要按［Enter］键。若只按［Enter］键，则出口参数 AL 得到的是回车符号的 ASCII 码 0DH。如果按下的是［Ctrl + Break］或［Ctrl + C］组合键，则终止程序执行。

2. 显示一个字符

功能号：02H。

入口参数：DL = 要显示字符的 ASCII 码。

出口参数：无。

功能：在当前光标位置显示 DL 中的字符。如果按下［Ctrl + Break］或［Ctrl + C］组合键，则终止程序执行。

【例 4 - 8】功能号 02H 调用方法示例。

```
;下列程序段用来显示字符 B
MOV  DL,'B'    ;要显示字符的 ASCII 码送 DL
MOV  AH,02H    ;将 DOS 功能调用号 02 送 AH
INT  21H
```

```
;下列程序段产生回车和换行
MOV  DL,0DH
MOV  AH,02H
INT  21H
MOV  DL,0AH
MOV  AH,02H
INT  21H
```

3. 显示一个字符串

功能号：09H。

入口参数：DS:DX = 要显示的字符串在内存的首地址，字符串必须以 $ 作为结束标志，$ 不属于被显示的字符串。

出口参数：无。

功能：在当前光标位置，显示由 DS:DX 开始的，以 $ 结束标志的字符串。

【例 4 – 9】 功能号 09H 调用方法示例。

```
    …
STR DB 'HELLO WORLD!',' $ '
    …
;下列程序段用来显示字符串 HELLO WORLD!
MOV AX,SEG STR
MOV DS,AX
LEA DX,STR
MOV AH,09H
INT 21H
```

4. 从键盘输入一个字符串

功能号：0AH。

入口参数：DS:DX = 输入缓冲区的首地址。

出口参数：无。

功能：从键盘输入一个字符串，存入由 DS:DX 所指的输入缓冲区中。

输入缓冲区格式：第 0 个字节给出输入缓冲区最多能容纳的字符个数（1～255，包括回车符），由应用程序设置；第 1 个字节将存放实际输入的字符个数（不包括回车符），由系统在读入字符串后自动设置；从第 2 个字节开始存放实际输入的字符串，最后为回车符的 ASCII 码 0DH。

说明：① 在输入字符串后，必须按 ［Enter］ 键结束；② 当输入的字符数达到了输入缓冲区所能容纳的字符个数减 1 时，随后的输入将不被系统接收，且响铃警告。

【例 4 – 10】 功能号 0AH 调用方法示例。

```
    …
BUF DB 80
DB ?
DB 80 DUP(?)
    …
;下列程序段将从键盘读入长度小于 80 的字符串,并存入输入缓冲区 BUF 中
MOV AX,SEG BUF
MOV DS,AX
MOV DX,OFFSET BUF
MOV AH,0AH
```

INT 21H

假设输入的字符串为"ABC"，则输入缓冲区 BUF 的内容如下：

BUF + 1：3

BUF + 2：41H

BUF + 3：42H

BUF + 4：43H

BUF + 5：0DH

由于 DOS 系统调用只提供了字符和字符串的输入/输出方法，因此，在设计基于 DOS 的汇编语言程序时，如果要输入/输出其他类型的数据，如整数，就必须由应用程序本身来实现数值与字符之间的转换。例如，若输出整数 1234，则必须以字符或字符串的方式依次输出 '1'、'2'、'3'、'4'。

【例 4 - 11】 从键盘读入一个小写字母，显示其对应的大写字母。

```
DATA SEGMENT
    MS1  DB  'INPUT A LOWER LETTER:$'       ;输入提示信息
    MS2  DB  0DH,0AH,'UPPER LETTER IS:'     ;输出提示信息
    RESULT  DB  ?                           ;存放对应的大写字母
            DB  '$'
DATA ENDS
CODE SEGMENT
        ASSUME CS：CODE, DS:DATA
START: MOV AX, DATA
        MOV DS, AX
        LEA DX, MS1
        MOV AH, 09H
        INT 21H                            ;显示输入提示信息
        MOV AH, 1                          ;从键盘读入一个小写字母
        INT 21H
        CMP AL, 'A'
        JB  EXIT
        CMP AL, 'z'
        JA  EXIT
        SUB AL, 20H                        ;转换为大写字母
        MOV RESULT, AL
        LEA DX, MS2                        ;输出结果
        MOV AH, 9
        INT 21H
EXIT: MOV AH, 4CH
        INT 21H
CODE ENDS
        END START
```

该程序首先利用"INT 21H"的 9 号功能显示输入提示信息，然后，利用"INT 21H"的 1 号功能读入一个字符。若读入的字符不是小写字母，则程序退出；否则，转换为大写字母，存入 RESULT 单元。最后，利用"INT 21H"的 9 号功能显示结果。

因为小写字母与对应大写字母的 ASCII 码之差为 20H，因此，在例 4 - 11 中采用指令 SUB AL, 20H 将 AL 中的小写字母转换为大写字母。

在设计程序时，应养成一种良好的习惯。比如，在需要用户输入时给出输入提示，对输入的

数据进行有效性检查，在输出结果时说明其表示的具体含义等。然而，限于篇幅，在本书的很多例子中，为了减少源程序的长度，常常省略了这些内容。

5. 设置中断向量

功能号：25H。

入口参数：AL = 中断号；DS:DX = 中断向量。

出口参数：无。

功能：将 AL 所指中断号的中断向量设置为 DS:DX 的值。

6. 获取中断向量

功能号：35H。

入口参数：AL = 中断号。

出口参数：ES:BX = 中断向量。

功能：将 AL 所指中断号的中断向量送给 ES:BX。

7. 返回 DOS 操作系统

功能号：4CH。

入口参数：无。

出口参数：无。

功能：终止当前程序的运行，并把控制权交给调用的程序，即返回 DOS 系统，屏幕出现 DOS 提示符，如 "C：\ >"，等待 DOS 命令。

格式：

```
MOV   AH,4CH
INT   21H
```

8. 设置系统日期

功能号：2BH。

入口参数：CX = 年，DH = 月，DL = 日。

出口参数：AL = 0，设置成功；AL = 0FFH，设置失败。

功能：设置系统有效的年、月、日。

格式：

```
MOV CX,年
MOV DH,月
MOV DL,日
MOV AH,2BH
INT 21H
```

9. 设置系统时间

功能号：2DH。

入口参数：CH = 时，CL = 分，DH = 秒。

出口参数：AL = 0，设置成功；AL = 0FFH，设置失败。

功能：设置系统有效的时间。

格式：

```
MOV CH, 时
```

```
MOV CL，分
MOV DH，秒
MOV AH，2DH
INT 21H
```

【例 4 – 12】将系统日期设置为 2018 年 10 月 1 日，时间设置为 12 时 30 分 0 秒。

程序段如下：

```
; 设置系统日期为 2018 年 10 月 1 日
MOV CX，2018
MOV DH，10
MOV DL，1
MOV AH，2BH
INT 21H
CMP AL，0              ; 日期设置有效？
JNE ERR1              ; 否，转到 ERR1（出错处理程序）
…                    ; 是，有效
ERR1：　…
; 设置系统时间为 12 时 30 分 0 秒
MOV CH，12
MOV CL，30
MOV DX，0
MOV AH，2DH
INT 21H
CMP AL，0              ; 时间设置有效？
JNE ERR2              ; 否，转到 ERR2（出错处理程序）
…                    ; 是，有效
ERR2：　…
```

在程序中，为了检查系统设置是否成功，通常在调用 DOS 时间功能后，检查 AL 中的内容。

4.5.2　BIOS 功能调用

　　BIOS 是固化在只读存储器 ROM 中的一系列输入/输出服务程序，它存放于内存的高地址区域内，除负责处理系统中的全部内存中断外，还提供对主要 I/O 接口的控制功能，如键盘、显示器、磁盘、打印、日期和时间等。BIOS 采用模块化结构，每个功能模块的入口地址都存于中断向量表中。对这些中断调用是通过软中断指令 "INT n" 来实现的，中断指令中的操作数 n 即为中断类型号。

　　BIOS 的调用方法与 DOS 的调用方法类似，具体步骤如下：

　　1）将功能号 n 送 AH。

　　2）设置入口参数。

　　3）执行 INT n。

　　4）分析出口参数及状态。

　　下面介绍其中一些常用的 "INT 10H" 视频功能调用。

1. 设置视频模式

功能号：00H。

入口参数：AL = 视频模式。

出口参数：无。

功能：把当前视频模式设置为文本或图形模式。

格式：

```
MOV AH,00H
MOV AL,03H                  ;视频模式3（文本模式）
INT 10H
```

2. 设置光标位置

功能号：02H。

入口参数：DH = 行值，DL = 列值，BH = 视频页号。

出口参数：无。

功能：用于设置光标的位置。

格式：

```
MOV DH,20                  ;第20行
MOV DL,10                  ;第10列
MOV BH,0                   ;视频0页
MOV AH,02H
INT 10H
```

说明：在 80×25 模式下，DH 的取值范围是 0~24，DL 的取值范围是 0~79。

3. 显示字符并设置其属性

功能号：09H。

入口参数：AL = 字符的 ASCII 码，BH = 视频页，BL = 属性，CX = 重复次数。

出口参数：无

功能：在当前的光标位置显示彩色字符，包括 ASCII 码表中的特殊图形字符。

格式：

```
MOV AL,'A'                 ;大写字母A的ASCII码
MOV BL,71H                 ;属性,浅灰底色,蓝色字符
MOV CX,1                   ;重复1次 MOV AH,09H
INT 10H
```

说明：在屏幕上所显示的字符都有自己的前景色和背景色，称为属性。前景色就是字符颜色，背景色就是字符后面的屏幕颜色。字符的属性由属性控制字节控制，如图 4-5 所示。该字节由两个 4 位的色彩代码构成，4 位色彩代码见表 4-5。

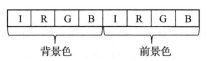

图 4-5　字符属性控制字节

表 4-5　4 位色彩代码

IRGB	色彩	IRGB	色彩
0000	黑	1000	灰
0001	蓝	1001	浅蓝
0010	绿	1010	浅绿
0011	青	1011	浅青
0100	红	1100	浅红
0101	洋红	1101	浅洋红
0110	棕	1110	黄
0111	浅灰	1111	白

4. 写像素

功能号：0CH。

入口参数：AL = 像素值，BH = 视频页，CX = x 坐标，DX = y 坐标。

出口参数：无。

功能：在图形模式下，在屏幕上绘制一个像素点。

格式：

```
MOV AL,09H          ;像素值
MOV CX,64H          ;x 坐标
MOV DX,64H          ;y 坐标
MOV AH,0CH
INT 10H
```

说明：视频显示必须处于图形模式下，像素值的范围和坐标范围与当前的图形模式有关。

4.5.3　BIOS 功能调用和 DOS 功能调用的关系

BIOS 和 DOS 是两种系统服务程序，程序设计者可以通过它们访问和使用硬件。BIOS 程序提供基本的低层服务，DOS 则在更高的层次上提供与 BIOS 同样的或更多的功能。例如，BIOS 和 DOS 调用都能实现磁盘读/写，BIOS 功能调用时，要准确地说明读/写位置，即磁头、磁通和扇区号；而 DOS 功能调用时，则不必说明读/写信息在磁盘上的物理地址。因此，使用 DOS 提供的功能比使用 BIOS 更容易。另外，在使用 DOS 功能调用时，程序的可移植性比使用 BIOS 功能调用的要好，因此在可能的情况下应尽量使用 DOS 功能调用。

BIOS 功能调用的优点是，程序执行的效率高于 DOS 功能调用，且不受任何操作系统约束，而 DOS 中断功能仅在 DOS 环境下适用。另外，BIOS 功能调用提供的功能比 DOS 功能调用提供的丰富。如果某些工作使用 DOS 功能调用无法实现，就需要使用 BIOS 功能调用。

4.6　8086 汇编语言程序设计的基本方法

4.6.1　程序设计的基本步骤

8086 汇编语言采用模块化结构，通常由一个主程序模块和多个子程序（过程）模块构成。对于简单的程序来说，只有主程序模块没有子程序模块。汇编语言程序有三种基本结构：顺序结构、分支结构和循环结构。

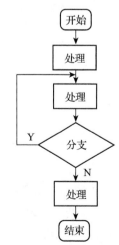

图 4-6　流程图示意

一个好的程序不仅要能正常运行，还应该易读易调试，结构良好，便于维护。当然还应执行速度快，存储容量小。这些要求有时是相互矛盾的，必须有所取舍。为了能较好地设计出一个程序，通常采用以下步骤：

（1）分析问题　明确问题的性质、目的、已知数据以及运算精度要求、运算速度要求等内容，抽象出一个实际问题的数学模型。

（2）确定算法　把问题转化为计算机求解的步骤和方法，并且尽量选择逻辑简单、速度快、精度高的算法。

（3）画流程图　流程图一般是利用一些带方向的线段、框图等把解决问题的先后次序等直观地描述出来，如图 4-6 所示。对于复杂问题，可以画多级流程图，即先画粗框图，再逐步求精。

（4）编写程序　按汇编语言程序的格式将算法和流程图描述出来。编程中应注意内存工作单元和寄存器的合理分配。

（5）静态检查　静态检查就是在程序非运行状态下检查程序。良好的静态检查可以节省很多上机调试的时间，并常常能检查出一些较隐蔽的问题。

（6）上机调试　这是程序设计的最后一步，目的在于发现程序的错误并设法更正。应注意在上机调试中积累经验，以提高调试的效率。

4.6.2　程序设计的基本方法

对一个大型复杂程序的设计，可按其功能，将其分解成若干个程序模块，并把这些模块按层次关系进行组装，整个程序算法和每个模块的算法都可用基本结构来表示，且每个结构内还可以包含和自身形式相同的结构或其他形式的结构。模块化程序设计的详细内容安排在第 4.6.3 小节介绍，本小节将结合具体实例，介绍程序的 3 种基本结构形式。

由于程序设计思路的多样性，书中给出的方法并不是唯一的，也不一定是最佳的。有时，针对同一个问题，本书特意选用不同的指令来实现，以便使读者能体会到多种实现方法。

1. 顺序结构程序设计

顺序结构也称为线性结构或直线结构，其特点是其中的语句或结构被连续执行。这种程序形式是程序的最基本形式，任何程序都离不开这种形式。计算机执行该类程序的方式是完全按照指令在内存中的存放顺序，逐条执行指令语句，即在程序执行过程中不转移、不循环，直到程序结束。

对熟悉指令的编程人员来说，一般不必严格按前面讲述的步骤设计这类简单的程序，可以直接对给出的题目写出源程序。

【例 4-13】设在内存单元 VAR 中已存放了一个 8 位二进制数，要求将其高 4 位不变，低 4 位取反，结果再存入内存单元 VAR 中。

程序如下所示：

```
DATA SEGMENT
   VAR DB 63H
DATA ENDS
CODE SEGMENT
    ASSUME CS:CODE, DS:DATA
START:
    MOV AX, DATA
    MOV DS, AX
    MOV AL, VAR
    XOR AL, 0FH
    MOV VAR, AL
    MOV AH, 4CH
    INT 21H
CODE ENDS
    END START
```

在例 4-13 中，用到了代码段和数据段，在有些情况下还需要堆栈段。堆栈段的定义与数据段类似，只是在使 SS 指向堆栈段后，还需设置堆栈指针 SP 指向栈顶。

【例 4-14】利用查表法计算二次方值。已知 0~9 的二次方值连续存放在 STAB 开始的存储区域中，求 SUR 单元内容 x 的二次方值，并放在 DIS 单元中（假设 $0 \leqslant x \leqslant 9$ 且为整数）。

程序如下所示：

```
STACK SEGMENT
  DB 100 DUP(?)
  TOP LABEL WORD
STACK ENDS
DATA SEGMENT
  SUR DB 4
  DIS DB ?
  STAB DB 0, 1, 4, 9, 16, 25, 36, 49, 64, 81        ; 0 ~ 9 的二次方表
DATA ENDS
CODE SEGMENT
    ASSUME CS: CODE, DS:DATA, SS:STACK
START:
    MOV AX, DATA
    MOV DS, AX                                      ; 为 DS 送初值
    MOV AX, STACK
    MOV SS, AX                                      ; 为 SS 送初值
    MOV SP, OFFSET TOP                              ; 设定栈顶指针
; 以下程序部分完成查表求平方值
    LEA BX, STAB                                    ; 取平方值首地址
    MOV AH, 0
    MOV AL, SUR                                     ; SUR 为参数
    ADD BX, AX                                      ; 计算出二次方项的偏移量
    MOV AL, [BX]
    MOV DIS, AL                                     ; 从平方表取出 SUR 的二次方送入 DIS
    MOV AX, 4C00H
    INT 21H
CODE ENDS
  END START
```

顺序结构的程序难以满足解决大多数问题的需要。因此，顺序结构一般只是作为复杂程序结构的一部分。

2. 分支结构程序设计

实际程序中经常会要求计算机做出判断，并根据判断结果做不同的处理。这种根据不同情况分别做处理的程序结构就是分支结构。通常有两种分支结构，即双分支结构和多分支结构，如图 4 - 7 所示。

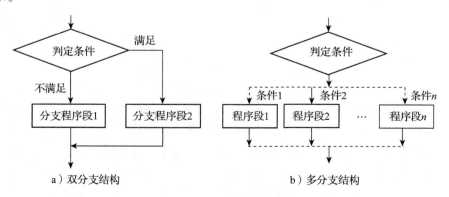

a）双分支结构　　　　　　　　　　b）多分支结构

图 4 - 7　分支结构

　　双分支结构根据条件满足或不满足分为两个分支程序段。当条件满足时执行分支程序段2，当条件不满足时执行分支程序段1。这种结构也称为 IF-THEN-ELSE 结构。

　　多分支结构有多个分支，适用于有多种条件的情况下，根据不同的条件进行不同的处理。多分支结构也称为 CASE 结构。

　　无论是双分支结构还是多分支结构，其共同特点是：在某一种确定的条件下，只能执行一个分支程序段，而分支程序段的执行要靠条件转移指令来实现。

【例 4 – 15】 符号函数 $y = \begin{cases} 1 & x > 0 \\ 0 & x = 0 \quad (-128 \leqslant x \leqslant 127) \\ -1 & x < 0 \end{cases}$

　　假设任意给定 x 值，存放在内存 RS1 单元中，求出函数 y 的值，并存放在内存 RS2 单元中。程序流程图如图 4-8 所示。

　　程序如下所示：

```
DATA SEGMENT
  RS1 DB x                        ; 存放自变量 x
  RS2 DB ?                        ; 函数 Y 值的存储单元
DATA ENDS
CODE SEGMENT
    ASSUME CS:CODE, DS:DATA
START:
    MOV AX, DATA
    MOV DS, AX                    ; 为 DS 送初值
    MOV AL, RS1                   ; AL←X
    CMP AL, 0                     ; 将 X 与 0 进行比较
    JGE BIG                       ; 若 X≥0,则转标号 BIG
    MOV RS2, 0FFH                 ; 若 X<0,则(RS2)←[ -1 ]补 = 0FFH
    JMP DONE
BIG: JE  EQUL                     ; 若 X=0,则转标号 EQUL
    MOV RS2, 1                    ; 若 X>0,则(RS2)←1
    JMP DONE
EQUL: MOV RS2, 0                  ; 若 X=0,则(RS2)←0
DONE: MOV AH, 4CH                 ; 返回 DOS
    INT 21H
CODE ENDS
    END START
```

　　若将 RS1 定义为 90H，则运行结果为：

```
RS1 = 90H
RS2 = FFH
```

　　这是一个三分支结构的程序，根据 x 的取值，程序分为三个分支，分别处理 $x < 0$、$x = 0$、$x > 0$ 这 3 种情况。由程序可看出，3 个分支使用了两条条件转移指令。

　　【例 4 – 16】 设有一组（8 个）选择项存于 AL 寄存器中，试根据 AL 中哪一位为"1"把程序分别转移到相应的分支程序去执行。

　　分析：可使用跳转表法使程序根据不同的条件转移到多个程序分支去。首先将 8 个选择项所对应的 8 个分支程序的标号（首地址）存放在一个数字表（即跳转表）中，然后采用移位指令将 AL 中的内容逐位移出到 CF 标志位中，并判断 CF 是否为 1。若 CF = 1，则根据分支程序标号在跳

转表中的存放地址将程序转入相应分支；若 CF = 0，则继续判断下一个选择项是否为1……这是一个典型的多分支选择（即 CASE）程序结构，程序流程图如图 4-9 所示。

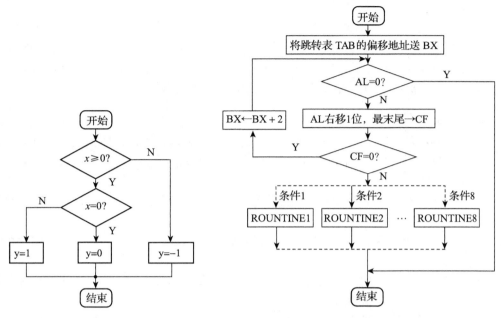

图 4-8 例 4-15 的程序流程图   图 4-9 例 4-16 的程序流程图

程序如下所示：

```
DATA SEGMENT
    TAB DW ROUTINE1                ；地址表
        DW ROUTINE2
        DW ROUTINE3
        DW ROUTINE4
        DW ROUTINE5
        DW ROUTINE6
        DW ROUTINE7
        DW ROUTINE8
DATA ENDS
CODE SEGMENT
        ASSUME CS:CODE, DS:DATA
START:
        MOV AX, DATA
        MOV DS, AX
        LEA BX, TAB                ；跳转表首地址送 BX
AGAIN: CMP AL, 0                    ；判断 AL 中是否有置1的位
        JE   DONE                  ；AL = 0,及早退出选择结构
        SHR AL, 1                  ；将 AL 的内容右移 1 位,D_0 位→CF
        JNC LOP                    ；CF = 0,转标号 LOP
        JMP WORD PTR [BX]          ；CF = 1,转相应分支程序去执行
LOP: ADD BX, 2                     ；修改指针,指向下一个分支
        JMP AGAIN
ROUTINE1：…
ROUTINE2：…
…
```

```
ROUNTINE8:  …
DONE: MOV AH,4CH
      INT 21H
CODE ENDS
      END START
```

例 4 - 16 是用多分支结构实现的。设计多分支结构程序时，应当为每个分支安排出口；各分支的公共部分尽量集中在一起，以减少程序代码；无条件转移指令没有转移范围的限制，但条件转移指令只能在 - 128 ~ + 127 字节范围内转移；调试程序时，要对每个分支进行调试。

3. 循环结构程序设计

当程序中的某些部分需要重复执行时，可以通过循环结构来实现，即用同一组指令，每次替换不同的数据，反复执行这一组指令。使用循环结构，可以缩短程序代码，提高编程效率，便于程序修改。循环程序由以下三个部分组成：

（1）循环初始化　为循环做准备，如设置地址指针与计数器的初始值。这一部分往往位于循环程序的开始。

（2）循环控制条件　判断循环条件，控制循环继续或结束，以保证循环按预定的次数或特定条件正常执行。

（3）循环体　实现循环的基本操作，是循环工作的重复部分。这一部分从初始化部分设置的初值开始，反复执行相同或相似的操作。

循环体中一定包括修改部分，为下一次循环做准备，以保证每次循环都能对相应的数据进行处理。通常将工作部分和修改部分一起称作循环体。而循环控制条件的判别一般有两种基本形式，即 DO-UNTIL 结构和 DO-WHILE 结构，对应的流程图如图 4 - 10 所示。

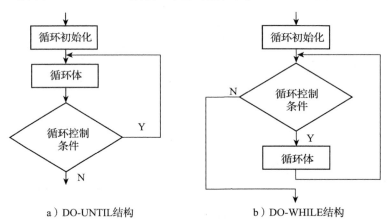

a）DO-UNTIL结构　　　　　　b）DO-WHILE结构

图 4 - 10　循环结构

DO-UNTIL 结构的设计思想：先执行一次循环体程序，再判断循环控制条件是否满足。若不满足，则再次执行循环体程序，直到满足循环控制条件时才退出系统。

DO-WHILE 结构的设计思想：当循环控制条件满足时，执行循环体程序，否则退出循环。

设计循环程序结构时，要注意以下问题：

1）选用计数循环还是条件循环，采用 DO-WHILE 还是 DO-UNTIL 循环结构。

2）可以用循环次数、计数器、标志位、变量值等多种方式作为循环的控制条件，进行选择时，要综合考虑循环执行的条件和循环退出的条件。

3）注意不要把初始化部分放到循环体中，循环体中要有能改变循环条件的语句。

【例 4 - 17】 编程显示以"！"结尾的字符串，如"Welcome to MASM！"。

程序流程图如图 4 - 11 所示。程序如下所示：

```
DATA SEGMENT
    STR DB 'Welcome to MASM!'
DATA ENDS
CODE SEGMENT
    ASSUME CS: CODE, DS: DATA
    START: MOV AX, DATA
        MOV DS, AX
        LEA SI, STR
NEXTCHAR: MOV DL, [SI]
        CMP DL, '!'
        JZ FINISH
        MOV AH, 2
        INT 21H
        INC SI
        JMP NEXTCHAR
FINISH: MOV AH, 2
        INT 21H
        MOV AH, 4CH
        INT 21H
CODE ENDS
    END START
```

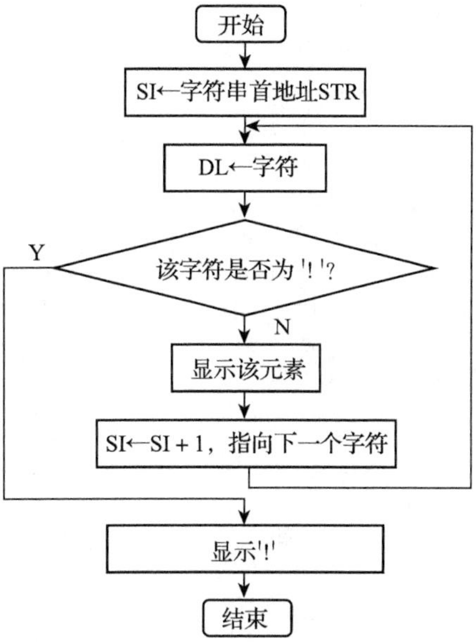

图 4 - 11　例 4 - 17 的程序流程图

例 4 - 17 采用了 DO-WHILE 循环结构。由于只知道循环结束的条件是该字符串以"！"结束，不知道字符串的长度，因此，采用了条件控制的方法来控制循环的次数。

【例 4 - 18】 编程实现将偏移地址 1000H 开始的 100 字节单元数据传送到偏移地址 2000H 开始的单元中。

程序如下所示：

```
CODE SEGMENT
    ASSUME CS: CODE
START:
    MOV SI, 1000H
    MOV DI, 2000H        初始值
    MOV CX, 100
LOP: MOV AL, [SI]
    MOV [DI], AL
    INC SI               循环体
    INC DI
    DEC CX
    JNE LOP          循环控制
    MOV AH, 4CH
    INT 21H
CODE ENDS
    END START
```

可以看出，例 4 - 18 的程序属于 DO-UNTIL 循环结构。

【例 4 - 19】 编程以二进制形式显示 BX 的值（假设为无符号数）。如果（BX）= 20，那么显示 0000000000010100B。

程序如下所示：

```
CODE SEGMENT
    ASSUME CS：CODE
START：
        MOV BX, 20
        MOV CX, 16              ; LOOP 指令隐含使用 CX 作为计数器,置初值16
NEXTCHAR：
        ROL BX, 1              ; 显示顺序从左到右,因此按此顺序依次取出各位
        MOV DL, BL            ; 要显示的值仅占用最低位 D₀,所以只取 BL 的值
        AND DL, 1             ; 清除 D₇ ~ D₁
        OR  DL, 30H           ; 将(DL)的值转换为对应数字的 ASCII 码
        MOV AH, 2
        INT 21H               ;利用2号 DOS 调用,逐次显示各位字符
        LOOP  NEXTCHAR        ;循环在 CX 的控制下执行16次
FINISH：
        MOV DL, 'B'           ;利用2号 DOS 调用,显示字符 'B'
        MOV AH, 2
        INT 21H
        MOV AH, 4CH           ;利用4CH 号 DOS 调用结束程序,返回操作系统
        INT 21H
CODE ENDS
    END START
```

在本例中，由于已知 BX 是 16 位的，因此循环的次数就是 16 次，采用计数法控制循环。

【例 4 - 20】 在给定个数的字类型数串中，分别计算出大于零、等于零和小于零的个数，并紧跟着原串存放。

分析：这是一个统计问题，设定 3 个计数器分别统计 3 种情况下的结果。依次取出数据与 0 进行比较，注意比较后需要用有符号数的条件转移指令。

程序如下所示：

```
DATA SEGMENT
    BUFF      DW X1, X2, … , Xn
    COUNT EQU  $ -BUFF       ; COUNT 的值为 BUFF 所占的字节数
    PLUS     DB ?            ; 存放大于 0 的个数
    ZERO     DB ?            ; 存放等于 0 的个数
    MINUS    DB ?            ; 存放小于 0 的个数
DATA ENDS
CODE SEGMENT
    ASSUME CS: CODE, DS: DATA
START: MOV AX, DATA
        MOV DS, AX
        MOV CX, COUNT        ; 将 BUFF 的长度送入 CX
        SHR CX, 1            ; 相当于除2,正好为 BUFF 中的数据个数
        MOV DX, 0            ; 计数器初始化,即 DH/DL 为 0
        MOV AX, 0            ; 计数器初始化,AH 存放小于 0 的个数
        LEA BX, BUFF
AGAIN: CMP WORD PTR [BX], 0
```

```
        JGE PLU              ; 大于等于 0, 则转 PLU
        INC AH               ; 大于 0, 则统计
        JMP NEXT
PLU:    JZ  ZER
        INC DL               ; 等于 0, 则转 ZER
        JMP NEXT             ;  大于 0, 则统计
ZER:    INC DH               ; 等于 0, 则统计
NEXT:   ADD BX, 2            ; 取下一个数
        LOOP AGAIN
        MOV PLUS, DL
        MOV ZERO, DH         ; 将结果送入相应的变量中
        MOV MINUS, AH
        MOV AX, 4C00H
        INT 21H
CODE ENDS
    END START
```

说明:

1) 数据段的 BUFF 是数据缓冲区, X1, X2, …, Xn 代表 n 个字数据。缓冲区的长度 COUNT 由伪指令 "EQU $ -BUFF" 计算得到。

2) 循环的次数由 BUFF 中的元素个数决定, 因为是字数据, 所以元素个数是 BUFF 的字节数 COUNT 的一半。

3) 利用寄存器 BX 指向当前数据, 每判断完一个数据后, BX 需要移动两个字节指向下一个数据。

4) 这里的数据都是有符号数, 所以在比较指令之后使用 JGE 指令实现转移。如果写成 JAE 指令, 则不能得到正确的结果。

4.6.3 子程序设计

在程序设计过程中, 经常需要多次使用到一段程序。这时, 为了避免重复编写程序, 节约内存空间, 可以把该程序段独立出来, 以供其他程序调用, 这段程序称为 "子程序" 或 "过程"。调用子程序的程序通常称为 "主程序" 或 "调用程序"。主程序调用子程序的过程称为 "调用子程序"; 而子程序执行完后, 返回主程序现场继续执行的过程称为 "返回主程序"。主程序调用子程序示意图如图 4 - 12 所示。

采用子程序进行程序设计时, 需要注意以下几点:

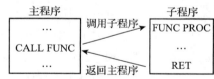

图 4 - 12　主程序调用子程序示意图

1. 现场保护和恢复

所谓 "现场保护" 是指子程序运行时, 对可能被破坏的主程序用到的寄存器、堆栈、标志位、内存数据值进行的保护。所谓 "现场恢复" 指子程序结束运行返回主程序时, 对被保护的寄存器、堆栈、标志位、内存数据值的恢复。

现场保护可以放在主程序中, 也可以放在子程序中。大多数情况下, 现场保护放在子程序中, 其中, 由子程序前部的操作完成现场保护, 由子程序后部的操作完成现场恢复。现场信息可以压入栈区或传送到未被占用的存储单元, 以达到保护现场的目的。当然, 也可以避开或不使用这些有用的寄存器。

现场恢复是现场保护的逆过程。当使用栈区保护现场时, 还应注意恢复现场的顺序不能搞错; 否则, 将无法正确地恢复程序的现场。

【例4-21】 中断现场保护与恢复。

```
SUB1 PROC
    PUSH AX              ；现场保护
    PUSH BX
    PUSH CX
    …                   ；子程序主体
    POP CX               ；现场恢复
    POP BX
    POP AX
    RET
SUB1 ENDP
```

此外，用于中断服务的子程序一定要把保护指令安排在子程序中，因为中断是随机出现的，所以无法在主程序中安排保护指令。

2. 子程序的嵌套和递归调用

（1）子程序的嵌套　子程序作为调用程序又去调用其他子程序，称为子程序嵌套。一般来说，只要堆栈空间允许，嵌套的层数不限。当嵌套层数较多时应特别注意寄存器内容的保护和恢复，以免数据发生冲突。子程序的嵌套结构示意图如图4-13所示。

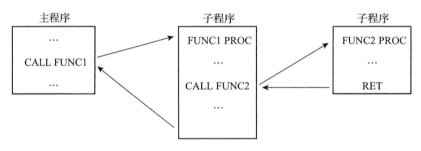

图4-13　子程序的嵌套结构示意图

（2）子程序的递归调用　在子程序嵌套的情况下，如果一个子程序调用的子程序就是它本身，则称为子程序的递归调用。递归子程序对应于数学上对函数的递归定义，它往往能设计出效率较高的程序，可以完成相当复杂的计算。做递归调用时，必须保证不破坏前面调用所用到的参数及产生的结果；否则，就不能求出最后结果。此外，被递归调用的子程序还必须具有递归结束的条件，以便在递归调用一定次数后能够退出；否则，递归调用将无限嵌套下去。

下面给出一个包括了子程序嵌套和递归调用的例子。

【例4-22】 求一个数的阶乘 $n!$。$n!$ 定义如下：

$$n! = \begin{cases} 1 & n = 0, 1 \\ n(n-1)! & n > 1 \end{cases}$$

分析：求 $n!$ 本身可以设计成一个子程序，由于 $n!$ 是 n 和 $(n-1)!$ 的乘积，而求 $(n-1)!$ 必须递归调用求 $n!$ 子程序，但每次调用所用的参数都不相同。因为在递归调用过程中，必须保证不破坏以前调用时所用的参数和中间结果，所以通常把每次调用的参数、中间结果以及子程序中使用的寄存器内容放在堆栈中。此外，递归子程序中还必须含有基数的设置，当调用的参数等于基数时则实现递归退出，保证参数依次出栈并返回主程序。

程序如下所示：

```
DATA SEGMENT             ；数据段
    n DW 4               ；定义n值
```

```
RESULT DW ?                    ; 结果存于 RESULT 中
DATA ENDS
STACK SEGMENT
    DB 100 DUP(?)              ; 堆栈段
STACK ENDS
CODE SEGMENT                   ; 代码段
    ASSUME CS: CODE, DS: DATA, SS: STACK
MAIN PROC FAR                  ; 主程序
START:
    MOV AX, DATA
    MOV DS, AX
    MOV AX, n
    CALL FACT                  ; 调用 n! 递归子程序
    MOV RESULT, CX
    MOV AH, 4CH                ; 返回 DOS 系统
    INT 21H
    MAIN ENDP
    FACT PROC FAR              ; 定义 n! 递归子程序
    CMP AX, 0
    JNZ MULT
    MOV CX, 1                  ; 0! = 1
    RET
    MULT: PUSH AX
    DEC AX
    CALL FACT
    POP AX
    MUL CX                     ; DX: AX←AX × CX
    MOV CX, AX
    RET
FACT ENDP
    END START
```

子程序返回地址（IP值）
1(AX)
子程序返回地址（IP值）
2(AX)
子程序返回地址（IP值）
3(AX)
子程序返回地址（IP值）
4(AX)
子程序返回地址（IP值）

图 4-14　递归调用求 4!
时的堆栈变化情况

对于上述递归调用程序，可以分析子程序的调用情况和堆栈变化情况。图 4-14 所示为递归调用求 4! 时的堆栈变化情况。

3. 子程序调用时参数的传递方法

主程序在调用子程序时需要传递一些参数给子程序，这些参数是子程序运算中所需要的原始数据。子程序运行后要将处理结果返回主程序。原始数据和处理结果的传递可以是数据也可以是地址，统称为参数传递。

参数传递必须事先约定，子程序根据约定从寄存器或存储单元取原始数据（入口参数），进行处理后将处理结果（出口参数）送到约定的寄存器或存储单元中，返回主程序。

参数传递的方法一般有 3 种：寄存器传递、存储单元传递和堆栈传递。无论使用哪种传递方法，都要注意主程序和子程序的默契配合，特别要注意参数的先后次序。

（1）寄存器传递　选择某些通用寄存器，用来存放主程序和子程序之间需要传递给对方的参数。这种方法简单，但由于可用存储器的数量有限，因而，通常仅适合于参数较少的情况。

（2）存储单元传递　主程序和子程序之间可利用指定的存储变量来传递参数。这种方法适合于参数较多的情况，但要求在内存中建立一个参数表。主程序在调用前将子程序中要使用的数据送入参数表（所需的结果也从该参数表中获取）。在转子程序后，子程序则直接从参数表中获取

数据和存放结果。此时，子程序必须指出它所用的段和有关变量。

（3）堆栈传递　主程序和子程序可将需要传递的参数压入堆栈，使用时再从堆栈中弹出。由于堆栈具有先进后出的特性，故在多重调用时，各重参数的层次分明。堆栈传递方式适合于参数众多，且子程序有嵌套或递归调用的情况，尤其适合于不同模块之间的参数传递。

4. 子程序设计举例

为了便于使用子程序，应编写子程序调用说明。子程序调用说明包括：子程序名称、功能、入口参数、出口参数、使用的寄存器或存储器及调用实例。

【例 4 – 23】 设计一个子程序，可以根据提供的 N，来计算 N 的 3 次方。

该题目涉及两个问题：参数 N 存储在什么地方？计算得到的数值存储在什么地方？

最简单的方法是用寄存器来存储，程序中将参数 N 存入 BL 中，因为子程序中要计算 $N \times N \times N$，可以使用 2 次 MUL 指令，因此，将结果存放在 DX 和 AX 中。

程序如下所示：

```
DATA SEGMENT
  N DB 1, 2, 3, 4, 5, 6, 7, 8, 9
  Re DD 9 DUP(0)
DATA ENDS
STACK SEGMENT
    DB 100 DUP(?)
    TOP LABEL WORD
STACK ENDS
CODE SEGMENT
    ASSUME CS：CODE, DS：DATA, SS：STACK
START：
  MOV AX, DATA
  MOV DS, AX
  MOV AX, STACK
  MOV SS, AX
  MOV SP, OFFSET TOP
  LEA SI, N
  LEA DI, Re
  MOV CX, 9
S：MOV BL, [SI]          ; BL 为子程序入口参数
  CALL CUBIC
  MOV [DI], AX           ; AX、DX 为子程序的出口参数
  MOV [DI +2], DX
  ADD SI, 1
  ADD DI, 4
  LOOP S
  MOV AX, 4C00H
  INT 21H
; -------------------------------------------------------
; 子程序名称：CUBIC
; 功能：计算变量的 3 次方
; 入口参数：BL
; 出口参数：DX：AX
```

```
;   --------------------------------------------------------
CUBIC PROC
    MOV BH, 0
    MOV AL, BL
    MUL BL
    MUL BX
    RET
CUBIC ENDP
CODE ENDS
    END START
```

需要注意的是，在上述程序中，对于存放参数的寄存器 BL 和存放结果的寄存器 AX 和 DX，主程序和子程序的读写顺序刚好相反：主程序将由 SI 指向的参数送入参数寄存器 BL，从结果寄存器 AX 和 DX 中取出返回值送入由 DI 指向的内存单元；而子程序从参数寄存器 BL 取出参数，将返回值送入结果寄存器 AX 和 DX。

在例 4 - 23 中，子程序 CUBIC 只有一个参数，存放在 BL 中。如果需要传递的数据有多个，或者返回值有多个时，数量有限的寄存器并不适用。此时，可以将批量处理的数据存放在内存中，然后将它们所在的内存空间首地址放在寄存器中，传递给需要的子程序。对于具有批量数据的返回结果，也可以用同样的方法。

【例 4 - 24】 设计一个子程序，其功能是将一个由英文字母构成的字符串转化为小写。

设计子程序需要明确两个问题：字符串的内容和长度。考虑到字符串的长度可能很长，我们可以将字符串在内存中的首地址放在寄存器中传递给子程序。在字符串转换过程中要用到循环语句，循环的次数就是字符串的长度，因此将字符串长度存放在 CX 中。

由表 1 - 5 ASCII 码字符编码表可知：大写字母的 ASCII 码为 41H ~ 5AH，小写字母的 ASCII 码为 61H ~ 7AH，小写字母的 ASCII 码要比大写字母的大 20H。所以，可以对字符串中的每个字母进行判断，如果 ASCII 码在 41H ~ 5AH 内，则加上 20H，否则不做处理。

程序如下所示：

```
DATA SEGMENT
    STR DB 'HELLO WORLD!'
    LEN = $ - STR
DATA ENDS
STACK SEGMENT
    DB 100 DUP(?)
    TOP LABEL WORD
STACK ENDS
CODE SEGMENT
ASSUME CS: CODE, DS: DATA, SS: STACK
START:
    MOV AX, DATA
    MOV DS, AX
    MOV AX, STACK
    MOV SS, AX
    MOV SP, OFFSET TOP
    MOV SI, OFFSET STR
    MOV CX, LEN
    CALL ALTE
    MOV AX, 4C00H
```

```
    INT 21H
;  -----------------------------------------------------------------
;  子程序名称:ALTE
;  功能:字符串大写转化为小写
;  入口参数:(SI)=字符串首地址,(CX)=字符串长度
;  出口参数:无
;  -----------------------------------------------------------------
ALTE PROC
S:   CMP BYTE PTR [SI],41H
     JB NOTL                 ;ASCII 码小于41H,则处理下个字符
     CMP BYTE PTR [SI],5AH
     JA NOTL                 ;ASCII 码大于5AH,则处理下个字符
     ADD BYTE PTR [SI],20H
NOTL: INC SI                 ;ASCII 码在41H~5AH 内,则转为小写
     LOOP S
     RET
ALTE ENDP
CODE ENDS
   END START
```

参数除了可以利用寄存器传递外，也可以直接通过内存指定的单元进行传递。在这种情况下，主程序在调用子程序之前，需要把所有的参数值送入指定的内存区域，所需的结果也从指定区域中取出。进入子程序后，子程序则直接从指定的内存区域取出参数值，处理的结果也送入指定区域。

【例 4-25】设计一个子程序，将一个由英文字母构成的字符串转化为小写，要求利用内存单元传递参数。

程序如下所示:

```
DATA SEGMENT
   STR       DB 'HELLO WORLD!'
   ADOFFS    DW ?
   LEN       DW ?
DATA ENDS
STACK SEGMENT
   DB 100 DUP(?)
   TOP LABEL WORD
STACK ENDS
CODE SEGMENT
ASSUME CS:CODE, DS:DATA, SS:STACK
START:
   MOV AX, DATA
   MOV DS, AX
   MOV AX, STACK
   MOV SS, AX
   MOV SP, OFFSET TOP
   MOV ADOFFS, OFFSET STR    ;取字符串的偏移地址送 ADOFFS
   MOV LEN, ADOFFS - STR     ;ADOFFS - STR 为字符串长度
   CALL ALTE
   MOV AX, 4C00H
   INT 21H
```

```
;  ------------------------------------------------------------
;  子程序名称:ALTE
;  功能:字符串大写转化为小写
;  入口参数:源字符串首地址存 ADOFFS
;  入口参数:字符串长度 LEN
;  出口参数:无
;  ------------------------------------------------------------
ALTE PROC
     PUSH CX
     PUSH SI
     MOV SI, ADOFFS
     MOV CX, LEN
S:   CMP BYTE PTR [SI], 41H
     JB NOTL                 ; ASCII 码小于 41H,则处理下个字符
     CMP BYTE PTR [SI], 5AH
     JA NOTL                 ; ASCII 码大于 5AH,则处理下个字符
     ADD BYTE PTR [SI], 20H
NOTL: INC SI                 ; ASCII 码在 41H~5AH 内,转为小写
     LOOP S
     POP SI
     POP CX
     RET
ALTE ENDP
CODE ENDS
     END START
```

【例 4-26】 设计一个子程序,将一个由英文字母构成的字符串转化为小写,要求利用堆栈传递参数。

程序如下所示:

```
DATA SEGMENT
   STR DB 'HELLO WORLD!'
   LEN = $ -STR
DATA ENDS
STACK SEGMENT
   DB 100 DUP(?)
   TOP LABEL WORD
STACK ENDS
CODE SEGMENT
ASSUME CS: CODE, DS: DATA, SS: STACK
START:
   MOV AX, DATA
   MOV DS, AX
   MOV AX, STACK
   MOV SS, AX
   MOV SP, OFFSET TOP
   MOV BX, OFFSET STR      ; 字符串首地址送 BX
   PUSH BX                 ; 入栈保护,作入口参数
   MOV BX, LEN             ; 字符串长度送 BX
   PUSH BX                 ; 入栈保护,作入口参数
   CALL ALTE
```

```
        MOV AX,4C00H
        INT 21H
    ; ------------------------------------------------
    ; 子程序名称:ALTE
    ; 功能:字符串大写转化为小写
    ; 入口参数:堆栈
    ; 出口参数:无
    ; ------------------------------------------------
    ALTE PROC
        PUSH BP                 ; 原 BP 寄存器值入栈保存
        MOV BP,SP               ; BP 记录当前的栈顶
        PUSH CX                 ; 原 CX 寄存器值入栈保存
        PUSH SI                 ; 原 SI 寄存器值入栈保存
        MOV SI,[BP+6]           ; 栈中保存的字符串首地址送 SI
        MOV CX,[BP+4]           ; 栈中保存的字符串长度送 CX
    S:  CMP BYTE PTR[SI],41H
        JB NOTL                 ; ASCII 码小于41H,则处理下个字符
        CMP BYTE PTR[SI],5AH
        JA NOTL                 ; ASCII 码大于5AH,则处理下个字符
        ADD BYTE PTR[SI],20H
    NOTL: INC SI                ; ASCII 码在41H~5AH 内,转为小写
        LOOP S
        POP SI                  ; 恢复原寄存器状态
        POP CX
        POP BP
        RET 4                   ; 恢复栈初始状态
    ALTE ENDP                   ; 子程序结束
    CODE ENDS                   ; 代码段结束
        END START               ; 所有代码结束
```

说明:

1）堆栈有三个作用:①用于传递参数,堆栈的初始状态如图 4-15a 所示,在主程序中将字符串的首地址和长度都作为参数压入栈,如图 4-15b 所示;②保存返回地址,如图 4-15c 所示;③避免寄存器冲突。

2）进入子程序后,为了能从堆栈中获取所需参数,应该将 SP 的位置记下。因此,在子程序开始将 BP 的原始内容入栈保存,如图 4-15d 所示;然后将 SP 的内容送入 BP,以后在子程序中通过 BP 取得参数,BP+6 处存放了 STR 的偏移地址,BP+4 处存放了 STR 的长度。子程序中用到的寄存器 CX 和 SI 也都压入栈中,如图 4-15e 所示。

3）程序中除了用 PUSH 指令将数据压入栈外,子程序调用指令 "CALL ALTE" 会将当前 IP 寄存器的内容,即指令 "MOV AX,4C00H" 第一个字节的地址压入栈中,如图 4-15c 所示。

4）当子程序执行指令 "POP BP" 后,堆栈的状态如图 4-15f 所示,SP 指向存放返回地址的位置,如果用正常的 RET 指令返回,仍然有 4 字节数据在堆栈中,因此栈顶指针 SP 不能恢复到图 4-15a 所示的初始状态。这种情况需要使用带参数的返回,一般形式为 "RET n",其中 n 是常数表达式,具体表达式要根据堆栈使用的情况确定。本例中 n=4,即先从栈顶弹出 2 个字节的数据,再将 SP 下移 4 字节,即 SP+4,如图 4-15g 所示,堆栈就恢复到初始状态。

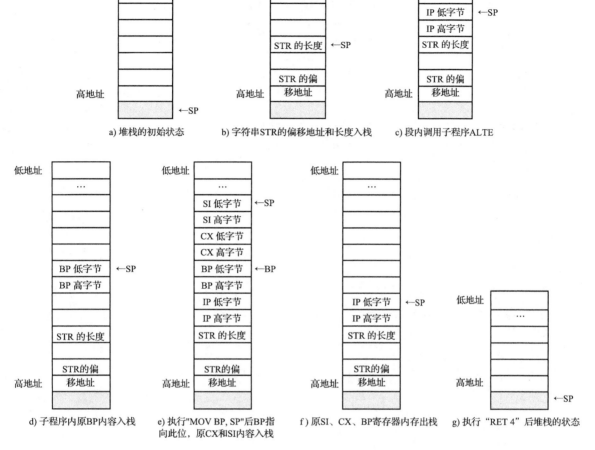

a) 堆栈的初始状态　　b) 字符串STR的偏移地址和长度入栈　　c) 段内调用子程序ALTE

d) 子程序内原BP内容入栈　　e) 执行"MOV BP, SP"后BP指　　f) 原SI、CX、BP寄存器内容出栈　　g) 执行"RET 4"后堆栈的状态
　　　　　　　　　　　　　　向此位，原CX和SI内容入栈

图 4 – 15　例 4 – 26 程序执行过程中堆栈的变化情况

4.6.4　实用程序设计举例

【例 4 – 27】编写程序，将下列两个多字数据进行相加，并保存结果。

DAT1 = 123456789ABCH，DAT2 = 100020003000H

程序如下所示：

```
DATA SEGMENT
    DAT1    DQ 123456789ABCH
    DAT2    DQ 100020003000H
    DAT3    DQ ?
DATA ENDS
CODE SEGMENT
  ASSUME CS: CODE, DS: DATA
START:
    MOV AX, DATA
    MOV DS, AX
    CLC                      ;第 1 次相加前将进位位 CF 清 0
    MOV SI, OFFSET DAT1      ;SI 作为操作数 DAT1 偏移地址的指针
    MOV DI, OFFSET DAT2      ;DI 作为操作数 DAT2 偏移地址的指针
    MOV BX, OFFSET DAT3      ;BX 作为相加结果 DAT3 偏移地址的指针
```

```
        MOV CX, 3                  ; 循环次数初始值
    L1: MOV AX, [SI]               ; 将操作数 DAT1 的最低位字送入 AX
        ADC AX, [DI]               ; 将 AX 与操作数 DAT2 的最低位字相加
        MOV [BX], AX               ; 保存结果
        INC SI                     ; 指向操作数 DAT1 的下一个字
        INC SI                     ; INC 指令不影响 CF 位
        INC DI                     ; 指向操作数 DAT2 的下一个字
        INC DI
        INC BX                     ; 指向结果 DAT3 的下一个字
        INC BX
        LOOP L1                    ; 若没结束,则继续相加
    MOV AH, 4CH
    INT 21H
    CODE ENDS
        END START
```

程序运行结果为:

DAT3 = 22347678CABCH

【例 4-28】 编写程序计算 $[W-(X \times Y+Z-100)] \div 15$,其中 X、Y、Z 和 W 都为 16 位带符号数,将运算结果的商存入 AX,余数存入 DX。

程序如下:

```
DATA SEGMENT
    X   DW   5
    Y   DW   -9
    Z   DW   -200
    W   DW   2011
DATA ENDS
STACK SEGMENT
    DB 64 DUP(?)
    TOP LABEL WORD
STACK ENDS
CODE SEGMENT
ASSUME CS: CODE, DS: DATA, SS: STACK, ES: DATA
START:
    MOV AX, DATA
    MOV DS, AX
    MOV ES, AX
    MOV AX, STACK
    MOV SS, AX
    MOV SP, OFFSET TOP
    MOV AX, X
    IMUL Y
    MOV CX, AX
    MOV BX, DX                 ; (BX, CX)←X × Y
    MOV AX, Z
    CWD                        ; (DX, AX)←把 Z 扩展为双字
    ADD CX, AX
    ADC BX, DX                 ; (BX, CX)←X × Y + Z
```

```
        SUB CX, 100
        SBB BX, 0                ; (BX, CX)←X × Y + Z − 100
        MOV AX, W
        CWD                      ; (DX, AX)←把 W 扩展为双字
        SUB AX, CX
        SBB DX, BX
        MOV BX, 15
        IDIV BX
        MOV AH, 4CH
        INT 21H
CODE ENDS
        END START
```

程序运行结果为：

AX = 9DH, DX = 01H

【例 4 - 29】编写程序，将一双字数据与一个字数据相乘，并保存结果。

用 W1 和 W2 分别表示 32 位被乘数的低 16 位和高 16 位，用 W3 表示 16 位乘数，且它们都为十六进制数，相乘的过程如下所示：

```
            W2        W1
    ×                 W3
    ─────────────────────────
            W3  ×     W1    ; 一个 32 位结果
    +       W3        W2    ; 一个 32 位结果还必须向左偏移一个 16 位的位置
    ─────────────────────────
        X3  X2        X1    ; 上述两项相加的结果为一个 48 位二进制数
                           ; X3、X2 和 X1 都是字型数据
```

程序如下所示：

```
DATA SEGMENT
        DAT1    DD 05050505H
        DAT2    DW 0202H
        DAT3    DQ ?
DATA ENDS
CODE SEGMENT
    ASSUME CS: CODE, DS: DATA
START:
        MOV AX, DATA
        MOV DS, AX
        MOV AX, WORD PTR DAT1         ; 将被乘数的低位字送入 AX
        MUL WORD PTR DAT2             ; 与乘数相乘
        MOV WORD PTR DAT3, AX         ; 保存积的低位字
        MOV WORD PTR DAT3 + 2, DX     ; 保存积的中间字
        MOV AX, WORD PTR DAT1 + 2     ; 将被乘数的高位字送入 AX
        MUL WORD PTR DAT2             ; 与乘数相乘
        ADD WORD PTR DAT3 + 2, AX     ; 与积的中间字相加
        ADC DX, 0                     ; 将进位加至 DX 中
        MOV WORD PTR DAT3 + 4, DX     ; 保存积的高位字
        MOV AH, 4CH
        INT 21H
CODE ENDS
        END START
```

程序运行结果为:

DAT3 = 000A1414140AH

【例4-30】将内存数据段 INSTR 地址开始存放的一个由字母组成的字符串中的小写字母全部转换成大写字母（其余字符不变）后存至内存数据段 OUTSTR 地址处。如原字符串是"hello ASM! 20110601"，那么转换完后应该是"HELLO ASM! 20110601"。

程序如下所示:

```
DATA SEGMENT
    INSTR   DB 10 DUP(?)
    STRLEN  EQU $ -INSTR
    OUTSTR  DB  STRLEN DUP(?)
DATA ENDS
CODE SEGMENT
  ASSUME CS: CODE, DS: DATA
START:
    MOV AX, DATA
    MOV DS, AX
    LEA SI, INSTR
    LEA DI, OUTSTR
    MOV CX, STRLEN
NEXTCHAR:
    MOV AL, [SI]
    CMP AL, 'a'
    JB UNCHG                   ; 不是小写字母,则不转换
    CMP AL, 'z'
    JA UNCHG                   ; 不是小写字母,则不转换
    SUB AL, 20H                ; 将小写字母转换为大写字母
UNCHG:
    MOV [DI], AL
    INC SI
    INC DI
    LOOP NEXTCHAR
    MOV AH, 4CH
    INT 21H
CODE ENDS
    END START
```

【例4-31】编写程序，以十六进制形式显示无符号数，无符号数存在 BX 中。例如: (BX) = 22，那么显示 0016H。

程序如下所示:

```
CODE SEGMENT
    ASSUME CS: CODE, DS: DATA
START:
    MOV AX, CODE
    MOV DS, AX
    MOV BX, 22                 ; BX 中存放要显示的数
    MOV CH, 4                  ; 4 位二进制数可以转换为 1 位十六进制数
                               ; 因此,16 位二进制数要转换 4 次
NEXT:
```

```
        MOV CL, 4
        ROL BX, CL              ; 将最高 4 位移至低 4 位
        MOV DL, BL
        AND DL, 0FH             ; 仅保留本次要显示的数值
        OR  DL, 30H             ; 得到要显示的字符的 ASCII 值
        CMP DL, 39H             ; 要显示的值是否在 10 ~15 范围内
        JBE  DISPHEX
        ADD DL, 7               ; 得到 10 ~15 对应的字符 A ~F 的 ASCII 码值
DISPHEX:
        MOV AH, 2
        INT 21H                 ; 利用 DOS 功能调用,显示字符
        DEC CH
        JNZ NEXT                ; 显示下一位十六进制数字
        MOV DL, 'H'             ; 显示字符 'H'
        MOV AH, 2
        INT 21H
        MOV AH, 4CH
        INT 21H
CODE ENDS
    END START
```

【例 4 –32】编写程序,以十进制形式显示无符号数,无符号数存在 BX 中。例如:(BX) = 12345,那么显示 12345D。

分析:本题先将二进制数转换为十进制数,即求出十进制数各位上的数字。由于 16 位二进制数最大能表示的数是 65535,因此转换后,最多是一个万位的十进制数。转换的步骤是:将要转换的数依次除以 10000、1000、100 和 10,分别可以得到万位数字、千位数字、百位数字和十位数字,除以 10 得到的余数为个位数字。在程序中,将得到的这些数字先存入内存指定单元,再利用显示模块将结果显示出来。

程序如下所示:

```
DATA SEGMENT
    DECNUM   DB 5 DUP(?)        ; 存转换后十进制数各位的值
                               ; 依次为万位、千位、百位、十位和个位
DATA ENDS
CODE SEGMENT
    ASSUME CS: CODE, DS: DATA
START:
    MOV AX, DATA
    MOV DS, AX
    MOV BX, 12345              ; BX 中存放要转换的数
    LEA SI, DECNUM
    MOV DX, 0
    MOV AX, BX
    MOV CX, 10000
    DIV CX
    MOV [SI], AL              ; 求得万位的值,存入指定单元
    INC SI
    MOV AX, DX
```

```
        MOV DX, 0
        MOV CX, 1000
        DIV CX
        MOV [SI], AL                    ; 求得千位的值, 存入指定单元
        INC SI
        MOV AX, DX
        MOV DX, 0
        MOV CX, 100
        DIV CX
        MOV [SI], AL                    ; 求得百位的值, 存入指定单元
        INC SI
        MOV AX, DX
        MOV CL, 10
        DIV CL
        MOV [SI], AL                    ; 求得十位的值, 存入指定单元
        INC SI
        MOV [SI], AH                    ; 余数为个位的值, 存入指定单元
        LEA SI, DECNUM
        MOV CX, 5
DISP:
        MOV DL, [SI]                    ; 依次取出十进制数各位的值
        OR  DL, 30H                     ; 将取出的值转化为对应数字的 ASCII 码
        MOV AH, 2
        INT 21H                         ; 利用 DOS 功能调用, 显示十进制数
        INC SI
        LOOP DISP
        MOV DL, 'D'
        MOV AH, 2
        INT 21H
        MOV AH, 4CH
        INT 21H
CODE ENDS
        END START
```

思考：若 BX 中存放的是带符号数的补码，应该如何分别以二进制、十进制和十六进制形式显示该数的真值？

【例 4-33】 设有一个首地址为 ARRAY 的 n 字数组，试编制程序使该数组中的数按从大到小的顺序排列。

分析：对于这样一个数组排列问题，通常采用冒泡排序算法。从数组的第一个元素开始，依次对相邻两个元素的大小进行比较。若符合排序规定，则不做任何操作；若不符合排序规定，则将两数交换位置。第一轮比较（共进行 $n-1$ 次相邻两元素的比较）完后，数组中最小的数已经排在了最后。然后以同样的做法，再进行第二轮比较，此时为了加快处理速度，最后一个数将不再参与比较，所以，只需对 $n-1$ 个数进行比较，需进行 $n-2$ 次相邻两元素比较过程。同样，第三轮比较只有 $n-2$ 个数需要比较（又有一个较小的数排在后面），需进行 $n-3$ 次相邻两元素的比较过程。对于 n 个数组元素，最多需进行 $n-1$ 轮比较就可完成排序过程。冒泡排序的过程见表 4-6。

表 4 - 6 冒泡排序过程举例

序号	数据	比较轮数		
		1	2	3
1	20	20	65	310
2	15	65	310	65
3	65	310	45	45
4	310	45	35	35
5	45	35	20	20
6	35	15	15	15

由表 4-6 可知，6 个数据排序，仅进行了 3 轮比较即可完成排序。因而每轮比较结束后，应判断一下，在本轮比较排序过程中，有没有发生相邻两个数据的交换。若发生了交换，则表明排序未完成，应进行下一轮比较排序；若没有发生交换，则表明排序已完成，可以提前结束循环，从而缩短 CPU 执行程序的时间。本例中设置 DL 寄存器为交换标志，当 DL = 00 时表明无交换，当 DL = 01H 时表明发生了相邻两数据的交换。程序流程图如图 4 - 16 所示。

程序如下：

```
DATA SEGMENT
    ARRAY  DW N DUP(?)          ;定义 N 字数组
DATA ENDS
CODE SEGMENT
    ASSUME CS:CODE, DS:DATA
START:
    MOV AX, DATA
    MOV DS, AX
    MOV CX, N - 1                ;设置内循环计数器初始值
LOP1:MOV DI, CX                  ;设置外循环计数器初始值
    MOV BX, 0000H               ;设地址指针 BX = 0000H
    MOV DL, 00H                 ;清交换标志(置成不交换标志)
LOP2:MOV AX, ARRAY[BX]          ;取数据送给 AX
    CMP AX, ARRAY[BX + 2]       ;相邻两数比较
    JGE LOP3                    ;若符合排序规定，则转移
    XCHG AX, ARRAY[BX + 2]      ;若不符合排序规定，则两数交换
    MOV ARRAY[BX], AX           ;将大数存入 BX 间址的存储单元
    MOV DL, 01H                 ;置交换标志
LOP3:ADD BX, 2                  ;修改地址指针
    LOOP LOP2                   ;若该轮没结束,CX - 1≠0,则转至 LOP2
    MOV CX, DI                  ;将外循环次数送给 CX
    DEC CX                      ;外循环次数 CX - 1→CX
    JZ  DONE                    ;CX = 0 外循环结束，则 ZF = 1,转至 DONE
    AND DL, DL                  ;外循环没结束,检测 DL 的状态
    JNZ LOP1                    ;DL = 01H,则 ZF = 0,转至 LOP1,继续循环
DONE:MOV AH, 4CH                ;DL = 00H,则 ZF = 1,排序结束，返回 DOS
    INT 21H
```

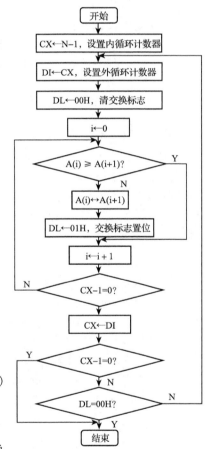

图 4 - 16 例 4 - 33 的程序流程图

```
CODE ENDS
    END START
```

若定义：

```
ARRAY DW 20,15,65,310,45,35
```

则运行结果为：

```
OLD ARRAY: 20  15  65  310  45  35
NEW ARRAY: 310  65  45  35  20  15
```

4.7 汇编语言程序的上机调试

4.7.1 上机环境

要运行汇编语言程序，至少需要以下程序文件：

1）建立源程序：EDIT. COM 或其他文本编辑工具软件，用于编辑源程序。

2）汇编程序：MASM. EXE，用于汇编源程序，得到目标程序。

3）连接程序：LINK. EXE，用于连接目标程序，得到可执行程序。

4）调试程序：DEBUG. EXE，用于调试可执行程序。

4.7.2 上机过程

用汇编语言开发程序，首先需要用文本编辑器（Editor）建立汇编语言源程序文件，扩展名为 ASM；然后用汇编器（Assembler）对源程序进行汇编，生成目标程序文件，扩展名为 OBJ；最后用连接器（Linker）将一个或多个目标程序文件以及库文件连接成一个可执行文件，扩展名为 EXE。若程序执行时不能正常终止或不符合功能需求，则可借助调试器（Debugger）来发现程序的错误，并进行调试。

1. 建立源程序

汇编语言源程序是文本文件，可以使用任何文本编辑器。常用编辑工具有：edit. com、记事本、Word 等。无论采用何种编辑工具，生成的文件必须是纯文本文件，所有字符为半角，文件名不分大小写，由 1 ~ 8 个字符组成。

编辑程序可分为行编辑程序和全屏幕编辑程序。现在一般都使用全屏幕编辑程序。DOS 5.0 以上版本提供了全屏幕编辑软件 EDIT。

启动 EDIT 的常用命令格式如下：

```
EDIT ［文件名］
```

其中文件名是可选的，若为汇编语言源程序，其扩展名必须为 . ASM。

例如，输入如下命令行：

```
C:\tools > EDIT EXAM.ASM  (↙)
```

即可进入编辑源文件 EXAM. ASM，若该文件不存在，则开始建立它。用 File 菜单项的存盘功能可保存文件；最后可通过 File 的 Exit 选项退出 EDIT。

另外，如果 EDIT 是从 Windows 环境下的 MS-DOS 方式进入的，则在 DOS 提示符后面输入 EXIT 即可退出 DOS 返回 Windows。

2. 汇编

经过编辑程序建立和修改的汇编语言源程序要在机器上运行，必须先由汇编程序（汇编器）将其转换为二进制形式的目标程序。汇编程序的主要功能是：检查源程序的语法，给出错误信息；产生目标程序文件；展开宏指令。

  MASM 将语法错误分为两类：语法错误（Error）与警告错误（Warning）。在汇编时，如果发现了语法错误，将显示错误所在行与错误信息。若有语法错误，则不能生成目标程序文件，这时必须对源文件进行修改，然后再汇编，直到没有错误为止。若只有警告错误，则 MASM 将按默认处理方式生成目标程序文件，但其处理方式不一定与程序员的初衷相吻合。因此，应养成良好的程序开发习惯，使源程序在汇编后无任何错误。

  经汇编程序汇编后可建立 3 个输出文件，其扩展名分别为：OBJ（目标文件）、LST（列表文件）和 CRF（交叉引用文件）。其中，列表文件把源程序和目标程序制表以供使用；交叉引用文件给出源程序中的符号定义和引用的情况。下面利用汇编器 MASM V5.00 汇编第 4.1.2 小节的示例程序 ABC. ASM，在 DOS 提示符下，输入 MASM 并按【Enter】键，屏幕的显示和相应的输入操作如下：

```
C:\tools > MASM  (✓)
Microsoft (R) Macro Assembler Version 5.00
Copyright (C) Microsoft Corp 1981 – 1985, 1987. ALL rights reserved.
Source filename[.ASM]: ABC  (✓)
Object filename[ABC.OBJ]:  (✓)
Source Listing[NUL.LST]:  (✓)
Cross – Reference[NUL.CRF]:  (✓)
   50972 + 416020 Bytes symbol space free
      0 Warning Errors
      0 Severe Errors
```

  以上各处需要输入的地方除源程序文件名 ABC 必须输入外，其余都可以直接按【Enter】键。其中目标文件 ABC. OBJ 是必须要产生的；NUL 表示在默认的情况下不产生相应的文件，若需要产生，则应输入文件的名字部分，其扩展名将按照默认情况自动产生。

  另外，也可以直接用命令行的形式一次顺序给出相应的 4 个文件名，具体格式如下：

```
C:\tools > MASM 源文件名,目标文件名,列表文件名,交叉引用文件名  (✓)
```

  命令行中的 4 个文件名均不必给出扩展名，汇编程序将自动按默认情况处理。若不想全部提供要产生文件的文件名，则可在不想提供文件名的位置用逗号隔开；若不想继续给出剩余部分的文件名，则可用分号结束。例如，对于源文件 ABC. ASM，若只想产生目标文件和列表文件，则给出的命令行及相应的显示信息如下：

```
C:\tools > MASM ABC , ABC , ABC;  (✓)
Microsoft (R) Macro Assembler Version 5.00
Copyright (C) Microsoft Corp 1981 – 1985, 1987. ALL rights reserved.
   50972 + 416020 Bytes symbol space free
      0 Warning Errors
      0 Severe Errors
```

3. 连接

  虽然由汇编程序生成的目标文件已经为二进制文件了，但它还不能直接在机器上运行，还必须经过连接程序（LINK）连接以后才能成为扩展名为 **EXE** 的可执行文件。这主要是因为汇编后产生的目标文件中还有需再定位的地址要在连接时才能确定下来，另外连接程序还有一个更重要的功能就是可以把多个程序模块连接起来形成一个装入模块，此时每个程序模块中可能有一些外部符号的值是汇编程序无法确定的，必须由连接程序来确定。因此，连接程序的主要功能是：

1）找到要连接的所有模块。

2）对要连接的目标模块的段分配存储单元，即确定段地址。

3）确定汇编阶段不能确定的偏移地址值（包括需再定位的地址及外部符号所对应的地址）。

4）构成装入模块，将其装入内存。

使用连接程序的一般操作步骤是：在 DOS 提示符下，输入连接程序名 LINK，运行后会先显示版本信息，然后依次给出 4 个提示信息请求输入：

```
C: \tools > LINK  (↙)
Microsoft (R) Overlay Linker Version 3.60
Copyright (C) Microsoft Corp 1983 – 1987. All rights reserved.
Object Modules [.OBJ]: ABC  (↙)
Run File [.EXE]: ABC  (↙)
List File [NUL.MAP]: ABC  (↙)
Libraries [.LIB]: ABC  (↙)
```

给出的 4 个提示信息分别要求输入目标文件名、可执行文件名、内存映像文件名和库文件名。注意，目标文件（.OBJ 文件）和库文件（.LIB 文件）是连接程序的两个输入文件，而可执行文件（.EXE 文件）和内存映像文件（.MAP 文件）是它的两个输出文件。

第 1 个提示应该用前面汇编程序产生的目标文件名回答（不需要输入扩展名 .OBJ，这里是 ABC），也可以用加号"＋"来连接多个目标文件；第 2 个提示要求输入将要产生的可执行文件名，通常可直接按【Enter】键，表示确认系统给出的默认文件名；第 3 个是产生内存映像文件的提示，默认情况为不产生，若需要产生则应输入文件名（这里是 ABC）；第 4 个是关于库文件的提示，通常直接按【Enter】键，表示不使用库文件。

回答上述提示后，连接程序开始连接，若连接过程中有错，会显示错误信息。这时，需修改源程序，再重新汇编、连接，直到无错。

说明：若用户程序中没有定义堆栈或虽然定义了堆栈但不符合要求时，会在连接时给出警告信息"LINK：Warning L4021：no stack segment"。但该警告信息不影响可执行程序的生成及正常运行，运行时会自动使用系统提供的默认堆栈。

按上述对 4 个提示的回答，目标文件 ABC. OBJ 连接后将在当前目录下产生 ABC. EXE 和 ABC. MAP 两个文件。其中的 . MAP 文件是连接程序的列表文件，它给出每个段在内存中的分配情况。ABC. MAP 文件的具体内容如下：

```
Start    Stop      Length    Name    Class
00000H   00010H    0011H     DATA
00020H   00051H    0032H     STACK
00060H   00090H    0031H     CODE
Program entry  point  at 0006:0000
```

其中，Start 列是段起始地址，Stop 列是段结束地址，Length 列是段长度，Name 列是段名。最后一行给出了该程序执行时的入口地址。

4. 运行

经过汇编和连接后生成的可执行文件就可以运行了。运行的方法是：在当前状态下输入文件名（可以不输入扩展名 .EXE）并按【Enter】键。

```
C: \tools > ABC  (↙)
The result is：3A07
```

5. 调试

在程序运行阶段，有时不容易发现问题，尤其是碰到复杂的程序更是如此，这时就需要使用调试工具进行动态查错。常用的动态调试工具为 DEBUG。

DEBUG 是专门为汇编语言设计的一种调试工具，它提供了一个调试的环境，以便监视和控制被调试程序的执行。它可以直接确定程序中出现的问题，并做相应的修改，然后立即执行程序，以便判断此问题是否已经解决，因而不必重新去汇编一个程序就能发现修改是否有效，它还可以装入、修改或显示某个文件。

（1）DEBUG 的启动　在 DOS 状态下输入"DEBUG　文件名"后按【Enter】键。

```
C: \tools > DEBUG  ABC.EXE  (↙)
-
```

此时，DEBUG 将 ABC. EXE 装入内存并给出提示符"-"，这时系统已在 DEBUG 程序的管理之下，所有的 DEBUG 命令只有在出现此提示符后才有效。此时系统等待输入的各种操作命令，用户可根据需要对装入的程序进行显示、修改或运行。如果启动 DEBUG 时省略文件名，各寄存器和标志位置为以下状态：

1）4 个段寄存器的值相同，置于自由存储空间的底部，也就是 DEBUG 程序后的第一个段。

2）将指令指示器 IP 置为 0100H。

3）将堆栈指示器 SP 指到段的结尾处，或者是装入程序的临时底部，哪个更低就指向哪个。除 SP 外的其余 7 个通用寄存器均消 0。

4）标志位均清除。

若启动 DEBUG 时规定了文件名，则 BX 和 CX 置为以字节表示的文件长度，当被装入的调试程序为 .EXE 文件时，DEBUG 还必须进行再分配，将段寄存器、IP 和 SP 置为程序所规定的值。

（2）有关 DEBUG 命令的一些共同信息　DEBUG 命令都是一个字母，在命令字母后，可以跟一个或多个参数。命令和参数之间用定界符（逗号或空格）分隔。两个相邻的十六进制数之间也必须用定界符分隔。

命令中的参数以及程序中的数据都规定为十六进制数，由 1 ~ 4 个十六进制数的字符组成，其后不能跟十六进制数的标志符 H。

命令中所使用的地址范围及其格式约定如下：

［段地址:］始偏移地址［末偏移地址］

或

［段地址:］始偏移地址［L 长度］

其中，段地址可以是段寄存器名，也可以是一个十六进制数，默认为当前段地址时也可以省略。末偏移地址和 L 长度也可以省略，若省略，则命令采用规定的地址范围。

每一个命令只有在按【Enter】键后才执行。按【Ctrl + Break】组合键终止命令的执行。

6. 常用的 DEBUG 命令

（1）显示内存单元内容的命令 D（Dump Command）　为了了解程序执行的结果，检查存储单元的内容是十分重要的。此命令能检查指定范围的存储单元的内容。

命令格式：

-D［地址范围］

其中，D 是命令字母，［地址范围］是指定要显示的存储单元的范围，可以省略。

存储单元的内容用两种方式显示：一种是每一个存储单元的内容（每一字节）用两位十六进

制数据显示；另一种是用相应的 ASCII 字符显示，句号"."表示不可显示的字符。每一行显示 16 个字节。第 8、9 字节间有一个连字符"-"。

若命令中没有指定地址范围，例如命令：

-D 此时将从上一个 D 命令所显示的最后一个单元的下一个单元开始显示 8 行，即 80H 个字节。若命令中仅指定了起始地址，则从指定的地址开始显示。若在命令的起始地址中，仅给出了偏移地址，则默认为段地址包含在 DS 中。

（2）修改存储单元内容的命令 E（Enter Command） 此命令用于修改存储单元的内容，可以逐个单元修改或用命令中给定的字节串去代替指定的一串单元的内容。

命令格式：

-E 始地址［字节串］

例如命令

-E DS:100 F3"XYZ"8D （↙）

是将 DS:100H ~ DS:104H 这 5 个单元的内容由其后字节串给定的 5 个字节的内容（其中两个字节用十六进制数表示，即 F3H、8DH；另外 3 个用字符表示，就是 XYZ 的 ASCII 码 58H、59H 和 5AH）所代替，该命令执行后，DS:100H ~ DS:104H 这 5 个单元的内容依次为 F3H、58H、59H、5AH 和 8DH。

若命令中没有给定字节串，则屏幕上显示指定单元的地址和原有内容之后，等待输入。若需要修改原单元的内容，则输入一个字节的十六进制数，以代替原单元的内容。若不需要修改原单元的内容，则可以按【Enter】（回车）键结束此命令，或者按【Space】（空格）键或【-】（连接符）键，则该单元的修改完成，且显示下一个（【Space】（空格）键）或者前一个（【-】键）单元的地址和原有的内容。若要修改的话，则输入两位十六进制数，再按【Space】（空格）键或【-】键……这样就可以连续进行修改。若某一单元的内容不需要修改，而操作要进行下去，则可直接按【Space】（空格）键或【-】键，最终以【Enter】键结束 E 命令。

（3）检查和修改寄存器内容的命令 R（Register Command） 为了了解程序运行是否正确，检查寄存器内容的操作是十分重要的。

命令格式：

-R［寄存器名］

若命令未给出寄存器名，则显示 CPU 内部所有寄存器的内容和 8 个标志位的状态。例如命令：

```
-R
AX=0000  BX=0000  CX=0080  DX=0000  SP=0020  BP=0000  SI=0000  DI=0000
DS=10DE  ES=10DE  SS=10EF  CS=10F1  IP=0000  NV UP DI PL NZ NA PO NC
10F1::0000  B8EE10  MOV AX,10EE
```

其中，NV、UP、DI、PL、NZ、NA、PO 和 NC 表示标志寄存器各位（不包含 TF 位）的当前值，见表 4-7。显示出的各个段寄存器的内容在不同的计算机上也可能不同。第三行显示了现行 CS 和 IP 的内容（指令的逻辑地址）及其所指向的指令的机器码和汇编符号指令（这就是下条即将要执行的指令）。

表 4-7 标志寄存器中各标志位的符号表示

标志位	OF	DF	IF	SF	ZF	AF	PF	CF
为 0 时的符号	NV	UP	DI	PL	NZ	NA	PO	NC
为 1 时的符号	OV	DN	EI	NG	ZR	AC	PE	CY

　　若命令中给出了一个寄存器，则该命令的功能是显示和修改该寄存器的内容。例如，为了检查和修改寄存器 BX 的内容，可输入以下命令：

　　　- R BX　（↙）

则系统显示如下信息：

　　　BX ＊＊＊＊（＊＊＊＊表示 BX 的内容）
　　　…

后，等待输入修改值。若不需要改变其内容，则直接按【Enter】键；若需要改变其内容，可输入 1 ~ 4 位十六进制数，再按【Enter】键，以实现修改。例如命令：

　　　　- R BX　（↙）
　　　BX A869
　　　:058F　（↙）

则 BX 中的内容由 A869H 改变为 058FH。

　　在 8086/8088 中共有 9 个标志位，除了跟踪标志 TF 不能直接使用指令改变外，表 4 - 7 中的 8 个标志位都可以显示和修改。要显示或修改 PSW 的内容，可输入命令：

　　　- RF　（↙）

输入后，系统会显示如下信息：

　　　OV DN EI NG ZR AC PE CY

　　若不修改任何一个已设置的标志状态，则直接按【Enter】键；若有一个或多个标志需要修改，则可以输入需要修改标志的置位符号或复位符号，然后按【Enter】键，以实现修改。输入时与标志的次序无关，输入的各个标志的符号之间可以没有空格。例如命令：

　　　OV DN EI NG ZR AC PE CY_PONZDINVL　（↙）

此命令执行后，各标志的状态如下：

　　　NV DN DI NG NZ AC PO CY

即 OF = 0，DF = 1，IF = 0，SF = 1，ZF = 0，AF = 1，PF = 0，CF = 1。

　　（4）运行命令 G（Go Command）　该命令可以连续执行程序，还可以在程序中设置断点，逐段地执行程序，以便一段一段地对程序进行调试。

　　命令格式：

　　　- G[= address][address[address…]]

　　其中，第一个参数 = address，规定了执行的起始地址，即以 CS 的内容为段地址，以等号后面的地址为偏移地址，在输入时，等号是不可缺少的（以便与后面输入的断点地址相区分）。若不输入起始地址，则以 CS : IP 为起始地址，后面的地址参数是断点地址。若在命令行中，除了起始地址以外，再没有地址参数，则程序执行时没有断点。

　　在开始调试程序时，往往要设置断点。DEBUG 程序中最多允许设置 10 个断点，这些断点地址的次序是任意的。设置多个断点地址的好处是：若程序有多条通路，则不管程序往哪一条通路执行，都会在相应的断点处停下，以便于调试或修改。

　　DEBUG 程序用一个中断类型为 3 的软中断指令（操作码为 CCH）来代替被调试的程序在断点地址处的指令操作码。当程序执行到一个断点地址时就停下来，显示 CPU 内部所有寄存器的内容和 8 个标志位的状态（相当于一条 R 指令）；被调试程序的所有断点的指令被恢复（程序执行未遇到断点，则不恢复）；全部断点被取消；返回 DEBUG。此时，可以利用 DEBUG 的各种命令来检查程序运行的结果和进行必要的修改。

需要注意的是，命令中的地址参数所指的地址单元，必须是有效指令的第一个字节，否则会出现不可预料的结果。

（5）跟踪命令 T（Trace Command）和过程命令 P（Proceed）

命令格式：

```
-T[=address][n]
```

T 命令从" = "后的地址开始执行 n 条指令后返回 DEBUG，显示所有寄存器和 8 个标志位。若省略" = address"，则从 CS：IP 的现行值开始执行；若省略 n，则只执行一条指令。

若调试的程序中有 CALL 或者 INT 指令（除了 DOS 系统调用"INT 21H"），则使用 P 命令调试比使用 T 命令更为适宜。因为，使用 T 命令调试则会跟踪进入相应过程或中断服务程序内部。P 命令则将它们当作一步直接执行完。P 命令的用法与 T 命令相同。

命令格式：

```
-P[=address][n]
```

（6）汇编命令 A（Assemble Command）　若在调试中发现程序中的某一部分要改写，或要增补一段，则可以直接在 DEBUG 中输入，汇编运行和调试这段程序。这比在 DOS 状态下每一次修改都要经过编辑、汇编、连接的过程简便得多。

命令格式：

```
-A［地址范围］
```

该命令将输入的汇编符号指令汇编成机器码，并从指定的地址单元处开始连续存放。

若在命令中没有指定地址范围，但前面用过 A 命令，则接着上一个 A 命令存放的最后一个单元开始存放。

若输入的命令中有错，DEBUG 就显示 Error，然后重新显示现行的汇编地址，等待新的输入。

退出 A 命令可按【Ctrl + C】组合键或在空行上按【Enter】键。

下面用块传送程序段（将存储单元 100H ～ 109H 共 10 个字节传送到 200H 为结束地址的 10 个存储单元中）来说明 A 命令的使用方法。

```
-A
0D01:0100          DB '1234567890' (↙)
0D01:010A          CLD (↙)
0D01:010B          MOV SI,100 (↙)
0D01:010E          MOV DI,200 (↙)
0D01:0111          MOV CX,A (↙)
0D01:0114          REP MOVSB (↙)
0D01:0116 (↙)
-G = 10A 116 (↙)    （运行上述程序：起始地址 10AH,结束地址 116H）
AX=0000 BX=0000 CX=0000 DX=0000 SP=FFEE BP=0000 SI=010A DI=020A
DS=0D01 ES=0D01 SS=0D01 CS=0D01 IP=0116 NV UP DI PL NZ NA PO NC
0D01:0116 58
-D100 LA(↙) （显示 DS:100H ～ DS:109H 共 10 个字节的内容）
0D01:0100 31 32 33 34 35 36 37 38 -39 30
-D ES:200 LA(↙) （显示 ES:200H ～ ES:209H 共 10 个字节的内容）
0D01:0200 31 32 33 34 35 36 37 38 -39 30
```

可见程序段完成了预定功能。

（7）反汇编命令 U（Unassemble Command） 若在内存的某一区域中，已经有了某一个程序的机器码，为了能清楚地了解此程序的功能，就希望能把机器码即目标代码程序反汇编为符号指令程序。这就要用到 U 命令。

命令格式：

–U［地址范围］

此命令对指定地址范围的内存单元的内容进行反汇编。若仅指定起始地址，则从指定的地址开始反汇编 32 个字节。若在命令中没有指定地址，则将上一个 U 命令处理的最后一条指令所占的地址加 1 作为起始地址。

（8）移动内存命令 M（Move Command）

命令格式：

–M 源地址范围 目的始地址

（9）命名命令 N（Name Command）

命令格式：

–N［path］［filename］

N 命令用于指定进行读/写的磁盘上的文件。

（10）装入命令 L（Load Command）

命令格式：

–L［地址］

（11）写盘命令 W（Write Command）

命令格式：

–W［地址］

L 命令和 W 命令要同 N 命令结合使用。在写入之前还要把文件的长度（字节数）送入寄存器 BX 和 CX 中（BX 放高位）。可以读 .EXE 文件和 .COM 文件，但只能写 .COM 文件。

（12）退出命令 Q（Quit Command） 执行 Q 命令后，退出 DEBUG，返回 DOS。

为了便于查阅，现将 DEBUG 命令按字母顺序排列如下：

```
Assemble          – A［ADDRESS］
Compare           – C range address
Dump              – D［range］
Enter             – E address［list］
Fill              – F range list
Go                – G［= address］［address］
Hex               – H value1 value2
Input             – I port
Load              – L［address］［drive］［firstsector］［number］
Move              – M range address
Name              – N［pathname］［arglist］
Output            – O port byte
Proceed           – P［= address］［number］
Quit              – Q
Register          – R［register］
Search            – S range list
Trace             – T［= address］［value］
```

```
Unassembled          -U [range]
Write                -W [adress] [drive] [firstsector] [number]
```

习 题

4. 1 什么是标号？它有哪些属性？

4. 2 什么是变量？它有哪些属性？

4. 3 什么叫伪指令？什么叫宏指令？伪指令在什么时候被执行？宏指令在程序中如何被调用？

4. 4 按下列要求，写出各数据定义语句。

(1) VAR1 为 10H 个重复的字节数据序列：1，2，5 个 3，4。

(2) VAR2 为字符串"students"。

(3) VAR3 为十六进制数序列：12H，ABCDH。

(4) 用等值语句给符号 COUNT 赋以 VAR1 数据区所占字节数，该语句写在最后面。

4. 5 某程序设置的数据区如下所示：

```
DATA SEGMENT
  VAR1  DB  12H,34H,0,56H
  VAR2  DW  78H,90H,0AB46H,1200H
  ADR1  DW  VAR1
  ADR2  DW  VAR2
  AAA   DW  $ -DB1
  BUF   DB  5 DUP(0)
DATA ENDS
```

画出该数据段内容在内存中的存放形式（要求用十六进制补码表示，按字节组织）。

4. 6 对于下面的数据定义，各条 MOV 指令单独执行后，有关寄存器的内容是什么？

```
PREP DB ?
TABA DW 5 DUP(?)
TABB DB 'NEXT'
TABC DD 12345678H
```

(1) MOV AX, TYPE PREP   (2) MOV AX, TYPE TABA

(3) MOV CX, LENGTH TABA   (4) MOV DX, SIZE TABA

(5) MOV CX, LENGTH TABB   (6) MOV DX, SIZE TABC

4. 7 阅读下面的程序段，分析其功能（其中 CHAR 是已定义的变量）。

```
START: LEA BX, CHAR
       MOV AL, 'A'
       MOV CX, 26
LOP1:  MOV [BX], AL
       INC AL
       INC BX
       LOOP LOP1
       HLT
```

4. 8 下面程序完成什么功能？指令"INC SI"和"INC DI"在程序中起什么作用？

```
       MOV SI, OFFSET BUF1
       MOV DI, OFFSET BUF2
       MOV CX, 10
NEXT:  MOV AL, [SI]
       MOV [DI], AL
```

```
        INC SI
        INC DI
        LOOP NEXT
```

4.9　阅读下列程序段，说明程序段的功能。

```
AGAIN: MOV AH, 01H
        INT 21H
        CMP AL, 41H
        JB AGAIN
        CMP AL, 5AH
        JA AGAIN
        MOV DL, AL
        ADD DL, 20H
        MOV AH, 02H
        INT 21H
```

4.10　阅读程序并完成填空。从 BUFFER 单元开始将放置一个数据块，其中 BUFFER 单元存放预计数据块的长度 20H，BUFFER + 1 单元存放的是实际从键盘输入的字符串的长度，从 BUFFER + 2 单元开始存放的是从键盘上接收的字符。请将这些从键盘上接收的字符再在屏幕上显示出来。

```
MOV DX, OFFSET BUFFER
MOV AH,  (1)
INT 21H                          ;读入字符串
LEA DX,  (2)
MOV BX, DX
MOV AL,  (3)                     ;读入字符串的字符个数
MOV AH, 0
ADD BX, AX
MOV AL,  (4)
MOV [BX + 1], AL
MOV AH,  (5)
INC DX                           ;确定显示字符串的首地址
INT 21H
MOV AH,  (6)
INT 21H
```

4.11　在下面的子程序中，已知 AL 的值为 0 ~ F 中的一位十六位数。

```
HEAC  PROC  FAR
CMP AL, 10
JC KK
ADD AL, 7
KK: ADD AL, 30H
    MOV DL, AL
    MOV AH, 2
    INT 21H
    RETF
HEAC  ENDP
```

问：

（1）该子程序完成什么功能？

（2）如果调用子程序时 AL = 2，子程序执行后 DL = ?

（3）如果调用子程序时 AL = 0AH，子程序执行后 DL = ?

4.12 填空说明在下列程序段执行过程中相应寄存器的值，假设程序段执行前 DS = 3000H，SS = 2000H，SP = 3000H，AX = 4567H，BX = 1234H，CX = 6789H。

```
        AND BX, 00FFH
        CALL MYSUB
        NOP                     ; SP = __(1)__
                                ; AX = __(2)__
                                ; BX = __(3)__
        HLT
MYSUB   PROC
        PUSH AX
        PUSH BX
        PUSH CX
        SUB AX, BX              ; SP = __(4)__
        POP CX
        POP AX
        POP BX                  ; SP = __(5)__
        RET
MYSUB ENDP
```

4.13 下列程序实现把含有 20 个字符 'A' 的字符串从源缓冲区传送到目的缓冲区的功能，试在程序中的空白处填上适当的指令（每空只写一条指令）。

```
DATA SEGMENT
        SOURCE_STR DB 20 DUP ('A')
DATA ENDS
EXTRA SEGMENT
        DEST_STR DB 20 DUP (?)
EXTRA ENDS
CODE SEGMENT
        ASSUME CS: CODE, DS: DATA, ES: EXTRA
START: MOV AX, DATA
        MOV DS, AX
        MOV AX, EXTRA
        MOV ES, AX
        __(1)__
        LEA DI, DEST_STR
        CLD
        MOV CX, 20
        __(2)__
        MOV AH, 4CH
        INT 21H
CODE ENDS
        END START
```

4.14 按下面的要求写出程序的框架。

（1）数据段 DATA 从 2 开始，数据段中定义个 100 字节的数组 ARRAY，其类型属性既是字又是字节（提示：可考虑 SEGMENT 伪指令中的 AT 表达式，THIS 操作符，LABEL 伪指令）。

（2）堆栈段大小为 100 字节，段名为 STACK。

（3）代码段 CODE 中指定段寄存器 CS、SS、DS，指定主程序 MAIN 从 1000H 开始，并给有关段寄存器赋值。

（4）程序结束，入口为 START 标号。

4.15 编写一个程序，统计 32 位数 DX:AX 中二进制位是 1 的位数。

4.16 编制两个通用过程，完成十六进制数转换成 ASCII 码，并显示 ASCII 码字符。

4.17 编写程序将 ASCII 码转换成十六进制数，要求从键盘上输入十进制整数（假定范围 0 ~ 65535），然后转换成十六进制格式来存储。

4.18 编写程序将字变量中的无符号二进制数转换成 ASCII 码字符串输出。

4.19 从键盘输入一个长度为 10 的字符串，用冒泡法对其从小到大进行排序，并在屏幕上输出排序结果。要求将排序定义成子程序，主程序和子程序在同段内。

4.20 编制程序求某数据区中无符号字数据的最大值和最小值，结果送入 RESULT 单元。

要求：（1）最大值和最小值分别用于子程序计算。

（2）主程序和子程序直接分别用：①寄存器传递参数；②存储单元传递参数；③堆栈传递参数。

4.21 设有两个长度相等的字符串分别放在以 STRI 和 STR2 为首地址的数据区中，试编写程序检查这两个字符串是否相同。若相同时，PSW 置 0，否则置 −1。

4.22 某程序可以从键盘接收命令（0 ~ 5），分别转向 6 个子程序，子程序入口地址分别为 P0 ~ P5。编制程序，用跳转表实现分支结构。

4.23 编写程序计算 $n!$（$n = 0 ~ 6$）。n 由键盘输入，结果输出到屏幕上。

第 5 章 存储器

存储器作为计算机的重要组成部分，通常用于存放程序和数据，是计算机各种信息的存储和交流中心。存储器可与 CPU、输入/输出设备交换信息，起到存储、缓冲和传递信息的作用。对存储器的读/写访问操作，占据着大量的计算机运行总线周期，因此存储器性能的好坏将在很大程度上影响计算机系统的性能。

目前大多数微机系统采用分级结构组成整个存储器系统，可分为 4 级：内部寄存器组、高速缓冲、内部存储器和外部存储器。一般将半导体存储器作为主存储器（简称主存或内存），用于存放当前正在运行的程序和数据；而用磁盘、光盘等作为外存储器或辅助存储器（简称外存或辅存），存放当前不在运行的大量程序和数据。本章将主要介绍各种半导体存储器的结构、工作原理和主要外特性，以及存储器与微机系统接口的原理。

5.1 存储器概述

在计算机系统中，存储器按其与 CPU 的关系，分为内存和外存。内存是内部存储器的简称，又称主存。内存直接与控制器、运算器相连接，是计算机的组成部分。已编制的程序、需要处理的数据、处理过程中产生的中间结果等均存放于内存中。计算机工作的过程就是不断地由控制器从内存取出指令，然后分析指令、执行指令的过程。因此，内存应具有快速存取的能力以保证计算机的工作速度。

计算机硬件系统中的外存即外部存储器，也称辅存。外存的存储介质包括磁带、磁盘、光盘等，也可以由半导体存储器构成。外存不直接与 CPU 相连接，而是通过 I/O 接口与 CPU 连接，其主要特点是大容量。例如计算机的硬盘存储器，随着工艺技术的不断发展，TB 容量以上的磁介质存储器已非常普及；采用闪存（FLASH 芯片）作为存储介质的固态硬盘，具有读/写速度快、重量轻、能耗低、体积小等特点，性价比很好。对于光盘存储器，目前一个单层的蓝光光盘容量为 25GB 或 27GB，双层的蓝光光盘容量可达 46GB 或 54GB，若采用更多的 4 层、8 层、16 层工艺，其容量可达 100GB、200GB 和 400GB。

计算机内存一般都以半导体存储器作为存储介质。从原理上讲，只要具有两个明显稳定的物理状态的器件和介质都能用来存储二进制信息。

5.2 半导体存储器

内存一般是由一定容量的、速度较快的半导体存储器组成，CPU 可直接对内存执行读/写操作。半导体存储器按存储信息的特性，可分为随机存储器（Random Access Memory，RAM）和只读存储器（Read Only Memory，ROM）两类。

随机存储器又称为读/写存储器，它在计算机基本读/写周期内，可按需随时完成读/写数据的操作。只读存储器在计算机基本读周期内可完成数据的读操作，但不具备数据写入功能，或不能在计算机基本写周期内完成写操作。换言之，随机存储器可以"随时"进行读/写操作，而只读存储器只能"随时"读出数据，但不能写入或不能"随时"写入数据（即写入操作需较长的时间）。

对于有些种类的只读存储器而言，可以在脱机状态或较慢的速度下将数据写入芯片，这种写入过程被称为对 ROM 芯片的编程。ROM 中存储的信息具有非易失性，芯片断电后所存的信息不会改变和消失。而 RAM 必须保持供电，否则其保存的信息将消失。

目前，半导体存储器按制造工艺主要可分为 NMOS、CMOS、TTL、ECL、砷化镓等。采用 TTL 工艺制造的存储器速度较高，但功耗较大，集成度不高；ECL 存储器的优点是速度快；砷化镓存储器速度更快，但功耗大、价格高、集成度低；以 CMOS 工艺制造的半导体存储器具有集成度高、功耗低的特点，读/写速度达几纳秒至几十纳秒。随着工艺水平的提升，存储器的读/写速度还在不断提高。以 CMOS 工艺制造的半导体存储器是目前应用得最多的半导体存储器。

5.2.1　RAM 的分类

1. 静态 RAM（Static RAM，SRAM）

SRAM 利用双稳态触发器来保存信息，其记忆单元是具有两种稳定状态的触发器，其中一个状态表示 "1"，另一个状态表示 "0"。SRAM 的读/写次数不影响其寿命，可无限次读/写。当保持 SRAM 的电源供给的情况下，其内容不会丢失；但如果断开 SRAM 的电源，其内容将全部丢失。

2. 动态 RAM（Dynamic RAM，DRAM）

DRAM 利用 MOS 电容存储电荷来保存信息，其记忆单元是 MOS 管的栅极与衬底之间的分布电容，以该电容存储电荷的多少来表示 "0" 和 "1"。DRAM 的一个 bit 数据可由一个 MOS 管构成，因此具有集成度高、功耗低的特点。DRAM 的一个缺点是需要刷新，芯片中存储的信息会因为电容的漏电而消失，因此应确保在信息丢失以前进行刷新。所谓刷新就是对原来存储的信息进行重新写入，因此使用 DRAM 的存储体需要设置刷新电路。刷新周期随芯片型号的不同而不同，一般为 1 至几十毫秒。DRAM 的另一个缺点是速度比 SRAM 慢。

目前 PC 中的内存都采用 DRAM，因为它价格低、容量大、耗电少。为了克服 DRAM 需设置刷新电路的缺点，现在已有能够自动刷新的 DRAM，芯片中集成了 DRAM 和自动刷新控制电路。

5.2.2　ROM 的分类

1. 掩模 ROM（Mask ROM，MROM）

掩模 ROM 是由芯片制造的最后一道掩模工艺来控制写入信息。因此 MROM 的数据由生产厂家在芯片设计掩模时确定，产品一旦生产出来其内容就不可改变。由于集成电路生产的特点，要求一个批次的 MROM 必须达到一定的数量（若干个晶圆）才能生产，否则将极不经济。MROM 既可以用双极性工艺实现，也可以用 CMOS 工艺实现。MROM 的电路简单，集成度高，大批量生产时价格便宜。MROM 一般用于存放计算机中固定的程序或数据，如引导程序、BASIC 解释程序、显示、打印字符表、汉字字库等。

2. 可编程 ROM（Programmable ROM，PROM）

PROM 是可由用户一次性写入的 ROM。如熔丝 PROM，新的芯片中所有数据单元的内容都为 1，用户将需要改为 0 的位，以较大的电流将熔丝烧断即实现了数据写入。这种数据的写入是不可逆的，即一旦被写入 0 则不可能重写为 1。因此熔丝 PROM 是一次性可编程的 ROM。

3. 紫外线可擦除 PROM（Erasable Programmable ROM，EPROM）

EPROM 在 20 世纪 80 年代至 90 年代曾经被广泛应用。它的上面有一个透明窗口，紫外线照射后能擦除芯片内的全部内容。当需要改写 EPROM 芯片的内容时，应先将 EPROM 芯片放入紫外线擦除器中擦除芯片的全部内容，然后再对芯片重新编程。

4. 电可擦除 PROM（Electrically Erasable Programmable ROM，E^2 PROM 或 EEPROM）

E^2 PROM 由于能以电信号擦除数据，并且可以对单个存储单元擦除和写入（编程），因此使用十分方便，并可以实现在系统端擦除和写入。

5. 闪速存储器（Flash Memory）

闪速存储器是新型非易失性存储器，在系统端可重写。它与 E^2 PROM 的一个区别是 E^2 PROM 可按字节擦除和写入，而闪速存储器只能分块进行电擦除。闪速存储器产品的容量比 E^2 PROM 更大、价格更优，随着技术工艺的不断发展，目前已成为优盘存储以及固态硬盘存储的主流技术方案。

5.2.3 主要性能指标

1. 存储容量

存储器的存储容量是表示存储器大小的指标，通常以存储器单元数与存储器字长之积表示。每个存储器单元可存储若干个二进制位，二进制位的长度称为存储器字长。存储器字长一般与数据线的位数相等。每个存储器单元具有唯一的地址。因此，通常存储容量越大，地址线的位数就越多。

存储容量通常以字节（Byte）表示，由于其数值一般都比较大，因此常以 K 表示 2^{10}，以 M 表示 2^{20}，G 表示 2^{30}。例如，256KB 等于 $256 \times 2^{10} \times 8bit$，32MB 等于 $32 \times 2^{20} \times 8bit$。SRAM 芯片 Intel62256 的容量是 32KB。

2. 读/写速度

半导体存储器的速度一般用存取时间和存储周期两个指标来衡量。

存储器的存取时间（Memory Access Time）又称存储器访问时间，是指从启动一次存储器操作到完成该操作所经历的时间，即从接收地址码、地址译码、选中存储单元，到该单元读/写操作完成所需要的总时间。存储器的存取时间越短，工作速度就越快，价格也越高。存储器厂家一般会给出某种芯片的最大存取时间。在设计计算机的存储器系统时，为读/写操作留出的时间应大于存储器最大存取时间，以确保存储器读/写操作的可靠性。

存储周期（Memory Cycle Time）是指连续启动两次独立的存储器操作（如连续两次读操作）所需间隔的最小时间。通常，存储周期略大于存取时间，其差别与主存储器的物理实现细节有关。

3. 可靠性

半导体存储器的可靠性一般是指存储器对温度、电磁场等环境变化的抵抗能力和工作寿命。半导体存储器由于采用大规模集成电路工艺，具有较高的可靠性。

4. 功耗

存储器被加上的电压与流入的电流之积就是存储器的功耗。存储器的功耗又分为操作功耗和维持功耗（或备用功耗）。前者是存储器被选中进行其中某个单元的读/写操作时的功耗，后者是存储器未被选中时的功耗。当芯片被选中时，地址译码、读/写控制等电路工作，有一个单元被选中做读/写操作，因此操作功耗比维持功耗大。

尽管存储器中的存储单元很多，但由于 CMOS 电路在不发生电平翻转时的功耗几乎为零，因此 CMOS 存储器的维持功耗很低。而采用 TTL 工艺的存储器虽然速度快，但功耗大，当所需存储器容量较大时，功耗就会成为一个严重的问题。随着 CMOS 工艺的提升，其工作速度也进一步提高，能够满足系统的要求。因此，目前 CMOS 存储器已成为应用最多的存储器，采用 TTL 工艺的存储器基本被淘汰。

除此之外，存储器的性能指标还包括性价比、体积等。在选择芯片时，应根据这些指标进行综合考虑。

5.3　几种典型的存储器芯片

5.3.1　RAM 芯片

1. RAM 芯片内部结构

典型的 RAM 芯片内部结构如图 5-1 所示。半导体存储器由地址译码、存储矩阵、读/写控制逻辑、三态双向缓冲器等部分组成。

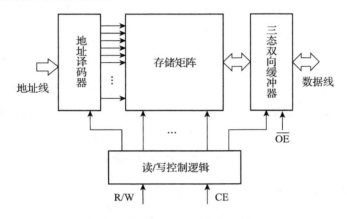

图 5-1　RAM 芯片内部结构

地址译码器接收来自 CPU 的地址信息，译码后产生选中信号，选中某个存储单元。译码一般有线译码、行列译码等模式。存储器的字长是指每个存储单元所包含的二进制数的位数，数据缓冲器应与存储器的字长相同。

每个基本存储电路可存储一位二进制数，若干个基本存储电路组成一个存储器单元。每个存储器单元具有唯一的地址。存储单元按一定的结构排列，如线列结构、行列结构等，称为存储矩阵。

读/写控制逻辑接收来自 CPU 的控制信号，对地址译码器、存储矩阵、数据缓冲器等进行控制。通常控制信号有片选信号（CE）、读信号（RD）、写信号（WE）等。

当系统由多个存储器芯片组成时，CPU 的地址信号经地址译码器译码后产生片选信号送入存储器的 CE，用来控制存储器内的译码电路。当 CE≠0 时，表示该存储器芯片未被选中，存储器内的译码电路不工作，不选中存储矩阵中的任何单元；当 CE=0 时，表示该存储器芯片被选中，存储器内的译码电路根据送到的地址信息选中存储矩阵中的某个单元。

2. SRAM 基本存储电路

SRAM 基本存储电路是一个双稳态触发器，可以存储一位二进制数。典型的 NMOS 静态存储器基本存储电路如图 5-2a 所示，典型的 CMOS 静态存储器基本存储电路如图 5-2b 所示。其中，（P）代表 PMOS 型晶体管，（N）代表 NMOS 型晶体管。图 5-2a 所示的 NMOS 静态存储中均为 NMOS 型晶体管，图 5-2b 所示的 CMOS 静态存储器是由 PMOS 和 NMOS 组成的互补 MOS 电路，即 CMOS 电路。下面分析 CMOS 静态存储器基本存储电路的工作原理。

V_1、V_3是一对互补的 MOS 管，V_2、V_4是一对互补的 MOS 管。当外部写入时，若 I/O 线上的数据使 A 点为低、B 点为高，则 V_4导通时 V_2关断，同时 V_1导通时 V_3关断，A 点为低。这是一种稳定状态，当写入操作结束，状态不变。当外部写入的数据使 B 点为低、A 点为高，则导通、关断的情况相反。读出时，A、B 两点的状态被送到 I/O 线上。

由于 V_1、V_3总是一个导通、一个关断，同时 V_2、V_4也是一个导通、一个关断，这样，除了在状态改变时有电流通过，其他时间基本没有电流，所以 CMOS 静态存储器功耗很低。

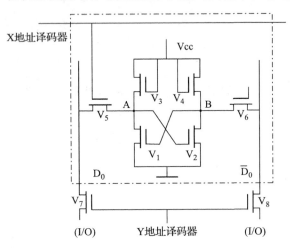

a) NMOS 静态存储器基本存储电路   b) CMOS 静态存储器的基本存储电路

图 5-2   SRAM 基本存储单元电路图

3. 单管 DRAM 基本存储电路

单管 DRAM 基本存储电路如图 5-3 所示。信息存放在电容 C_S 中，V_S 是选通开关。当 C_S 中充有电荷时，表示信息"1"；当 C_S 中没有电荷时，表示信息"0"。写入数据时，地址选通信号为高，V_S 导通，数据经数据线向 C_S 充电或放电从而完成写操作。

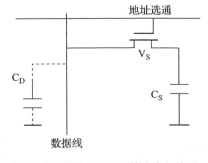

图 5-3   单管 DRAM 基本存储电路

数据读出时，地址选通信号为高，V_S 导通，C_S 上的电压送到数据线。C_S 上表示"1"的信号电平只有 0.2V 左右，当 V_S 导通时数据线上的分布电容 C_D（为方便原理理解，图中将其以虚线形式接于数据线侧）还要被充电，使数据线上的电平更低，因此，需要经放大电路后输出。同时，由于读时 C_S 中的电荷被部分泄放，对于 C_S 来说这是一种破坏性读出，因此需要将经放大电路放大后的数据重新写入。

当 DRAM 不做读/写操作时，C_S 中的电荷也会由于 V_S 的漏电或充电而改变，在一定的时间之后将丢失信息。解决的方法是在信息丢失之前对 C_S 中的数据进行放大后再重新写入，即"刷新"。一般的刷新周期为 1~2 ms，即 1~2 ms 内应对每个 C_S 进行一次重写。

5.3.2 典型 SRAM 芯片

1. IDT6116

IDT6116 是一种 2048 × 8bit 的 CMOS 型 SRAM，内部功能框图与引脚图如图 5-4a 和图5-4b 所示。它的主要指标如下：

1) 最大存取时间：早期的 6116 速度较低，近几年的产品性能有所提高。例如 IDT6116SA15/

20/25/35/45 的读/写时间（单位为 ns）分别为 15、20、25、35、45。

2）功耗：随着芯片最大存取时间的不同，操作时 I_{cc} 为 80 ~ 150mA，全待用模式（Full Standbypower Mode）时 I_{cc} 为 2mA。

3）TTL 兼容。

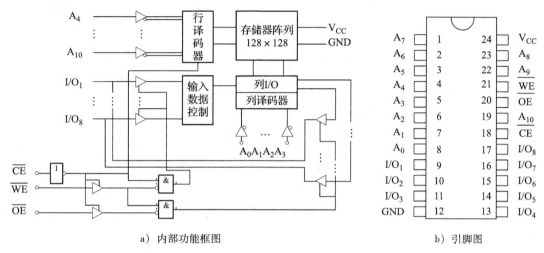

a）内部功能框图　　　　　　　　　　b）引脚图

图 5 - 4　IDT6116 内部功能框图与引脚图

2. HM62256

HM62256 是 32K×8bit 的 SRAM，0.8μmCMOS 型 SRAM。它的主要特点有：高速、低功耗；读、写时间相同，最大访问速度分 45ns、55ns、70ns、85ns 等几档；单一的 5V 电源，备用状态功耗 1μW，操作时 25mW；全静态，无须时钟或选通信号，双向 I/O 端口，三态输出，与 TTL 兼容。HM62256 有 28 条引脚，引脚图如图 5 - 5 所示。

与其同一系列的还有 HM6264、62128、62512、621000、621400、628511、6216255 等，它们的容量分别为 8K×8bit、16K×8bit、64K×8bit、4M×1bit、128K×8bit、512K×8bit、256K×16bit。它们的控制信号基本相同。

3. HM628511HC

HM628511HC 是 512K×8bit 的 CMOS 型 SRAM。它的主要特点有：高速，读/写时间为 10ns 或 12ns；低功耗，操作功耗为 130 ~ 140mA，维持功耗为 5mA；使用单电源，电压为 5V。HM628511HC 为 36 脚 SOJ 封装，引脚图如图 5 - 6 所示，内部结构图如图5 - 7所示。

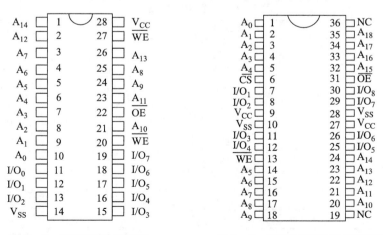

图 5 - 5　HM62256 引脚图　　　　　**图 5 - 6　HM628511HC 的引脚图**

HM628511 有 $A_{18} \sim A_0$ 共 19 条地址线，LSB 为最低有效位，MSB 为最高有效位，数据线为 $I/O_8 \sim I/O_1$，$\overline{CS}$ 为片选，$\overline{WE}$ 为写允许，$\overline{OE}$ 为输出允许。

4. HM62W16255

HM62W16255 是 256K × 16bit 的 CMOS 型 SRAM。电源电压为 3.3V。它的主要特点有：高速，读/写时间为 10ns 或 12ns；低功耗，操作功耗为 130 ~ 145mA，维持功耗为 5mA。HM62W16255 的引脚图如图 5-8 所示。

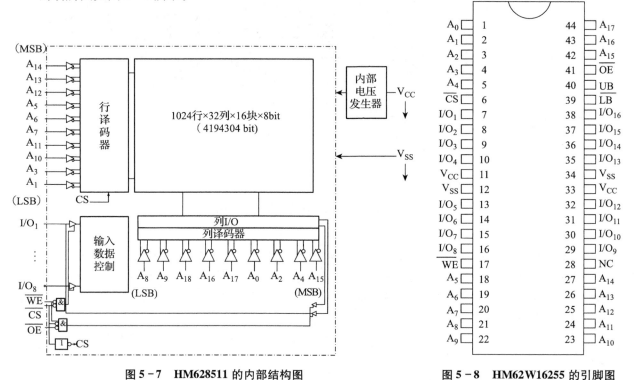

图 5-7　HM628511 的内部结构图　　　　　图 5-8　HM62W16255 的引脚图

5.3.3　典型 DRAM 芯片

DRAM 由于集成度高、功耗低、价格低，而被广泛应用。DRAM 的发展速度很快，单片容量越来越大，表 5-1 列出了部分 DRAM 芯片的型号、容量和结构。

表 5-1　常见 DRAM 芯片

型号	容量/bit	结构
2164	64K	64K × 1bit
21256	256K	256K × 1bit
21464	256K	64K × 4bit
421000	1M	1M × 1bit
424256	1M	256K × 4bit
44100	4M	4M × 1bit
44400	4M	1M × 4bit
44160	4M	256K × 16bit
416800	16M	8M × 2bit
416400	16M	4M × 4bit
416160	16M	1M × 16bit

1. Intel 2164 芯片

Intel 2164 是 64K×1bit 的 DRAM，是 Intel 公司的早期产品，当时 IBM 公司的 PC 使用该芯片作为其内存。

对于 64Kbit 的存储空间应该有 16 位的地址信号，而 Intel 2164 的地址线只有 8 位，16 位的地址信号分为行地址和列地址，分两次送入芯片。这样的设计，减少了引脚数，降低了成本。缺点是地址译码电路变得复杂，降低了工作速度。图 5-9a 所示是 Intel 2164 的内部结构图，存储矩阵为 128×128×4bit，还包括读出放大器与 I/O 门控制电路、行地址锁存器、行地址译码器、列地址锁存器、列地址译码器、数据输入缓冲器、输出缓冲器、行时钟缓冲器、列时钟缓冲器、写允许时钟缓冲器等。图 5-9b 所示为其引脚图。

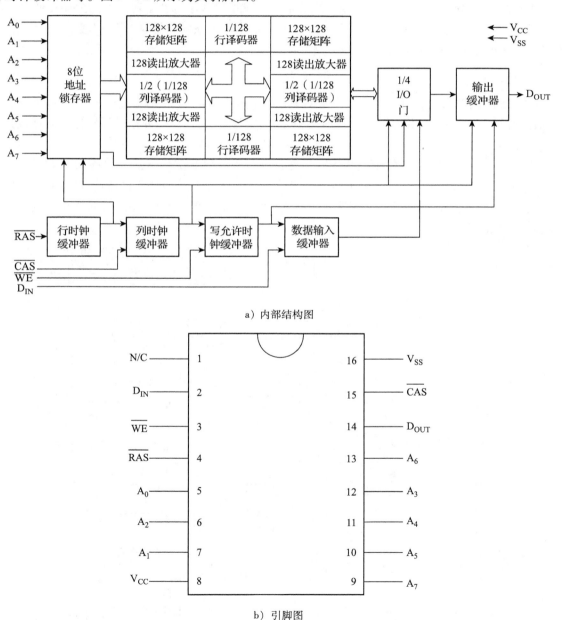

a) 内部结构图

b) 引脚图

图 5-9　Intel 2164 芯片的内部结构与引脚图

（1）主要特征　存取时间为 150～200ns，操作功耗为 275mW，维持功耗为 27.5mW，采用 5V 单一电源，每次同时刷新 512 个存储单元（512×1bit），刷新 128 次可将全部单元刷新一遍。应在 2ms 内将全部单元刷新一遍，以确保数据不丢失。

（2）读/写操作　先由 $\overline{RAS}$ 信号将地址线输入的 8 位行地址（如 $A_0～A_7$）锁存到内部行地址寄存器，再由 $\overline{CAS}$ 信号将地址线输入的 8 位列地址（如 $A_8～A_{15}$）锁存到内部列地址寄存器，选中一个存储单元，由 $\overline{WE}$ 决定读或写操作。由于动态存储器读出时须预充电，因此每次读/写操作均可进行一次刷新，刷新 4 个矩阵中的 128×4bit。

（3）刷新操作　当芯片的 $\overline{RAS}$ 为低时，动态存储器对部分单元进行刷新操作。Intel 2164 内部由 4 个 128×128 的矩阵组成，刷新操作时 A_7 不用，行地址由 $A_0～A_6$ 送入，4 个矩阵中的 128×4bit 同时刷新，因此只要 128 次（每次的地址不同）就能完成全部的刷新操作。在 IBM 的 PC 中，定时器 8253 的 1 号通道每 15μs 向 4 号 DMA 控制器请求，由该控制器送出刷新地址，进行一次刷新操作，完成全部的刷新操作的时间为 128×15μs。

2. 414256 芯片

414256 的内部结构如图 5-10 所示。414256 的基本组成是 512×512×4bit 的存储器阵列，还包括读出放大器与 I/O 门控制电路、行地址缓冲器、行地址译码器、列地址缓冲器、列地址译码器、数据输入/输出缓冲器、刷新控制/计数器以及时钟发生器等。

地址信号线同样只有一半的位数，由行地址和列地址分两次输入。存储器访问时，首先由 $\overline{RAS}$ 信号锁存由地址线 $A_0～A_8$ 输入的 9 位行地址，然后再由 $\overline{CAS}$ 信号锁存由地址线 $A_0～A_8$ 输入的 9 位列地址，经译码选中某一存储单元，在读/写控制信号 $\overline{WE}$ 的控制下，可对该单元的 4 位数据进行读出或者写入。

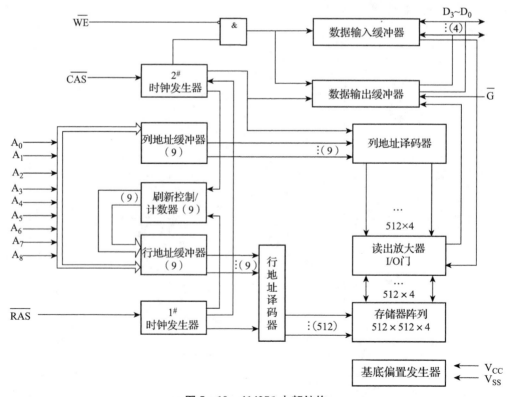

图 5-10　414256 内部结构

由于动态存储器读出时须预充电，因此每次读/写操作均可进行一次刷新。414256 芯片必须每 8ms 刷新一次。刷新时通过在 512 个行地址间按顺序循环进行刷新，可以分散刷新也可以连续刷新。分散刷新是指每隔一定的时间刷新一行；连续刷新也称猝发方式刷新，该方式对 512 行进行连续刷新。刷新地址可以由外部输入，也可以使用内部刷新控制器产生刷新地址。

5.3.4　ROM 芯片

只读存储器包括 MROM、PROM、EPROM、E^2PROM、Flash Memory 等，本节重点介绍后 3 种类型的典型芯片。

1. EPROM

（1）EPROM 的工作原理　下面说明 NMOS 型 EPROM 的工作原理。图 5-11 所示为一个 N 型沟道浮栅雪崩注入 MOS 管，有一个浮栅和一个控制栅。控制栅与行选信号相连，用于选中地址，浮栅被置于 SiO_2 层内，与四周绝缘。在较高的编程电压作用下，电荷由控制栅进入浮栅。浮栅上积存的电荷引起 MOS 管导通阈值电压的改变，浮栅上无电荷时 MOS 管导通阈值电压低，浮栅上有电荷时 MOS 管导通阈值电压高。

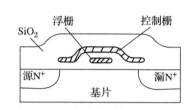

图 5-11　N 型沟道浮栅雪崩注入 MOS 管

当用紫外线照射时，浮栅中的电荷以光电子的形式释放，从而实现信息的擦除。为此，它采用特殊的封装形式，在双列直插封装的顶部设有一个圆形石英玻璃窗口，以使紫外线能够照射到芯片上。

（2）典型芯片　典型 NMOS 工艺的 EPROM 芯片有 2708、2716、2732 等，容量分别为 1K × 8bit、2K × 8bit、4K × 8bit，24 脚封装。HMOS 工艺的 EPROM 芯片有 2764、27128、27256、27512 等，容量分别为 8K × 8bit、16K × 8bit、32K × 8bit、64K × 8bit，这几种芯片的引脚兼容，都是 28 脚封装。还有 27C128、27C256、27C512 等 CMOS 工艺的 EPROM，它们具有低功耗的优点，可优先选用。

1）2764 芯片。表 5-2 列出了 2764/27128/27256/27512 的引脚。其中 2764 是 8KB 的存储空间，因此地址线为 13 条，即 $A_0 \sim A_{12}$；NC 为空脚；$D_0 \sim D_7$ 是双向数据线；$\overline{CE}$ 是片选信号，当它为低时选中；$\overline{OE}$ 是数据输出允许，当它为低时从芯片中读出的数据被送到 $D_0 \sim D_7$；$\overline{PGM}$ 是编程有效信号，当对芯片编程时 PGM 被置为低。2764 的内部结构如图 5-12 所示。

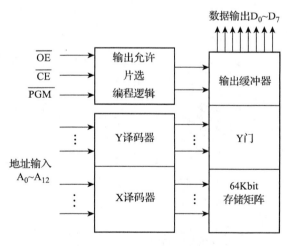

图 5-12　2764 的内部结构

表 5-2　2764/27128/27256/27512 的引脚

引脚号	2764	27128	27256	27512	引脚号	2764	27128	27256	27512
1	V_{PP}	V_{PP}	V_{PP}	A_{15}	3	A_7	A_7	A_7	A_7
2	A_{12}	A_{12}	A_{12}	A_{12}	4	A_6	A_6	A_6	A_6

（续）

引脚号	2764	27128	27256	27512	引脚号	2764	27128	27256	27512
5	A_5	A_5	A_5	A_5	17	D_5	D_5	D_5	D_5
6	A_4	A_4	A_4	A_4	18	D_6	D_6	D_6	D_6
7	A_3	A_3	A_3	A_3	19	D_7	D_7	D_7	D_7
8	A_2	A_2	A_2	A_2	20	$\overline{CE}$	$\overline{CE}$	$\overline{CE}$	$\overline{CE}$
9	A_1	A_1	A_1	A_1	21	A_{10}	A_{10}	A_{10}	A_{10}
10	A_0	A_0	A_0	A_0	22	$\overline{OE}$	$\overline{OE}$	$\overline{OE}$	$\overline{OE}$
11	D_0	D_0	D_0	D_0	23	A_{11}	A_{11}	A_{11}	A_{11}
12	D_1	D_1	D_1	D_1	24	A_9	A_9	A_9	A_9
13	D_2	D_2	D_2	D_2	25	A_8	A_8	A_8	A_8
14	GND	GND	GND	GND	26	NC	A_{13}	A_{13}	A_{13}
15	D_3	D_3	D_3	D_3	27	$\overline{PGM}$	$\overline{PGM}$	A_{14}	A_{14}
16	D_4	D_4	D_4	D_4	28	V_{CC}	V_{CC}	V_{CC}	V_{CC}

表 5-3 列出了 2764 的 8 种工作模式。这里的 V_{CC} 是 5V 电源电压，V_{PP} 是编程电压。编程电压随不同的生产厂家有所区别，一般为 12V 左右。V_{ID} 为加在 A_9 脚上的标识符识别电压，电压值与编程电压相同。表中 0 代表低电平，1 代表高电平，X 代表不作要求。

表 5-3 2764 的 8 种工作模式

模式	引脚						
	$\overline{CE}$	$\overline{OE}$	$\overline{PGM}$	A_9	V_{PP}	V_{CC}	$D_7 \sim D_0$
读操作	0	0	1	X	V_{CC}	V_{CC}	数据输出
输出禁止	0	1	1	X	V_{CC}	V_{CC}	高阻
备用模式	1	X	X	X	V_{CC}	V_{CC}	高阻
编程禁止	1	X	X	X	V_{PP}	V_{CC}	高阻
编程模式	0	1	0	X	V_{PP}	V_{CC}	数据输入
Intel 编程	0	1	0	X	V_{PP}	V_{CC}	数据输入
校验	0	0	1	X	V_{PP}	V_{CC}	数据输出
Intel 标识符	0	0	1	V_{ID}	V_{CC}	V_{CC}	标识符输出

下面分别对上述几种工作模式加以说明：

①读操作：$\overline{CE}=0$，$\overline{OE}=0$，$\overline{PGM}=1$，$V_{PP}=V_{CC}$，根据 $A_0 \sim A_{12}$ 选中的单元，其内容被送到 $D_0 \sim D_7$。

②输出禁止：$\overline{OE}=1$，输出端 $D_0 \sim D_7$ 高阻。

③备用模式：$\overline{CE}=1$，芯片未被选中，输出端 $D_0 \sim D_7$ 高阻。

④编程禁止：虽然 V_{PP} 端被加上了编程电压，但 $\overline{CE}=1$，芯片未被选中。

⑤编程模式：$\overline{CE}=0$，$\overline{OE}=0$，$\overline{PGM}=0$，$V_{PP}=V_{PP}$，将 $D_0 \sim D_7$ 上的数据（从 CPU 送来的）写入由 $A_0 \sim A_{12}$ 选中的单元。编程需持续 50ms。

⑥Intel 编程：这是 Intel 公司提出的一种快速编程方法。控制信号与"编程模式"相同，但采用边写入边校验的方法，使编程时间大大缩短。

⑦校验：在 $V_{PP} = V_{PP}$ 的情况下进行读操作，以便与写入的数据进行比较。

⑧Intel 标识符：$\overline{CE}$、$\overline{OE}$、$\overline{PGM}$、V_{PP} 与读操作相同，但 $A_9 = V_{ID}$，器件将工作于 Intel 标识符模式。Intel 标识符为两字节，包括制造厂商信息和器件类型编码。读取 Intel 标识符模式时，$A_0 = 0$，其他位为低，读出的是制造厂商信息；$A_0 = 1$，其他位为低，读出的是器件类型编码。

2764 芯片在使用时，仅用于将其存储的内容读出。该读出过程与 RAM 的读出十分类似，即送出要读出的地址，然后使 CE 和 OE 均有效（低电平），则在芯片的 $D_0 \sim D_7$ 上就可以输出要读出的数据。2764 芯片与 8088 总线的连接示意图如图 5-13 所示。可以看出，该芯片的地址范围在 F0000H $\sim$ F1FFFH 之间。其中，RESET 为 CPU 的复位信号，高电平有效；$\overline{MEMR}$ 为存储器读控制信号，当 CPU 需要读存储器时有效（低电平）。

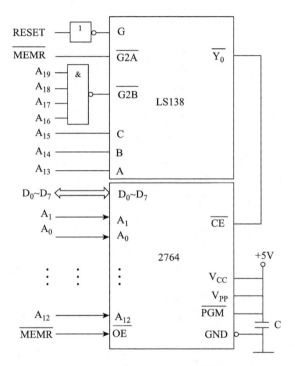

图 5-13　2764 芯片与 8088 总线的连接示意图

这里需要说明一下，6264 芯片和 2764 芯片是可以兼容的。要做到这一点，只要在连接 2764 时适当加以注意就行。例如，在图 5-13 中，若将 $\overline{PGM}$ 端不接 V_{CC}（+5V），而是与系统的 $\overline{MEMW}$ 存储器写信号接在一起，则插上 2764 芯片即可读出其存储的内容。当在此插座上插上 6264 时，又可以对此 RAM 进行读或写，为程序调试带来很大的方便。

2）27 系列的其他芯片。

27128 是 16K $\times$ 8bit 的 EPROM，容量扩大 1 倍，需增加一根地址线，因此相比较 2764 的 26 脚 NC（空脚），在 27128 中 26 脚改为 A_{13}。

27256 是 32K $\times$ 8bit 的 EPROM，在 27128 的基础上，再将 27 脚改为了 A_{14}，无 $\overline{PGM}$ 端。是否为编程模式，由 V_{PP} 端的电压决定，当 V_{PP} 端加上合适的编程电压时工作于编程模式。

2. E^2 PROM

（1）简介　E^2 PROM 的工作原理与 EPROM 类似，当浮栅中没有电荷时，MOS 管不导通，若使浮栅中带有电荷，MOS 管就导通。如图 5-14 所示，E^2 PROM 中漏极上面增加了一个采用隧道氧化物工艺的隧道二极管，在第二级浮栅与漏极之间的电压 V_G 的作用下，不同的电压极性使电荷流向浮栅（编程）或者流出浮栅（擦除）。

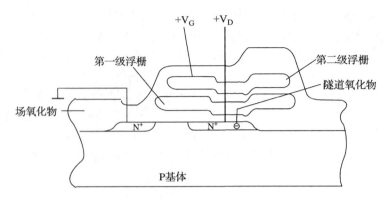

图 5 - 14　E² PROM 工作原理

E² PROM 具有很高的可靠性，擦写次数可达 $10^4 \sim 10^5$，数据保持期大于 10 年。

（2）典型 E²PROM 芯片 AT28C64　AT28C64、28C128、28C256、28C512 为容量分别是 8KB、16KB、32KB、64KB 的 E²PROM，28 脚封装，引脚与 2764、27128、27256、27512 兼容，可直接替换。由于 E²PROM 使用方便，现已替代了 EPROM。下面介绍 AT28C64 芯片特性及读/写操作。

1）AT28C64 的引脚。图 5 - 15 所示是两种采用不同封装方法的 AT28C64 的引脚图。$A_0 \sim A_{12}$ 为地址线，$I/O_0 \sim I/O_7$ 为双向数据输入/输出。$\overline{CE}$ 为芯片使能、$\overline{OE}$ 为输出允许、$\overline{WE}$ 为写允许。NC 为空脚。$RDY/\overline{BUSY}$ 为状态信号，低电平表示芯片"忙"，芯片的地址和数据缓冲器不能接收新的输入，即 CPU 不能对芯片进行写操作；高电平表示芯片"准备好"，CPU 可以进行写操作。因此，当对 AT28C64 进行写操作前要先检查状态信号 $RDY/\overline{BUSY}$。

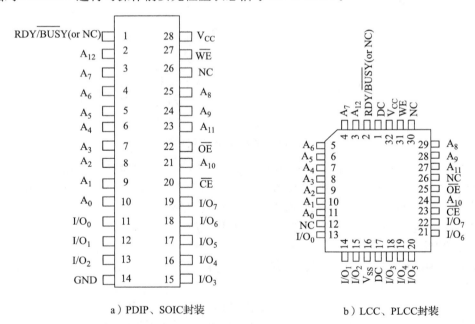

a）PDIP、SOIC封装　　　　　b）LCC、PLCC封装

图 5 - 15　AT28C64 的引脚图

2）AT28C64 的读操作。AT28C64 的读操作类似于 SRAM，当 $\overline{CE}$ 和 $\overline{OE}$ 为低、$\overline{WE}$ 为高时，地址确定的存储单元的内容输出到 $I/O_0 \sim I/O_7$；当 $\overline{CE}$ 或 $\overline{OE}$ 为高时，$I/O_0 \sim I/O_7$ 为高阻状态。

3）28C64 的其他操作。

①字节写（Byte Write）：AT28C64 的写操作类似于 SRAM，当 $\overline{CE}$ 和 $\overline{OE}$ 为高时，地址信

号和由 $I/O_0 \sim I/O_7$ 输入的数据在 $\overline{\text{WE}}$ 的上升沿被锁存到芯片内，开始写入由地址确定的存储单元。与读出时间相比，写入时间是比较长的。完成字节写所需要的时间小于 1ms，快速的 AT28C64E 系列完成字节写所需要的时间小于 $200\mu s$。写操作分成擦除和写入两个步骤，它们是芯片内部自动实现的。一旦开始写操作，芯片内部自动进行该单元的擦除和写入操作直到完成。

②RDY/$\overline{\text{BUSY}}$：RDY/$\overline{\text{BUSY}}$（引脚 1）是漏极开路的输出端，可以被用来测试芯片的写操作是否结束。当存储器正在进行内部写操作时，RDY/$\overline{\text{BUSY}}$ 变为低电平表示芯片"忙"，外部对芯片不能进行写操作；当存储器内部写操作完成后，RDY/$\overline{\text{BUSY}}$ 变为高电平表示芯片"准备好"，可以进行写操作。由于它是漏极开路的，所以可以将多片 AT28C64 的 RDY/$\overline{\text{BUSY}}$ 并联，它们的逻辑关系是"线或"，即只要有一片存储器的 RDY/$\overline{\text{BUSY}}$ 输出为低，并联起来的 RDY/$\overline{\text{BUSY}}$ 就为低，当并联起来的 RDY/$\overline{\text{BUSY}}$ 为高，就表示全部芯片都处于"准备好"状态。

③数据轮询（Data Polling）：AT28C64 在写周期中提供完成写操作的数据检测功能。在写周期中，不断地读数据，读出的数据与 I/O_7 总是相反的，直到写操作完成，读出的数据就正确了，因此可以采用反复检测写入数据的方法判断写操作是否完成。

④写保护（Write Protection）。

在下列 3 种情况下存储器不能进行写操作：

·电源电压低于 3.8V；

·电源电压延时期间不能进行写操作，即当电源电压由低于 3.8V 到达到 3.8V 时，将延时 5ms 后才能进行写操作；

·$\overline{\text{OE}}$ 为低、$\overline{\text{CE}}$ 为高或 $\overline{\text{WE}}$ 为高，这 3 个信号任意一个符合，都不能进行写操作。

⑤全片清除（Chip Clear）：将存储器内的全部存储单元中的每一位置 1 就是全片清除操作。方法是使 $\overline{\text{CE}}$ 为低、$\overline{\text{OE}}$ 为 12V，在 $\overline{\text{WE}}$ 端加上 10ms 低脉冲。

3. Flash 存储器

闪速（Flash）存储器是 1988 年 Intel 公司采用 ETOX（EPROM Tunnel Oxide，EPROM 沟道氧化）技术研制成功的新型非易失性存储器。Flash 存储器在系统端可重写，但只能分块进行电擦除。Flash 存储器采用单管存储单元结构，比 EPROM 结构简化。它是从 EPROM 演化而来，工艺过程与 EPROM 大部分是相同的。目前，由于 Flash 存储器的性能不断提高，价格不断降低，从而得到了广泛应用，特别是在固态大容量存储器领域有极大的市场。Flash 存储器的接口形式有并行和串行两类。

目前，Flash 存储器有多种系列产品，还有多种类型的 Flash 存储卡。下面介绍 29F 系列的一款 Flash 存储器，容量为 4Mbit 的 TMS29F040。

TMS29F040 是 4194304 位可编程只读存储器，由 8 个独立的 64K 字选段组成。随着芯片速度分档的不同，访问时间在 $60 \sim 120ns$ 之间。TMS29F040 芯片使用 5V 单电源，TMS29LF040 使用 3.3V 电源。其可编程/擦除 100000 次。

片内的状态机控制编程与擦除器件，字节编程与区段/芯片擦除功能是全自动的。命令集与 JEDEC 4Mbit E^2PROM 兼容。使用硬件区段保护特性可实现任何区段组合的数据保护。图 5-16 所示为 TMS29F040 芯片的内部结构图。

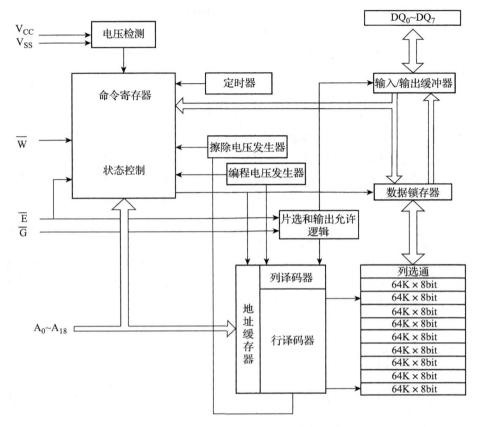

图 5 - 16　TMS29F040 芯片的内部结构图

（1）引脚说明　TMS29F040 有多种封装，图 5 - 17 所示为 PLCC - 32 脚封装。引脚说明如下：

$A_0 \sim A_{18}$——地址输入，其中 A_{18}、A_{17}、A_{16} 选择区段；

$DQ_0 \sim DQ_7$——输入（编程）/输出；

$\overline{E}$——芯片使能；

$\overline{G}$——输出使能；

$\overline{W}$——写使能；

V_{CC}——5V 电源。

（2）操作命令　通过使用标准的微处理器写操作时序把 JEDEC 标准命令写入命令寄存器，以选择器件的工作方式。命令寄存器用作内部状态机的输入，内部状态机解释命令、控制擦除与编程操作、输出器件的状态、输出存储在器件中的数据以及输出器件算法选择代码。在初始上电操作时，器件默认工作方式为读方式。表 5 - 4 列出了各种操作命令。

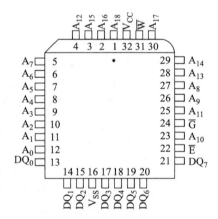

图 5 - 17　TMS29F040 引脚图

表 5 - 4　操作命令表

命令	总线周期	第一周期（写）		第二周期（写）		第三周期（写）		第四周期（写）		第五周期（写）		第六周期（写）	
		地址	数据	地址	数据	地址	数据	地址	数据	地址	数据	地址	数据
读/复位	1	XXXXH	F0H										
	4	55555H	AAH	2AAAH	55H	5555H	F0H	RA	RD				

（续）

命令	总线周期	第一周期（写）		第二周期（写）		第三周期（写）		第四周期（写）		第五周期（写）		第六周期（写）	
		地址	数据	地址	数据	地址	数据	地址	数据	地址	数据	地址	数据
算法选择	4	5555H	AAH	2AAAH	55H	5555H	90H	RA	RD				
字节编程	4	5555H	AAH	2AAAH	55H	5555H	A0H	PA	PD				
芯片擦除	6	5555H	AAH	2AAAH	55H	5555H	80H	5555H	AAH	2AAAH	55H	5555H	10H
区段擦除	6	5555H	AAH	2AAAH	55H	5555H	80H	5555H	AAH	2AAAH	55H	SA	30H
区段擦除暂停		XXXXH	B0H	在区段擦除期间暂停有效									
区段擦除恢复		XXXXH	30H	仅在区段擦除暂停之后擦除恢复									

其中：RA = 被读出的存储单元地址（$A_{18} \sim A_0$）；

PA = 被编程的存储单元地址（$A_{18} \sim A_0$）；

RD = 所选地址单元被读出的数据；

PD = 所选地址单元被编程的数据；

SA = 被擦除的区段地址，地址位 A_{18}、A_{17}、A_{16} 分别对应选择 8 个区段之一。

下面介绍几个主要命令。

1）读/复位命令。把表 5-4 中两种读/复位命令序列的任何一个写入命令寄存器，可以激活读/复位方式。芯片保持在此方式直至其他有效命令序列之一输入到命令寄存器为止。在读方式下，存储器内的数据可用标准的微处理器读周期时序读出，与普通的 ROM 一样。

上电时，器件的默认工作方式为读/复位方式，不需要向芯片写入读/复位命令。若执行了其他操作，再需要转为读方式时，则应写入读/复位命令。

2）字节编程命令。字节编程是由 4 个总线写周期构成的命令序列。前 3 个总线周期把器件置于编程建立状态。第 4 个总线周期把要编程的单元地址和数据装入器件。嵌入式字节编程（Embedded Byte-programming）功能自动提供编程所需的电压和时序并校验单元界限。字节编程操作需要较长的时间，字节编程操作周期最小值为 16μs。在编程操作期间内写入的任何其他命令均被忽略。

被擦除的单元的所有位都为逻辑 1，编程时将逻辑 0 写入。试图把先前已编程为 0 的位编程为 1 将导致内部脉冲计数器超出脉冲计数极限，这将把超出定时极限（Exceed timing-limit）指示位 DQ_5 置为逻辑高状态。只有擦除操作可把位从逻辑 0 变为逻辑 1。因此，应先擦除后编程。

利用数据轮询特性或跳转位特性可以监视自动编程操作期间器件的状态，以了解字节编程操作是否完成。

3）芯片擦除命令。芯片擦除是 6 总线周期的命令序列。前 3 个总线周期把器件置为擦除建立状态，接着的 2 个总线周期开启擦除方式，第 6 个总线周期装载芯片擦除命令。在芯片擦除操作期间内写入的任何其他命令均被忽略。同样，利用数据轮询特性或跳转位特性可以监视自动芯片擦除操作期间器件的状态，以了解操作是否完成。

芯片擦除操作周期时间典型值为 14s，最大值为 120s。

4）区段擦除命令。区段擦除是 6 总线周期的命令序列。前 3 个总线周期把器件置为擦除建立状态；接着的 2 个总线周期开启擦除方式；第 6 个总线周期装载区段擦除命令以及要擦除的区段地址，区段地址仅与 A_{18}、A_{17}、A_{16} 有关，与 $A_{15} \sim A_0$ 无关。区段擦除操作周期时间典型值为 2s，最大值为 30s。

（3）操作状态查询　在编程和擦除操作期间内，可以读出状态信息，状态信息反映器件正在进行的操作的状态。下面介绍其中的数据轮询（Data-polling）位（DQ_7）和跳转位（Toggle – bit）（DQ_6）。

1）数据轮询位（DQ_7）。在字节编程操作期间保持地址不变，从同一单元读出的最高位是被编程的数据 DQ_7 的反（$\overline{DQ_7}$）。当字节编程操作完成后，从该单元读出的最高位是被编程的 DQ_7 数据本身。因此，数据位从 $\overline{DQ_7}$ 变为 DQ_7，指示了字节编程操作的结束。

在擦除操作期间内，在被擦除区段内进行的数据轮询，读出的最高位 DQ_7 为 0。擦除操作完成后，读出的最高位 DQ_7 为 1。因此，可根据 DQ_7 从 0 变为 1 来判断擦除操作的结束。

2）跳转位（DQ_6）。在进行编程或擦除操作期间，DQ_6 在 1 和 0 之间跳转。当对同一地址两次连续读，发现 DQ_6 停止跳转时，表示操作完成。

5.4　存储器与系统的连接

CPU 对存储器进行读/写操作时，首先由地址总线给出地址信号，然后要对存储器发出读操作或写操作的控制信号，最后在数据总线上进行信息交换。所以，存储器与系统之间通过地址信号线（AB）、数据信号线（DB）及有关的控制信号线相连接，设计系统存储器体系时需要将这 3 类信号线正确连接。一是数据线的连接，要使存储器与 CPU 的数据线匹配。二是地址线的连接，通过将地址总线中部分高位地址线经过适当的译码电路后选中相应的芯片的方法，使存储器芯片位于符合要求的地址范围，即存储器芯片的片选信号如何正确产生的问题。控制信号一般包括读信号（如 RD）、写信号（如 WR）等。

设计系统存储器体系时还要考虑速度匹配问题。为了保证存储器读/写正确，存储器芯片的读/写时间应短于 CPU 读/写周期中留给存储器操作的时间。若 CPU 读/写周期中可以插入等待周期（TW），则也可使用慢速的存储器，代价是牺牲 CPU 的存储器读/写速度。

5.4.1　存储器扩展

在实际应用中，由于单片存储芯片容量有限，很难满足实际存储容量的要求。因此，需要将若干存储芯片和系统进行连接扩展。根据存储器所要求的容量和选定的存储器芯片的容量，可以计算出所需总的芯片数，即

$$总片数 = \frac{总容量}{容量/片}$$

例如，所需存储器容量为 $64K \times 8bit$，若所选存储芯片为 $8K \times 2bit$，则需要

$$总片数 = \frac{64K \times 8}{8K \times 2} = 32（片）$$

即需要使用 32 片所选芯片通过扩展得到所需的存储容量。存储器芯片的扩展通常有 3 种方式：位扩展、字扩展和字位扩展。

1. 位扩展

位扩展指的是用多个存储器器件对字长进行扩充，一个地址同时控制多个存储器芯片。位扩展的连接方式是将多片存储器的地址、片选（$\overline{CS}$）、读/写控制端（$R/\overline{W}$）对应连接，数据端分别引出，如图 5 - 18 所示。位扩展实际上是通过采用并联存储芯片的方式，来达到扩展存储单元位数的目的，因此位扩展也叫位并联法。

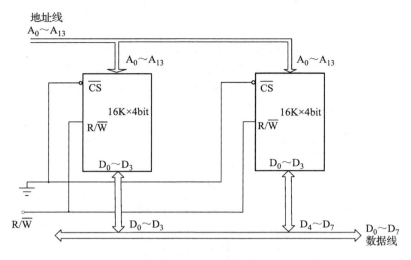

图 5 - 18　位扩展方式

2. 字扩展

字扩展指的是增加存储器中字的数量。进行字扩展时，将各芯片的地址线、数据线、读/写控制线相应并联，由片选信号来区分各芯片的地址范围，如图 5 - 19 所示。字扩展是将各芯片的地址串联起来，进行地址空间的扩展，因此字扩展也叫地址串联法。

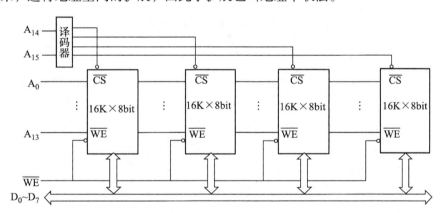

图 5 - 19　字扩展方式

3. 字位扩展

实际系统中的存储器，往往需要字向和位向同时扩充。例如，一个存储器的需求容量为 M × N 位，若使用 L × K 位存储器芯片，则至少共需要（M/L）×（N/K）个存储器芯片。

5.4.2　存储器地址译码方法

一个存储器通常由多个存储器芯片组成，CPU 要实现对存储单元的访问，需要首先选择存储器芯片，然后再从选中的芯片中依照地址码选择相应的存储单元进行读/写数据。通常是将 CPU 输出的低位地址码用作片内寻址，来选择片内具体的存储单元；而芯片的片选信号则是通过 CPU 的高位地址线译码得到，用作片外寻址，来选择该芯片的所有存储单元在整个存储地址空间的具体位置。由此可见，存储单元的地址是由片内地址信号线和片选信号线的状态共同来决定的。常用的片选信号产生方法有以下 3 种：

1. 全地址译码方式

全地址译码方式是除用于片内寻址外的全部高位地址线，全作为地址译码器的输入，把经过译码器译码后的输出作为各芯片的片选信号，将它们分别接到存储芯片的片选端，以实现对存储芯片的选择。存储器芯片中每一个存储单元的地址是唯一确定的，而且是连续的，便于扩展。图 5－20 所示为采用全地址译码方式构成的 32K×8bit 存储器的连接图。各芯片的地址范围见表 5－5。

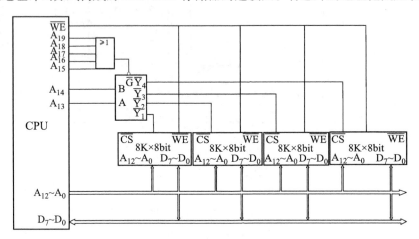

图 5－20　全地址译码方式示例

表 5－5　各芯片的地址范围

芯片号	$A_{19} \sim A_{15}$	$A_{14}A_{13}$	$A_{12} \sim A_0$	地址范围（空间）
1#	00000	00	0000···0 / 1111···1	00000H ~ 01FFFH
2#	00000	01	0000···0 / 1111···1	02000H ~ 03FFFH
3#	00000	10	0000···0 / 1111···1	04000H ~ 05FFFH
4#	00000	11	0000···0 / 1111···1	06000H ~ 07FFFH

全地址译码方式的特点：寻址范围大、地址连续，不会因高位地址不确定而产生地址重叠的现象。但该方式对译码电路要求较高，线路较复杂。

2. 部分地址译码方式

部分地址译码方式也称为局部地址译码方式。该方式的片选信号不是由地址线中所有不在存储器上的地址线译码产生，而是只有部分高位地址线被送入译码电路来产生片选信号。

部分地址译码方式的特点：某些高位地址线被忽略而不参加地址译码，简化了地址译码电路，但地址空间有重叠。这种译码方式在小型微机应用系统中被广泛采用。

3. 线选择译码方式

线选择译码方式就是用除了用于存储器片内寻址外的，高位地址线中的某一条直接（或经反相器）接至各个存储芯片的片选端，当某条地址线信息为 0 时，就表示选中与之对应的存储芯片。用于片选的地址线每次寻址时，只能有一位有效，不允许同时有多位有效，保证每次只选中一个芯片或一个芯片组。图 5 - 21 所示为采用线选择译码方式构成的 8K × 8bit 存储器的连接图。各芯片的基本地址范围见表 5 - 6。

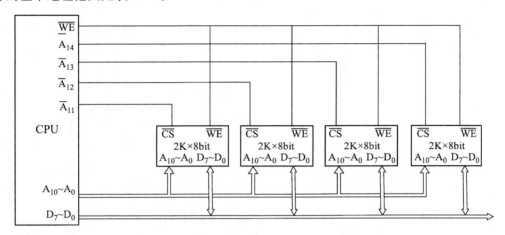

图 5 - 21　线选择译码方式示例

表 5 - 6　各芯片的基本地址范围

芯片号	$A_{19} \sim A_{15}$	$A_{14} \sim A_{11}$	$A_{10} \sim A_0$	地址范围（空间）
1#	00000	1110	0000…0	07000H ~ 077FFH
			1111…1	
2#	00000	1101	0000…0	06800H ~ 06FFFH
			1111…1	
3#	00000	1011	0000…0	05800H ~ 05FFFH
			1111…1	
4#	00000	0111	0000…0	03800H ~ 03FFFH
			1111…1	

线选择译码方式的优点是，选择芯片不需要外加逻辑电路，译码线路简单；缺点是，把地址空间分成了相互隔离的区域，且地址重叠区域多，不能充分利用系统的存储空间。因此，该方式适用于扩展容量较小的系统。

5.4.3　存储器与 CPU 的连接

在微机系统中，存储器模块一般都按字节编址，以字节为单位构成，对于不同总线宽度的微处理器系统，其存储器连接方式是不同的。CPU 对存储器进行访问时，首先要在地址总线上发地址信号，选择要访问的存储单元，还要向存储器发出读/写控制信号，最后在数据总线上进行信息交换。因此，存储器与 CPU 的连接实际上就是存储器与三总线中相关信号线的连接。

1. 16 位存储器接口

8086 CPU 的地址总线有 20 条，它的存储器是以字节为存储单元组成的，每个字节对应一个唯一的地址码，所以具有 1MB 的寻址能力。8086 CPU 数据总线 16 位，与 8086 CPU 对应的 1MB 存储空间可分为两个 512KB 的存储体，分别称为奇存储体（简称奇体）和偶存储体（简称偶体）。奇体与数据总线 $D_{15} \sim D_8$ 连接，奇体中每一个单位地址为奇数；偶体与数据总线 $D_7 \sim D_0$ 连接，偶体中每一个单位地址为偶数。地址线 A_0 和控制线 $\overline{BHE}$ 用于存储体的选择，分别连接到每一个存储体的片选信号端。地址线 $A_{19} \sim A_1$ 同时连接到两个存储体的芯片中，以寻址每一个存储单元。8086 存储器与系统总线的连接如图5-22所示。

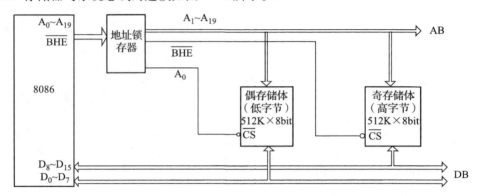

图5-22 8086 存储器与系统总线连接

从图5-22中可以看出，偶体的数据线与16位数据总线的低8位（$D_7 \sim D_0$）连接，奇体的数据线与16位数据线的高8位（$D_{15} \sim D_8$）连接。20位地址总线中的19条线（$A_{19} \sim A_1$）同时对这两个存储体寻址，地址总线中的另一条线 A_0 只与偶地址存储体相连接，用于对偶地址存储体的选择。当 $A_0 = 0$ 时，选中偶地址存储体；当 $A_0 = 1$ 时，不能选中偶地址存储体。奇地址存储体的选择信号为 $\overline{BHE}$。

从表5-7可以看出，A_0 和 $\overline{BHE}$ 两个信号相互配合，可同时对两个存储体进行读/写操作，也可对其中一个存储体单独进行读/写操作。当进行16位数据（字）操作时，若这个数据的低8位存放在偶地址存储体中，而高8位存放在奇地址存储体中，则可同时访问奇偶地址两个存储体，在一个总线周期内可完成16位数据的读/写操作。

表5-7 存储体的选择

$\overline{BHE}$	A_0	操作
0	0	奇偶两个字节同时传送
0	1	从奇地址传送一个字节
1	0	从偶地址传送一个字节
1	1	无操作

若16位数据在存储器中的存放格式与上述格式相反，即低8位存放在奇地址存储体中，而高8位存放在偶地址存储体中，则需2个总线周期才能完成此16位数据的读/写操作。第一个总线周期完成奇地址存储体中低8位字节的数据传送，然后地址自动加1；在第二个总线周期中完成偶地址存储体中高8位字节的数据传送。

上述从奇地址开始的16位（字）数据的两步操作是由 CPU 自动完成的。除增加一个总线周期外，其他与从偶地址开始的16位数据操作完全相同。若传送的是8位数据（字节），则每个总线周期可在奇地址或偶地址存储体中完成一个数据的传送操作，如图5-23所示。

根据8086CPU系统中存储器组成原理，ROM 模块和 RAM 模块都要由奇偶两个地址存储体来组织。8086CPU 加电复位后启动地址为 0FFFF0H，8086 的中断向量表放在存储器地址的最低端00000H ~ 003FFH，占有 1KB 的存储空间。因此，在 8086 系统中 ROM 模块地址分配在存储器地址空间高端，RAM 模块地址分配在存储器地址空间的低端。

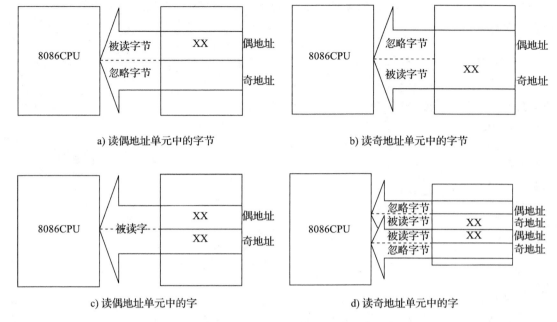

a) 读偶地址单元中的字节　　　　　　　　b) 读奇地址单元中的字节

c) 读偶地址单元中的字　　　　　　　　　d) 读奇地址单元中的字

图 5 - 23　8086 存储器的偶地址和奇地址读字节和字

2. 32 位存储器接口

由于 80386/80486 CPU 要保持与 8086 等 CPU 兼容，这就要求在进行存储器系统设计时必须满足单字节、双字节和 4 字节等不同访问。为了实现 8 位、16 位和 32 位数据的访问，80386/80486 CPU 设有 4 个引脚$\overline{BE}_3 \sim \overline{BE}_0$，以控制不同数据的访问。$\overline{BE}_3 \sim \overline{BE}_0$ 由 CPU 根据指令的类型产生。

在 8 位和 16 位数据传送中，当 CPU 写入高字节或高 16 位数据时，该数据将在低字节或低 16 位数据线上重复输出。其目的是为了加快数据传送的速度，但是否能够写入低字节或低 16 位单元，则由相应的BE_i决定。

如图 5 - 24 所示，80386/80486 CPU 有 32 位地址线，直接输入 $A_{31} \sim A_2$，低两位 A_1、A_0 由内部编码产生$\overline{BE}_3 \sim \overline{BE}_0$，以选择不同字节。32 位微处理器的存储器系统由 4 个存储体组成，存储体的选择通过选择信号实现。如果要传送一个 32 位数，那么 4 个存储体都被选中；若要传送一个 16 位数，则有两个存储体被选中；若传送的是 8 位数，则只有一个存储体被选中。

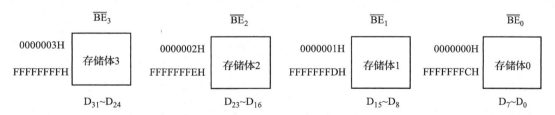

图 5 - 24　32 位微处理器的存储器系统

3. 64 位存储器接口

64 位 CPU 的存储系统由 8 个存储器组成，存储体的选择通过选择信号实现。如果要传送一个 64 位数，那么 8 个存储体都被选中；如果要传送一个 32 位数，那么有 4 个存储体被选中；若要传送一个 16 位数，则有 2 个存储体被选中；若要传送的是 8 位数，则只有 1 个存储体被选中。

64 位存储器组织与前述 32 位存储器组织类似。图 5-25 给出了 64 位、32 位、16 位和 8 位存储器的接口信号示意图。

5.4.4 存储器系统设计举例

【例 5-1】 给 8 位数据总线、16 位地址总线的微处理器设计一个容量为 96KB 存储器，要求 ROM 区为 32KB，从 0000H 开始，采用 2764 芯片；RAM 区为 64KB，从 0000H 开始，采用 2164 芯片。试计算分别需要用多少芯片，并给出其逻辑连接图。

解：

（1）计算芯片数

ROM 区：2764（8K × 8 bit），$\dfrac{32K \times 8}{8K \times 8} = 4$（片）

RAM 区：2164（64K × 1 bit），$\dfrac{64K \times 8}{64K \times 1} = 8$（片）

答：需要 4 片 2764 芯片和 8 片 2164 芯片。

（2）ROM 区 2764 芯片地址分配与片选逻辑见表 5-8，存储器逻辑连接图如图 5-26 所示。

图 5-25 64 位、32 位、16 位和 8 位存储器接口信号示意图

表 5-8 ROM 区 2764 芯片地址分配与片选逻辑

A_{15}	A_{14}	A_{13}	$A_{12} \sim A_0$	地址范围
0	0	0	00…00 ~ 11…11	0000H ~ 1FFFH
0	0	1	00…00 ~ 11…11	2000H ~ 3FFFH
0	1	0	00…00 ~ 11…11	4000H ~ 5FFFH
0	1	1	00…00 ~ 11…11	6000H ~ 7FFFH

（3）RAM 区 2164 芯片的字数（64K）与所需 RAM 存储器的字数（64K）一致，$64K = 2^{16}$，故需使用全部 $A_{15} \sim A_0$ 的 16 根地址线对各芯片内的存储单元进行寻址；每个芯片只有一根数据线，共需 8 片通过位扩展方式，分别与数据线 $D_7 \sim D_0$ 连接起来。因为位扩展方式下，8 片 2164 芯片需同时被选中和执行操作，这里 8 片 2164 芯片的片选（$\overline{CS}$）、读写控制信号（$\overline{WR}$）可并联接地（低电平有效）。具体逻辑连接图如图 5-26 所示。

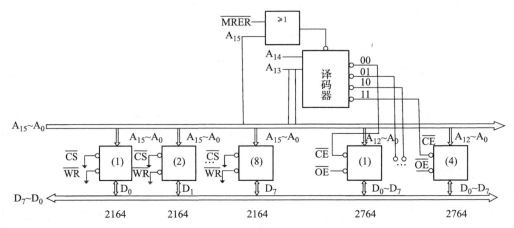

图 5-26 例 5-1 存储器逻辑连接示意图

【**例 5 - 2**】　针对 8086 最小模式，设计一个容量为 16KB 的 RAM 存储器，要求从 1C000H 开始的连续存储区，采用 6264 SRAM 芯片。试给出该存储器系统的连接图。

解：

（1）计算芯片数

RAM 区：6264（8K×8bit），所需芯片数 $=\dfrac{16K \times 8}{8K \times 8}=2$（片）

（2）地址分配与片选逻辑

$16K = 2^{14}$ 共需用 $A_{13} \sim A_0$ 的 14 根地址线，由（1）计算得需 2 片 6264 SRAM 芯片，用 A_0 和 $\overline{BHE}$ 作为偶存储体和奇存储体的选择信号。起始地址为 1C000H，容量为 16KB，存储系统的地址范围为 1C000H ~ 1FFFFH。RAM 区 6264 地址分配与片选逻辑见表 5 - 9。

表 5 - 9　RAM 区 6264 地址分配与片选逻辑

芯片	A_{19} A_{18} A_{17}	A_{16} A_{15} A_{14}	$A_{13} \sim A_1$	地址范围	说明
1#	0　0　0	1　1　1	00···0 ⋮ 11···1	1C000H ~ 1DFFFH	A_0 有效，偶存储体，数据线 $D_7 \sim D_0$
2#	0　0　0	1　1　1	00···0 ⋮ 11···1	1E000H ~ 1FFFFH	$\overline{BHE}$ 有效，奇存储体，数据线 $D_{15} \sim D_8$

（3）采用 2 片 6264 SRAM 芯片组成存储器系统的逻辑连接示意图如图 5 - 27 所示。

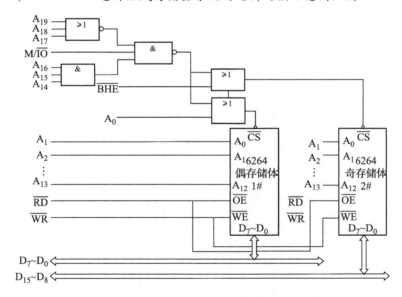

图 5 - 27　例 5 - 2 存储器系统的逻辑连接示意图

习　题

5.1　半导体存储器分为哪些类型？简述各自的特点。

5.2　半导体存储器的主要性能指标有哪些？

5.3　动态 RAM 为什么要刷新？如何进行刷新？刷新的方式有哪几种？存储器地址译码方式有几种？各有什么特点？

5.4　下列 RAM 各需要多少个地址端？

(1) $512 \times 4bit$　(2) $1K \times 8bit$　(3) $4K \times 1bit$　(4) $16K \times 1bit$

5.5　下列 ROM 各需要多少个地址端? 多少个数据端?

　　(1) $16 \times 4bit$　(2) $32 \times 8bit$　(3) $256 \times 4bit$　(4) $512 \times 8bit$

5.6　若用 $1024 \times 1bit$ 的 RAM 芯片组成 $16K \times 8bit$ 的存储器, 需要多少芯片? 在地址线中有多少位参与片内寻址? 多少位作为芯片组选择信号?

5.7　试使用 62512 和 27256, 在 8088 系统 (最小模式) 中设计具有 128KB 的 RAM、64KB 的 EPROM 的存储体, RAM 的地址从 0000:0000H 开始、EPROM 的地址从 F000:0000H 开始。

5.8　8086 系统中存储器偶地址体及奇地址体之间应该用什么信号区分? 怎样区分?

5.9　8086 系统中对外设端口进行读/写操作时, $\overline{BHE}$ 信号和地址线 A_0 如何起作用?

5.10　试为某 8 位微机系统设计一个具有 8KB ROM 和 40KB RAM 的存储器。ROM 采用 EPPOM 芯片 2732 组成, 从 0000H 地址开始; RAM 用 SRAM 芯片 6264 组成, 从 4000H 地址开始。

5.11　用 2114 组成 $4K \times 16bit$ 的存储器, 共需要多少块芯片? 画出逻辑结构图。

5.12　现有一存储体芯片容量为 $512 \times 4bit$。若要用它组成 4KB 的存储器, 需要多少块这样的芯片? 每块芯片需要多少寻址线? 整个存储系统最少需要多少寻址线?

5.13　某 16 位微机的存储器体是标准的 16 位存储体, 数据总线为 $D_{15} \sim D_0$, 地址总线为 $A_{23} \sim A_0$。读信号为 RD, 写信号为 WR。试在该系统中使用 HM62W16255 设计 $1M \times 16bit$ 的存储体, 地址从 40000H 开始。

第6章 输入/输出接口技术

通过前几章的学习可知，CPU 作为整个计算机系统的控制核心，肩负着向系统其他各部件发出控制指令和协调各部件有条不紊工作的任务。整个计算机系统的 4 大硬件组成，除了 CPU 之外，还包括存储器、输入/输出设备。要构成一个实际的微型计算机系统，除了上述 4 大部件外，还必须有各种接口电路。这些接口电路用于把主机和外部设备连接起来，使 CPU 可以接收外部设备送来的信息或将信息发送给外部设备。常用的外部设备有键盘、鼠标、显示器、打印机、绘图仪、调制解调器、软/硬盘驱动器、模/数转换器、数/模转换器等，这些设备通过挂接在总线上的各种接口电路与微处理器相连。

那么，外部设备为什么一定要通过接口电路和主机总线相连呢？能不能直接连在 CPU 的总线上呢？答案是否定的。原因有很多，如外部设备的功能是各种各样的；外部设备传送信息的方式也不同，有并行的，也有串行的；当然还有其他原因。

接口电路按功能可分为两大类：一类是微处理器工作所需要的辅助/控制电路，通过这些辅助/控制电路，使微处理器得到所需要的时钟信号或接收外部的多个中断请求等；另一类是输入/输出接口电路，利用这些接口电路，微处理器可接收外部设备送来的信息或将信息发送给外部设备。

本章重点讲述 I/O 接口的基本概念和作用、编址方式和操作、CPU 与外部设备交换数据的 4 种主要方式。

6.1 I/O 接口概述

输入设备和输出设备是计算机系统的重要组成部分，完成输入/输出（简称 I/O）操作的部件称为输入/输出接口。各种外部设备（简称外设）通过输入/输出接口（I/O Interface）与系统相连，并在接口电路的支持下实现数据传送和操作控制。I/O 接口在整个计算机系统中位于系统总线和 I/O 设备之间。在 CPU 和外设之间设置接口电路的主要原因如下：

1）CPU 与外设的信号不兼容，在信号线的功能定义、逻辑定义和时序关系上不一致。

2）CPU 与外设的工作速度不兼容，CPU 速度快，外设速度慢。

3）如果不通过接口管理外设，那么 CPU 对外设的直接操作会降低 CPU 的效率。

4）如果外设直接由 CPU 管理，那么外设的结构也会受到 CPU 的制约，不利于外设本身的发展。

鉴于以上原因，有必要设置接口电路，以便协调 CPU 与外设两者的工作，一方面可以提高 CPU 的效率，另一方面也有利于外设按照自身的规律发展。

6.1.1 CPU 与 I/O 设备之间交换的信息

CPU 与外设之间通过接口交换的信息有：数据信息、状态信息、控制信息。

1. 数据信息（Data）

CPU 与外设之间通过接口交换的数据信息大致可分为：脉冲量、开关量、数字量和模拟量 4 种基本类型。

（1）脉冲量　以一根数据线路与地线之间的电压变化表示数据，信号由低到高再由高到低为一个脉冲。CPU 的主频信号就是脉冲形式，许多电动机的转速测量就是通过脉冲进行的，即采用脉冲编码器，每转一圈，产生指定数量的脉冲。

（2）开关量　以一根数据线路与地线之间的电压状态表示数据，是一种两状态的量，如开关的通断、电动机的起动与停止、阀门的打开和关闭等。一个开关量信号只需用一个二进制数便可表示，常采用几个开关量信号组成 8 位或 16 位的形式，存放在存储器中。字长为 16 的计算机，一次输入/输出就可控制 16 个开关量。

（3）数字量　多个开关量信息以二进制形式按一定的规律组合在一起形成的数据，称为数字量。数字量是由键盘等输入的信息，是以二进制形式表示的数或以 ASCII 码表示的数或字符。

（4）模拟量　以一根数据线路电压或电流的连续变化，代表连续变化的物理量。当计算机用于控制时，许多传感器把非电量信号（如温度、压力、流量、位移等）转换为电量信号，经放大后得到的模拟电压或电流即为模拟量形式。CPU 不能直接处理模拟量数据，需要经转换后得到二进制数字量加以处理。

2. 状态信息

例如，输入设备是否准备好（Ready）的状态信息，输出设备是否空闲（Empty）的状态信息。若输入设备未准备好，或输出设备正在输出，则用忙（Busy）状态信息来表示。

3. 控制信息

例如，通常用来控制输入/输出设备的启动或停止等动作。

6.1.2　I/O 接口的主要功能

I/O 接口电路是计算机与外设交换数据的桥梁，它的主要作用有：

1）接收外设的数据传送给 CPU 或把 CPU 的数据送给外设。

2）接收 CPU 发送的控制命令，控制外设的工作方式。

3）接收外设的状态信息，传送给 CPU。

为此，I/O 接口电路应该具备如下功能：

1. 对输入/输出数据进行缓存和锁存

在微机系统中，CPU 通过 I/O 接口与外设交换信息。输入接口连接在数据总线上，只有当 CPU 从该接口输入数据时才允许选定的数据接口将数据送到总线上由 CPU 读取，其他时间不得占用总线。因此，一般使用三态缓冲器（三态门）作输入接口，当 CPU 不选中该接口时，三态缓冲器的输出为高阻。输出时，CPU 通过总线将数据传送到输出接口的数据寄存器中，然后由外设读取。在 CPU 向它写入新数据之前，该数据将保持不变。数据寄存器一般用锁存器实现，如 74LS373。

2. 对信号形式和数据格式进行变换

计算机直接输出来的信号是一定范围内的数字量、开关量或脉冲量，它与外设所使用的信号可能不同。所以，在输入/输出时，必须将它们转换成合适的形式。

3. 对 I/O 端口进行寻址

一个微机系统中通常有多个外设，而在一个外设的接口电路中，又可能有多个端口（Port），每个端口用来保存和交换不同的信息。每个端口需配置各自不同的端口地址，以便 CPU 访问。因此，接口电路中应包含地址译码器，以便 CPU 能够寻址到每个端口。

4. 提供联络信号

I/O 接口处于 CPU 和外设之间，既要面向 CPU 进行联络，又要面向外设进行联络。联络的目的是使 CPU 与外设之间数据传送的速度相匹配。联络信号的具体内容有：状态信息、控制信息和请求信息。

除此之外，有些接口电路还具备错误检测和纠错功能，以及在不改变硬件的情况下通过编程选择不同工作方式的功能。

6.1.3 I/O 接口的结构

CPU 通过 I/O 接口与外设之间交换的控制信息、状态信息、数据信息，因性质不同，必须分别传送。每个 I/O 接口内部一般由 3 类寄存器组成：数据寄存器、控制寄存器、状态寄存器。CPU 与外设进行数据传输时，各类信息在接口中进入不同的寄存器，一般称这些寄存器为 I/O 端口，对其的操作也叫 I/O 端口操作。每一个 I/O 端口有一个地址，一个外设往往有几个端口，CPU 寻址的是端口，而不是传统意义上的外设。

若为双向数据传输接口，数据寄存器还分为数据输入寄存器和数据输出寄存器。对于接口中的控制寄存器和状态寄存器内容，每一位都有特定的含义，往往需要采用逻辑运算指令 TEST、AND、OR、XOR 等进行位控制与检测。典型 I/O 接口的结构及其与系统的连接关系，如图 6-1 所示。

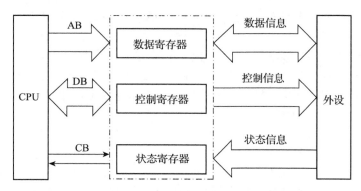

图 6-1 典型 I/O 接口的结构及其与系统的连接示意图

6.1.4 I/O 接口的寻址方式

为了使计算机系统能够识别端口，必须给它们编地址，即所谓的端口地址，不同的接口电路包含的端口数量不同，而在同一台计算机系统中不能存在相同地址的端口。I/O 端口的编址方式有两种：I/O 端口与存储器统一编址、I/O 端口独立编址。

1. I/O 端口与存储器统一编址

I/O 端口与存储器统一编址是将每个外设端口作为存储器的一个单元来对待，每一个外设端口占用一个地址，即 I/O 端口的地址和存储器的地址在同一个地址空间内，因此这种方式也称存储器映像的 I/O 寻址方式。

这种寻址方式的优点：

1）CPU 对外设的操作可使用全部的存储器操作指令，故指令多、使用方便。例如，可以对外设中的数据（存储于外设寄存器中）进行算术和逻辑运算，进行循环或移位等。

2）内存和外设的地址分布图是同一个。

3）不需要专门的输入/输出指令，也不需要区分是存储器还是 I/O 操作的控制信号。

该寻址方式的缺点是：需占用部分内存空间，且难以区分某条指令访问的是内存还是 I/O 端口。

2. I/O 端口独立编址

I/O 端口独立编址即 I/O 端口的地址和存储器地址不在同一个地址空间内，I/O 端口有独立的地址空间。CPU 有专门的 I/O 指令，用地址来区分不同的外设，需要相应的控制电路和控制信号。实际上是以端口作为地址单元，因为一个外设不仅有数据寄存器，还有状态寄存器和控制命令寄存器，它们各需要一个端口才能加以区分，故一个外设往往需要数个端口地址。通常 I/O 指令只用一个字节作为端口地址，所以最多可寻址 256 个端口。要寻址的外设端口地址，显然比内存单元的地址要少得多，其地址字节通常总要比寻址内存单元的地址少一个字节，因而节省了指令的存储空间，缩短了指令的执行时间。但必须用控制信号线来区分是寻址内存，还是寻址外设。

I/O 端口独立编址的优点：

1）I/O 端口不占用存储器地址，故不会减少用户的存储器地址空间。

2）采用单独的 I/O 指令，使程序中 I/O 操作和其他操作层次清晰，便于理解。

I/O 端口独立编址的缺点：

1）单独 I/O 指令的功能有限，只能对端口数据进行输入/输出操作，不能直接进行移位、比较等其他操作。

2）由于采用了专用的 I/O 操作时序及 I/O 控制信号线，因此增加了逻辑控制电路的复杂性。

Intel 80×86 系列微处理器采用 I/O 端口独立编址方法，提供 I/O 读/写控制信号，有专门的 I/O 指令用于访问 I/O 端口。80×86 规定，若用直接寻址方式寻址外设，则使用一字节的地址，可寻址 256 个端口；而在用间接寻址外设方式时，则端口地址可以是 16 位的，可寻址 2^{16} 个端口地址。

6.2 常用 I/O 接口芯片

在外设接口电路中，经常需要对传输过程中的信息进行缓冲或锁存，能实现上述功能的接口芯片，最简单的就是锁存器、缓冲器和数据收发器。下面介绍几种典型的 I/O 接口芯片。

6.2.1 锁存器 74LS373

74LS373 是由 8 个 D 触发器组成的具有三态输出和驱动的锁存器，74LS373 的逻辑电路及引脚图如图 6-2 所示。使能端 G 有效时，将输入端（D 端）数据输入锁存器。当输出允许端 $\overline{OE}$ = 0（即低电平有效）时，将锁存器中锁存的数据送到输出端 Q；当 $\overline{OE}$ = 1 时输出为高阻。常用的锁存器还有 74HC573，Intel 8282 等。

6.2.2 缓冲器 74LS244

74LS244 是一种三态输出的缓冲器（或称单向线驱动器），74LS244 的逻辑电路及引脚图如图 6-3 所示。内部线驱动器分为两组，分别有 4 个输入端（$1A_1 \sim 1A_4$，$2A_1 \sim 2A_4$）和 4 个输出端（$1Y_1 \sim 1Y_4$，$2Y_1 \sim 2Y_4$），分别由使能端 $\overline{1G}$ 和 $\overline{2G}$ 控制。当 $\overline{1G}$ 为低电平，$1Y_1 \sim 1Y_4$ 的电平与 $1A_1 \sim 1A_4$ 的电平相同，当 $\overline{2G}$ 为低电平，$2Y_1 \sim 2Y_4$ 的电平与 $2A_1 \sim 2A_4$ 的电平相同；当 $\overline{1G}$ 或 $\overline{2G}$ 为高电平时，输出 $1Y_1 \sim 1Y_4$（或 $2Y_1 \sim 2Y_4$）为高阻态。常用的缓冲器还有 74LS240、74LS241 等。

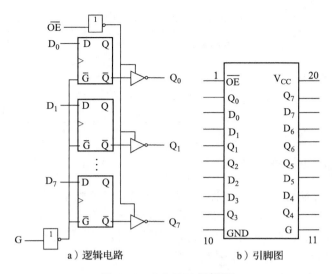

a）逻辑电路　　　　　　　　　b）引脚图

图 6 - 2　74LS373 锁存器

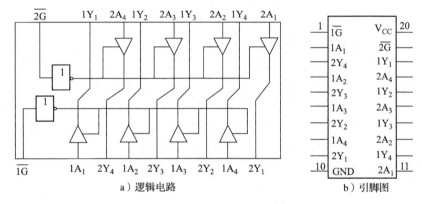

a）逻辑电路　　　　　　　　　b）引脚图

图 6 - 3　74LS244 缓冲器

6.2.3　数据收发器 74LS245

74LS245 是一种三态输出的数据收发器（或称双向线驱动器），74LS245 的逻辑电路及引脚图如图 6-4 所示，16 个三态门每两个三态门组成一路双向驱动。由 $\overline{G}$、DIR 两个控制端控制，$\overline{G}$ 控制驱动器有效或高阻态。当 $\overline{G}$ 端有效时，DIR 控制驱动器的驱动方向，DIR = 0 时，驱动方向为 B→A；DIR = 1 时，驱动方向为 A→B。74LS245 的真值表见表 6-1。常用的数据收发器还有 74LS243、Intel 8286、Intel 8287 等。

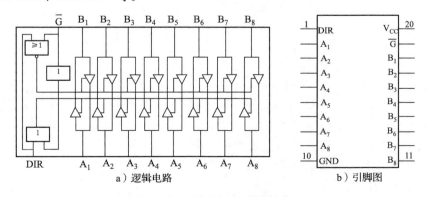

a）逻辑电路　　　　　　　　　b）引脚图

图 6 - 4　74LS245 数据收发器

表 6-1　74LS245 的真值表

使能 $\overline{G}$	方向控制 DIR	传送方向
L	L	B→A
L	H	A→B
H	×	隔开

6.3　CPU 与外设之间的数据传送方式

在微机控制外设工作期间，最基本的操作是数据传送。但各种外设的工作速度相差很大，如何解决 CPU 与各种外设之间的速度匹配，以确保数据传送过程的正确和高效是很重要的问题。

针对不同的数据传送方式和传送速度要求，计算机传送数据的控制方式分成：无条件传送、查询传送、中断传送和 DMA（直接存储器存取）传送 4 种方式。其中，无条件传送方式和查询传送方式也称为程序传送方式。

6.3.1　无条件传送方式

无条件传送方式又称为同步传送方式或直接传送方式，所有的操作均由程序完成，发送方与接收方之间没有任何握手联系功能。接收方直接从端口读取数据，而不考虑该数据是否是最近更新过的，因为有可能读到的是旧数据；发送方也是直接发送数据，而不考虑接收方是否能够按时准确接收。这种方式主要适用于外设准备就绪的情况或者外设与 CPU 同步的情况，也适用于数据变化缓慢的情况，或是只关心外设的当前状态而不关心其变化的情况。常采用这种无条件传送的简单外设有发光二极管、数码管、开关、继电器、步进电动机等。

如图 6-5 所示，将开关 S 看作一个简单的外设，S 的状态是确定的，要么打开，要么闭合。当计算机通过接口检测开关的状态，只关心开关当前是否合上，并不关心是什么时候合上的，便可以采用无条件传送方式。图 6-5 中，利用 74LS244 芯片中的三态门构成输入接口，对应的输入接口地址为 FFF7H。当 CPU 读接口地址 FFF7H 时，加在三态门上低电平有效的控制端上的或门输出为低电平。该电平使得三态门导通，则开关 S 的状态就通过数据总线 D_0 输入 CPU。判断读入数据 D_0 的状态，即可知道 S 的状态。即：当 $D_0 = 0$ 时，S 闭合；当 $D_0 = 1$ 时，S 打开。

将发光二极管看作一个简单的外设，CPU 通过接口控制发光二极管（LED），输出"1"则发光，输出"0"则熄灭，CPU 的输出与 LED 的显示不需要任何的同步或协调，只要 LED 灯是就绪的，就能够准确控制，这种情况适合采用无条件传送方式。无条件传送方式是最简单的传送方式，需要的软件和硬件数量较少。接口中只需要数据寄存器，不需要控制寄存器和状态寄存器。

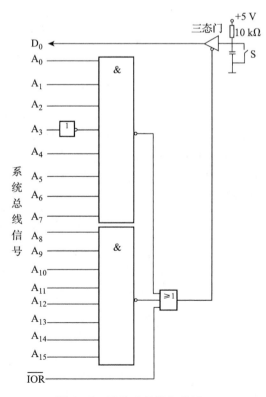

图 6-5　开关 S 的输入接口

【例 6-1】 如图 6-6 所示，已知地址为 200H 时，$\overline{Y}$ 为低电平。编程实现，不断扫描开关 S_i 的状态，当开关闭合时，点亮对应的 LED_i，这里 i 的取值范围为 0~7。

解：开关 S_i 闭合时，输入为低电平"0"，而点亮对应的 LED_i，则输出高电平"1"。编写程序时，应首先读取开关状态，将电平取反后，再输出即可控制 LED 的亮灭。

```
CODE    SEGMENT
        ASSUME  CS:CODE
   MAIN    PROC    FAR
START:PUSH  DS
        MOV  AX,0
        PUSH  AX
AGAIN:MOV  DX,200H
        IN  AL,DX      ;读取开关状态
        NOT AL         ;取反
        OUT  DX,AL     ;输出控制 LED
        IMP  AGAIN
        RET            ;返回 DOS
   MAIN    ENDP
   CODE   ENDS
    END   START
```

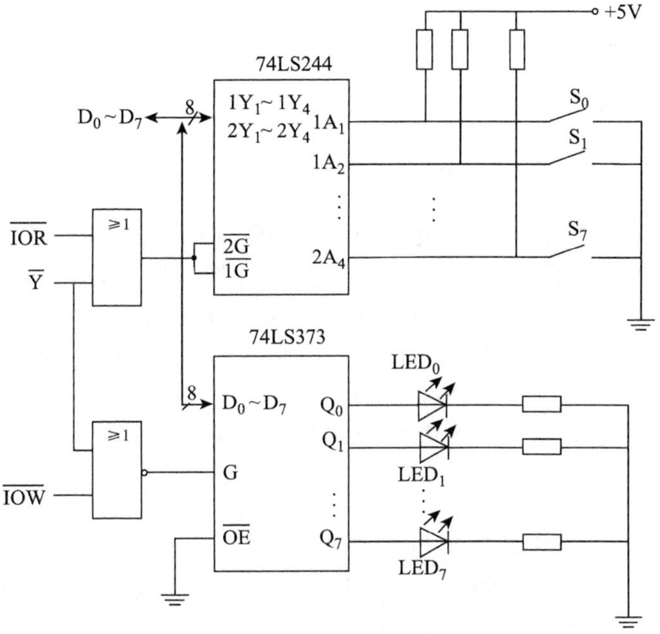

图 6-6　例 6-1 连接图

【例 6-2】 针对图 6-6 所示的硬件结构，编写程序，实现依次循环点亮 $LED_0 \sim LED_7$。

解：

```
 CODE    SEGMENT
        ASSUME   CS:CODE
   MAIN    PROC    FAR
START:  PUSH  DS
        MOV  AX,0
        PUSH  AX
        MOV  DX,200H        ;设置 I/O 端口
        MOV CL,01H          ;设置输出初值
AGAIN:  MOV  AH,1           ;设置键盘缓冲字符
        INT 16H
        CMP  AL,1BH         ;若为[ESC]键,则退出
        JZ  EXIT
        MOV  AL, CL
        OUT  DX, AL         ;输出控制 LED
        MOV  BX, 100H       ;向子程序传递参数,实现1s软件延时
        CALL  DELAY         ;子程序 DELAY 实现 BX*10ms 延时
        ROL  CL,1           ;循环左移 1 位
        JMP  AGAIN
        EXIT:  RET
DELAY  PROC  NEAR
        PUSH  BX
        PUSH  CX
WAIT0: MOV  CS,2801
WAIT1: LOOP  WAIT1
```

```
        DEC  BX
        JNZ  WAIT0
        POP  CX
        POP  BX
        RET
DELAY   ENDP
  MAIN  ENDP
CODE  ENDS
  END  START
```

6.3.2 查询传送方式

查询传送方式也称为条件传输方式，使用这种方式，CPU 不断读取并测试外设的状态，如果外设处于"准备好"状态（输入设备）或"空闲"状态（输出设备），则 CPU 执行输入指令或输出指令与外设交换信息。为此，接口电路中除数据端口外，还必须有状态端口。对于条件传输来说，一个条件传输数据的过程一般由三个环节组成：

1）CPU 从接口读取状态字。
2）CPU 检测状态字的相应位是否满足"就绪"条件，如果不满足，则转 1）。
3）若状态位表明外设已处于"就绪"状态，则传输数据。

6.3.3 中断控制传送方式

程序控制传输方式的缺点是 CPU 和外设只能串行工作，各外设之间也只能串行工作。为了使 CPU 和外设以及外设和外设之间能并行工作，以提高系统的工作效率，充分发挥 CPU 高速运算的能力，在计算机系统中引入了"中断"系统。利用中断来实现 CPU 与外设之间的数据传输方式即为中断传送方式。在中断控制传输方式下，当输入设备将数据准备好或输出设备可以接收数据时，便可向 CPU 发出中断请求，使 CPU 暂时停止执行当前程序，而去执行一个数据输入/输出的中断服务程序，与外设进行数据传输操作，中断服务程序执行完后，CPU 再返回继续执行原来的程序。

这样，在一定程度上实现了主机与外设的并行工作。同时，若某一时刻有几个外设发出中断请求，CPU 可根据预先安排的优先顺序，按轻重缓急处理几个外设的中断请求，这样在一定程度上也可实现几个外设的并行工作。利用中断方式进行数据传输，CPU 不必花费大量时间在两次输入或输出过程中间对接口进行状态测试和等待，从而大大提高了 CPU 的效率。关于中断控制的具体原理与操作过程，将在第 7 章中进行详细介绍。

6.3.4 DMA 传送方式

在程序控制传输方式中，所有传输均通过 CPU 执行指令来完成，而 CPU 指令系统只支持 CPU 和内存或外设间的数据传输。如果外设要和内存进行数据交换，即使使用效率较高的中断控制传送，也免不了要走外设→CPU→内存这条路线或相反的路线，从而限制了传输的速度。若 I/O 设备的数据传输速率较高（如硬盘驱动器），那么 CPU 和这样的外设进行数据传输时，即使尽量压缩程序查询方式或中断方式中的非数据传输时间，也仍然不能满足要求。因此，出现了在外设和内存之间直接进行数据传输的方式，即 DMA 传送方式。

DMA 传送方式是指不经过 CPU 的干预，直接在外设和内存之间进行数据传输的方式。一次 DMA 传输需要执行一个 DMA 周期（相当于一个总线读或写周期）。数据的传输速度基本上取决于外设和内存的速度，因此能够满足高速外设数据传输的需要。实现 DMA 传送方式，需要一个专门的接口器件来协调和控制外设接口和内存之间的数据传输，这个专门的接口器件称为 DMA

控制器（DMAC）。

　　在采用 DMA 传送方式进行数据传输时，当然也要利用系统的数据总线、地址总线和控制总线。系统总线在通常情况下是由 CPU 控制管理的。在用 DMA 传送方式进行数据传输时，DMAC 向 CPU 发出申请使用系统总线的请求，当 CPU 同意并让出系统总线控制权后，DMAC 接管系统总线，实现外设与内存之间的数据传输，传输完毕，DMAC 将总线控制权交还给 CPU。DMAC 是一个专用接口电路，与系统连接示意图如图 6-7 所示。

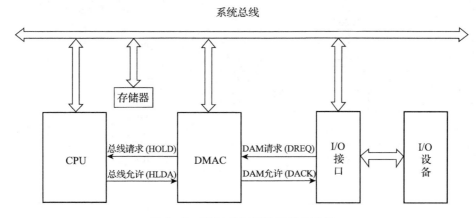

图 6-7　DMAC 与系统连接示意图

　　DMA 操作的基本方式有 3 种：

　　（1）CPU 停机方式　该方式指在 DMA 传送时，CPU 停止工作，不再使用总线。该方式比较容易实现，但由于 CPU 停机，可能影响到某些实时性很强的操作，如中断响应等。

　　（2）周期挪用方式　该方式利用窃取 CPU 不进行总线操作的周期，来进行 DMA 传送。这一方式不影响 CPU 的操作，但需要复杂的时序电路，而且数据传送过程是不连续和不规则的。

　　（3）周期扩展方式　该方式需要专门时钟电路的支持，当传送发生时，该时钟电路向 CPU 发送加宽的时钟信号，CPU 在加宽时钟周期内操作不往下进行；另一方面，仍向 DMAC 发送正常的时钟信号，DMAC 利用这段时间进行 DMA 传送。

6.4　DMA 控制器 8237A

　　DMA 是一种外设与存储器之间直接传输数据的方法，适用于需要数据高速大量传送的场合。DMA 传送利用 DMA 控制器进行控制，不需要 CPU 直接参与。Intel 8237A 是一种高性能的可编程 DMA 控制器芯片。在 5MHz 时钟频率下，其传送速率可达 1.6 MB/s。每片 8237A 有 4 个独立的 DMA 通道，即有 4 个 DMAC。每个 DMA 通道具有不同的优先权，都可以允许和禁止。每个通道有 4 种工作方式，一次传送的最大长度可达 64KB。多片 8237A 可以级连，任意扩展通道数。

6.4.1　8237A 的内部结构与引脚

　　8237A 要在 DMA 传送期间作为系统的控制器件，所以它的内部结构和外部引脚都相对比较复杂。从应用角度看，8237A 的内部结构主要由两类寄存器组成：一类是通道寄存器，它们是现行地址寄存器、现行字节数寄存器和基地址寄存器、基字节数寄存器，这些寄存器都是 16 位的寄存器；另一类是控制和状态寄存器，它们是方式寄存器（6 位寄存器）、命令寄存器（8 位）、状态寄存器（8 位）、屏蔽寄存器（4 位）、请求寄存器（4 位）、临时寄存器（8 位）。内部寄存器的作用将在第 6.4.4 小节中介绍。8237A 的内部结构图及引脚图如图 6-8 所示。

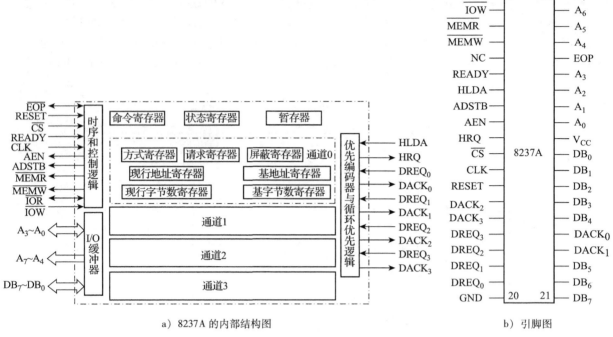

a) 8237A 的内部结构图　　　　　　　　　　　　　b) 引脚图

图 6 - 8　8237A 的内部结构图与引脚图

时钟（CLK）：输入信号，提供 8237A 正常工作所需的时钟。

复位（RESET）：输入信号，高电平有效。此信号有效时，屏蔽寄存器被置位，其他寄存器被复位，且芯片处于空闲周期。

准备好（READY）：高电平有效，输入信号。在 DMA 传送的第 3 个时钟周期 S_3 的下降沿检测 READY 信号，若 READY 信号为低，则插入等待状态 S_w，直到 READY 信号为高才进入第 4 个时钟周期 S_4。

片选（$\overline{CS}$）：低电平有效，输入信号。该信号有效，CPU 访问 8237A。

DMA 通道请求（$DREQ_0 \sim DREQ_3$）：每个通道对应一个 DREQ 信号，用以接收外设的 DMA 请求。当外设需要请求 DMA 服务时，将 DREQ 信号置成有效电平，并要保持到产生响应信号。DREQ 有效极性由编程选择。8237A 芯片被复位后，初始为高电平有效。

DMA 通道响应（$DACK_0 \sim DACK_3$）：每个通道对应一个 DACK 信号，是 8237A 对外设 DMA 请求的响应信号。8237A 一旦获得 HLDA 有效信号，便使请求服务的通道产生相应的 DMA 响应信号以通知外设。DACK 输出信号的有效极性由编程选择。8237A 被复位后，初始为低电平有效。

总线请求（HRQ）：当外设的 I/O 接口要求 DMA 传输时，向 8237A 发送 DMA 请求 DREQ，若允许该通道产生 DMA 请求，则 8237A 输出有效的高电平，向 CPU 申请使用系统总线。

总线响应（HLDA）：当 8237A 向 CPU 发出总线请求信号后，至少再过一个时钟周期，CPU 才发出总线响应信号 HLDA，这样，8237A 可获得总线的控制权。低 4 位地址线（$A_0 \sim A_3$）为双向地址线：当 8237A 为从器件时，$A_0 \sim A_3$ 作为输入信号，CPU 可通过它们对 8237A 的内部寄存器进行寻址，从而实现对 8237A 的编程；当 8237A 为主器件时，$A_0 \sim A_3$ 作为输出信号，输出低 4 位地址。高 4 位地址线（$A_4 \sim A_7$）为单向地址线：当 8237A 为主器件时，$A_4 \sim A_7$ 输出低 8 位地址中的高 4 位地址。

数据线（$DB_0 \sim DB_7$）：双向三态数据线。当 8237A 为主器件时，用于 8237A 与微处理器进行数据交换；当 8237A 为从器件时，输出当前地址寄存器的高 8 位地址。

地址选通（ADSTB）：高电平有效。此信号有效时，把 8237A 当前地址寄存器中的高 8 位地址锁存到 DMA 外部地址锁存器中。

地址允许（AEN）：高电平有效。此信号有效时，将 8237A 的外部地址锁存器中的高 8 位地址送到地址总线 $A_{15} \sim A_8$ 上，与芯片直接输出的低 8 位地址组成内存单元的偏移地址。AEN 在 DMA 传送期间也可作为使其他处理器输出的地址无效的控制信号。

存储器读（$\overline{\text{MEMR}}$）：三态输出信号，低电平有效。有效时，所选中的存储单元的内容被读到数据总线上。

存储器写（$\overline{\text{MEMW}}$）：三态输出信号，低电平有效。有效时，数据总线上的内容被写入选中的存储单元中。

输入/输出读（$\overline{\text{IOR}}$）：双向三态，低电平有效。当 8237A 为从器件时，$\overline{\text{IOR}}$ 作为 8237A 的输入信号，此信号有效时，CPU 读取 8237A 内部寄存器的值；当 8237A 为主器件时，$\overline{\text{IOR}}$ 作为 8237A 的输出信号，此信号有效时，请求 DMA 的 I/O 接口部件中的数据被读出并送往数据总线。

输入/输出写（$\overline{\text{IOW}}$）：双向三态，低电平有效。当 8237A 为从器件时，$\overline{\text{IOW}}$ 作为 8237A 的输入信号，此信号有效时，CPU 往 8237A 内部寄存器写入信息；当 8237A 为主器件时，$\overline{\text{IOW}}$ 作为 8237A 的输出信号，此信号有效时，从指定存储单元中读出的数据被写入 I/O 接口中。

过程结束（$\overline{\text{EOP}}$）：低电平有效，双向信号。在 DMA 传送时，当当前字节数寄存器的计数值从 0 减到 FFFFH 时（即内部 DMA 过程结束），从 $\overline{\text{EOP}}$ 引脚上输出一个负脉冲。若由外部输入 $\overline{\text{EOP}}$ 信号，DMA 传送过程被强迫终止。不论是内部还是外部产生 $\overline{\text{EOP}}$ 信号，都会终止 DMA 数据传送。

6.4.2 8237A 的工作时序

8237A 有两种工作周期，即空闲周期和有效周期，每一个周期由多个时钟周期组成。

1. 空闲周期

当 8237A 的任一通道无 DMA 请求时就进入空闲周期，在空闲周期 8237A 始终处于 S_1 状态，每个 S_1 状态都采样通道的请求输入线 DREQ。此外，8237A 在 S_1 状态还采样片选信号 $\overline{\text{CS}}$，当 $\overline{\text{CS}}$ 为低电平，且 4 个通道均无 DMA 请求，则 8237A 进入编程状态，即 CPU 对 8237A 进行读/写操作。8237A 在复位后处于空闲周期。

2. 有效周期

当 8237A 在 S_1 状态采样到外设有 DMA 请求时，就脱离空闲周期进入有效周期，8237A 作为系统的主控芯片，控制 DMA 传送操作。由于 DMA 传送是借用系统总线完成的，所以它的控制信号以及工作时序类似 CPU 总线周期。图 6-9 所示为 8237A 的 DMA 传送时序，每个时钟周期用 S 状态表示，而不是 CPU 总线周期的 T 状态。

1）当在 S_1 脉冲的下降沿检测到某一通道或几个通道同时有 DMA 请求时，则在下一个周期就进入 S_0 状态；而且在 S_1 脉冲的上升沿，使总线请求信号 HRQ 有效。在 S_0 状态 8237A 等待 CPU 对总线请求的响应，只要未收到有效的总线请求应答信号 HLDA，8237A 始终处于 S_0 状态。当在 S_0 的上升沿采样到有效的 HLDA 信号，则进入 DMA 传送

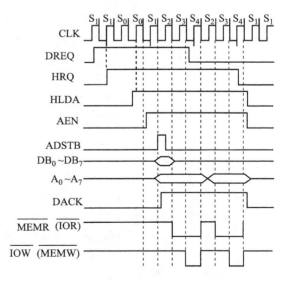

图 6-9 8237A 的 DMA 传送时序

的 S_1 状态。

2）典型的 DMA 传送由 S_1、S_2、S_3、S_4 四个状态组成。在 S_1 状态使地址允许信号 AEN 有效。自 S_1 状态起，一方面把要访问的存储单元的高 8 位地址通过数据线 $DB_0 \sim DB_7$ 输出，另一方面发出一个有效的地址选通信号 ADSTB，利用 ADSTB 的下降沿把数据线上的高 8 位地址锁存至外部的地址锁存器中。同时，地址的低 8 位由地址线 $A_0 \sim A_7$ 输出，且在整个 DMA 传送期间保持不变。

3）在 S_2 状态，8237A 向外设输出 DMA 响应信号 DACK。在通常情况下，外设的请求信号 DREQ 必须保持到 DACK 有效，即自 S_2 状态开始使"读/写控制"信号有效。如果将数据从存储器传输到外设，则 8237A 输出 $\overline{MEMR}$ 有效信号，从指定的存储单元读出一个数据并送到系统数据总线上，同时 8237A 还输出 $\overline{IOW}$ 有效信号，将系统数据总线的这个数据写入请求 DMA 传送的外设中。

如果将数据从外设传送到存储器，则 8237A 输出 $\overline{IOR}$ 有效信号，从请求 DMA 传送的外设读取一个数据并送到系统数据总线上，同时 8237A 还输出 $\overline{MEMW}$ 有效信号，将系统数据总线的这个数据写入指定的存储单元中。由此可见，DMA 传送实现了外设与存储器之间的直接数据传送，传送的数据不进入 8237A 内部，也不进入 CPU。另外，DMA 传送不提供 I/O 端口地址（地址线上总是存储器地址），请求 DMA 传送的外设需要利用 DMA 响应信号进行译码以确定外设数据缓冲器。

4）在 8237A 输出信号的控制下，利用 S_3 和 S_4 状态完成数据传送。若存储器和外设不能在 S_4 状态前完成数据的传送，则只要设法使 READY 信号变低，就可以在 S_3 和 S_4 状态间插入 S_w 等待状态。在此状态，所有控制信号维持不变，从而加宽 DMA 传送的周期。

5）在数据块传送方式下，S_4 后面应接着传送下一个字节。因为 DMA 传送的存储器区域是连续的，通常情况下地址的高 8 位不变，只是低 8 位增量或减量。所以，输出和锁存高 8 位地址的 S_1 状态不需要了，直接进入 S_2 状态，由输出地址的低 8 位开始，在读/写信号的控制下完成数据的传输。这种过程一直持续到把规定的数据个数传输完。此时，一个 DMA 传送过程结束，8237A 又进入空闲周期，等待新的请求。

6.4.3　8237A 的工作方式

1. 8237A 的传送方式

（1）单字节传送方式　单字节传送方式是指 8237A 每传送一个字节之后就释放总线。传送一个字节之后，字节计数器减 1，地址寄存器加 1 或减 1，HRQ 变为无效。这样，8237A 释放系统总线，将控制权还给 CPU。当字节计数器从 0 减到 FFFFH，产生终止计数信号，使 EOP 变为低电平，从而结束 DMA 传输。单字节传送方式的优点是：保证在两次 DMA 操作之间 CPU 有机会获得至少一个总线周期的总线控制权，达到 CPU 与 DMA 控制器并行工作的状态。

（2）数据块传送方式　在这种方式下，8237A 由 DREQ 启动，连续传送数据，当字节计数器从 0 减到 FFFFH，产生终止计数信号，使 $\overline{EOP}$ 变为低电平，或者由外部输入有效的 $\overline{EOP}$ 信号，终止 DMA 传送。在数据块传送方式中，要求 DREQ 保持到 DACK 变为有效时即可，且一次 DMA 操作最多传送 64KB。数据块传送方式的特点是：一次请求传送一个数据块，效率高，但在整个 DMA 传送期间，CPU 无法控制总线。

（3）请求传送方式　该方式与数据块传送方式类似。但当 DREQ 信号变为无效时，则暂停 DMA 传送；当 DREQ 再次变为有效时，DMA 传送继续进行，直至字节计数器从 0 减到 FFFFH，或者由外部送来一个有效的 $\overline{EOP}$ 信号。

（4）级连方式　8237A 可以多级级联，扩展 DMA 通道。第二级的 HRQ 和 HLDA 信号连到第一级某个通道的 DREQ 和 DACK 上，第二级芯片的优先权与所连接的通道相对应。

2. DMA 传送类型

1）读传输：是指从指定的存储器单元读出数据写入到相应的 I/O 设备。DMA 控制器发出

$\overline{\text{MEMR}}$ 和 $\overline{\text{IOW}}$ 信号。

2）写传输：是指从 I/O 设备读出数据写入到指定的存储器单元。DMA 控制器发出 $\overline{\text{MEMW}}$ 和 $\overline{\text{IOR}}$ 信号。

3）DMA 传送：是一种伪传送操作，用于校验 8237A 的内部功能。它与读传输和写传输一样产生存储器地址和时序信号，但存储器和 I/O 的读/写控制信号无效。

4）存储器到存储器的传送：使用此方式 8237A 可实现存储器内部不同区域之间的传输。这种传送类型仅适用于通道 0 和通道 1，此时通道 0 的地址寄存器存源数据区地址，通道 1 的地址寄存器存目的数据区地址，通道 1 的字节数计数器存传送的字节数。传送由设置通道 0 的 DMA 请求（设置请求寄存器）启动，8237A 按正常方式向 CPU 发出 HRQ 请求信号，待 HLDA 响应后传送就开始。每传送一个字节需用 8 个状态，前 4 个状态用于从源存储器中读取数据并存放于 8237A 中的数据暂存器，后 4 个状态用于将数据暂存器的内容写入目的存储器中。

6.4.4　8237A 的寄存器

8237A 的内部寄存器分为通道寄存器、控制和状态寄存器两大类，共 10 种。通道寄存器有 4 种，具体包括：基地址寄存器、基字节数寄存器、现行地址寄存器、现行字节数寄存器，这些寄存器都是 16 位的寄存器。控制和状态寄存器有 6 种，具体包括：方式寄存器（6 位寄存器）、命令寄存器（8 位）、状态寄存器（8 位）、屏蔽寄存器（4 位）、请求寄存器（4 位）、临时寄存器（8 位）。

这两类寄存器共占用 16 个端口，记作 DMA + 00H ~ DMA + 0FH 地址，可供 CPU 访问，由最低地址 A_0 ~ A_3 区分。对它们的操作有时需要三个软件命令配合，见表 6 - 2。

表 6 - 2　8237A 的寄存器和软件命令寻址

$A_3A_2A_1A_0$	读操作	写操作
0000	通道 0 现行地址寄存器	通道 0 地址寄存器
0001	通道 0 现行字节数寄存器	通道 0 字节数寄存器
0010	通道 1 现行地址寄存器	通道 1 地址寄存器
0011	通道 1 现行字节数寄存器	通道 1 字节数寄存器
0100	通道 2 现行地址寄存器	通道 2 地址寄存器
0101	通道 2 现行字节数寄存器	通道 2 字节数寄存器
0110	通道 3 现行地址寄存器	通道 3 地址寄存器
0111	通道 3 现行字节数寄存器	通道 3 字节数寄存器
1000	状态寄存器	命令寄存器
1001	—	请求寄存器
1010	—	单通道屏蔽字
1011	—	方式寄存器
1100	—	清先/后触发器命令
1101	暂存器	复位命令
1110	—	清屏蔽寄存器命令
1111	—	综合屏蔽字

（1）地址寄存器（DMA+0、DMA+2、DMA+4、DMA+6）　每个通道各有一对 16 位的基地址寄存器和现行地址寄存器。在对芯片初始化编程时，由 CPU 同时写入相同的 16 位地址，若地址任意（字节边界），则可寻址 64KB 空间，否则以偶地址（字边界）可寻址 128KB 空间。

1）基地址寄存器用于保存 DMA 传送的起始地址，初始化预置后不再改变，且不能被 CPU 读出。

2）现行地址寄存器保存着 DMA 传送的当前地址值，每次传送后这个寄存器的值自动加 1 或减 1（取决于方式字寄存器 D_5 位）。这个寄存器的值可由 CPU 写入和读出，其初始值就是基地址寄存器的内容。

（2）字节寄存器（DMA+1、DMA+3、DMA+5、DMA+7）　每个通道各有一对 16 位基字节寄存器和现行字节寄存器。在芯片初始化时，由 CPU 同时写入相同的初始值，但此初始值应比实际传输的字节数少 1。若某通道的地址寄存器以字边界编程，则字节寄存器也应采用字节数预置初始值。字节寄存器也称为字计数寄存器。

1）基字节数寄存器用于保存每次 DMA 操作需要传送数据的字节总数，由 CPU 预置，且不能被读出。

2）现行字节数寄存器保存 DMA 还需传送的字节数，每次传送后减 1。这个寄存器的值可由 CPU 写入和读出。当这个寄存器的值从 0 减到 FFFFH 时，产生终止计数信号，使 EOP 变为低电平。

（3）方式寄存器　方式寄存器用于存放相应通道的方式控制字。方式控制字的格式如图 6-10 所示，用于设置某个 DMA 通道的工作方式，其中最低 2 位用于选择 DMA 通道。D_4 为自动预置功能选择位，若 8237A 被设置为允许自动预置功能，则当 DMA 传送结束 EOP 有效时，现行地址寄存器和现行字节数寄存器会从基地址寄存器和基字节数寄存器中重新取得初值，从而又可以进入下一个数据传输过程。

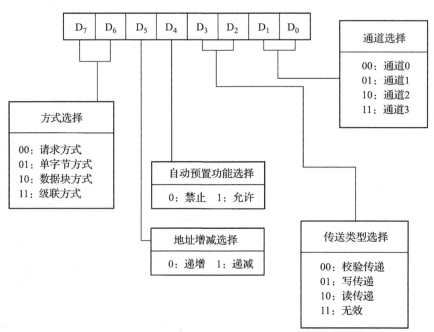

图 6-10　8237A 方式控制字的格式

（4）命令寄存器　命令寄存器用于存放 8237A 的命令字。命令字格式如图 6-11 所示，用于设置 8237A 的操作方式。

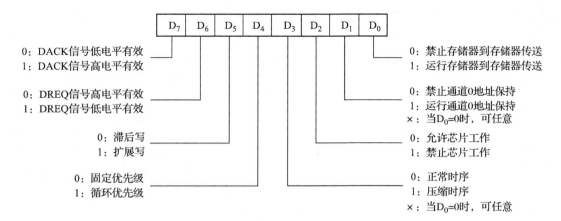

图 6-11 8237A 命令字格式

当 $D_0 = 1$ 时选择存储器到存储器的传送方式，此时，通道 0 的地址寄存器存放源地址，通道 1 的地址寄存器和字节计数器存放目的地址和计数值。若 D_1 也为 "1"，则整个存储器到存储器的传送过程始终保持同一个源地址，以便实现将一个目的存储区域设置为同一个值。

D_3：决定是压缩时序还是普通时序。8237A 工作于压缩时序时，进行一次 DMA 传输需 2 个时钟周期，而工作于普通时序时，进行一次 DMA 传输需 3 个时钟周期。

D_4：决定 4 个通道的优先级方式。一种是固定优先级方式，即通道 0 的优先级最高，通道 3 的优先级最低；另一种是循环优先级方式，即某通道进行一次传输以后，其优先级降为最低。

D_5：决定是否扩展写信号。关于扩展写信号说明如下：如果外部设备的速度较慢，必须用普通时序工作，若普通时序仍不能满足要求，就要在硬件上通过 READY 信号使 8237A 插入 S_W 状态。有些设备是用 8237A 送出的 $\overline{IOW}$ 或 $\overline{MEMW}$ 信号的下降沿产生 READY 信号响应的，而这两个信号是在 S_4 状态才送出的。为使 READY 信号早点到来，将这两个信号扩展到 S_3 状态开始有效。

（5）请求寄存器（DMA + 9H） 除可以利用硬件提出 DMA 请求外，还可通过软件发出 DMA 请求，其格式如图 6-12 所示。

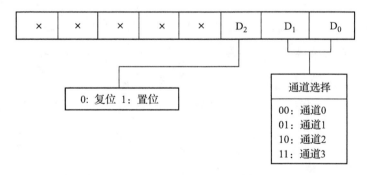

图 6-12 8237A 请求控制字格式

（6）屏蔽寄存器（DMA + 0AH、DMA + 0EH、DMA + 0FH） 8237A 有 3 个端口地址的屏蔽寄存器，根据作用的不同有 3 种方式，用于控制每个通道的 DMA 请求是否有效。

1）单通道屏蔽字（DMA + 0AH），实现对某一通道 DMA 屏蔽标志的设置，其格式如图 6-13a所示。

2）写主屏蔽寄存器（DMA + 0FH），实现对 4 个通道 DMA 屏蔽标志的设置，其格式如图 6-13b，置各通道的屏蔽位。

3）清主屏蔽寄存器（DMA + 0EH）其格式如图 6 - 13b 所示，清各通道的屏蔽位。

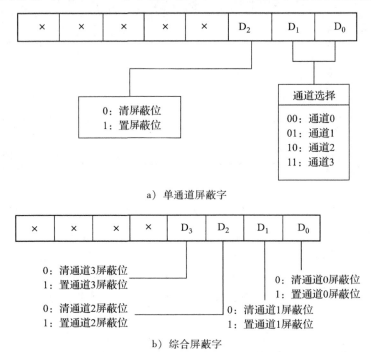

a）单通道屏蔽字

b）综合屏蔽字

图 6 - 13 8237A 屏蔽控制字格式

（7）状态寄存器（DMA + 08H） 状态寄存器的各位分别表示各通道是否有 DMA 请求及是否终止计数，其格式如图 6 - 14 所示。

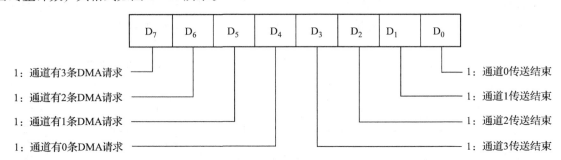

图 6 - 14 8237A 状态字格式

（8）暂存器（DMA + 0DH） 在存储器到存储器的传送方式下，暂存器用于保存从源存储单元读出的数据。

6.4.5 8237A 的应用举例

8237A 的连接是比较麻烦的，原因在于 8237A 只能输出 $A_0 \sim A_{15}$ 共 16 条地址线，而总线上的内存地址空间有 1MB，如何将 8237A 的寻址范围由 64KB 扩大到 1MB 是一个重要问题。另一个问题在于 8237A 具有双重身份，当它在空闲周期时，它是作为总线上的一个接口芯片连接到总线上的；而当它工作时，系统总线由它输出的信号来控制，这时 8237A 就变成了系统总线的控制器。在这两个不同的周期里，既要保证 8237A 正常工作，又不能发生总线竞争。

1. 复位命令

复位命令也叫综合清除命令，它的功能和 RESET 信号相同。复位命令使命令寄存器、状态寄存器、请求寄存器、暂存器以及先/后触发器清 0，而使屏蔽寄存器置位。

2. 清除先/后触发器命令

先/后触发器是用来控制 DMA 通道中地址寄存器和字节计数器的初值设置的。由于 8237A 只有 8 位数据线，所以一次只能传输一字节。而地址寄存器和字节计数器都是 16 位的，这些寄存器都要通过两次传输才能完成初值的设置。为了保证能正确设置 16 位初值，应先发出清除先/后触发器命令，写入低 8 位数据后，先/后触发器自动置 1，写入高 8 位数据后，先/后触发器自动复位为 0。

3. 清除屏蔽寄存器命令

该命令使 4 个屏蔽位都清 0，即 4 个通道的 DMA 请求都被允许。

例如 IBM PC/XT 机使用一片 8237A，通道 0 用来对动态存储器刷新；通道 2 和通道 3 分别用于软盘/硬盘驱动器与内存之间的数据传输；通道 1 用作同步数据链路通信卡（SDLC）与存储器之间的数据传输，若系统不使用该通信卡，则可供用户使用。

根据系统板 I/O 译码电路所产生的 DMA 片选信号，DMAC 的端口地址范围是 00H ~ 1FH，DMAC 的 $A_3 \sim A_0$ 引脚同系统地址线 $A_3 \sim A_0$ 相连，A_4 未参加译码，取 $A_4 = 0$ 时的地址 00H ~ 0FH 为 DMAC 的端口地址。

8237A 只提供 16 位地址，系统的高 4 位地址由附加逻辑电路（页面寄存器）提供，以形成整个微机系统需要的所有存储器地址。系统分配给页面寄存器的端口地址为 80H ~ 83H。

【例 6-3】假设采用 IBM PC/XT 中 8237A 的通道 1，传送 2KB 外设数据，内存起始地址为 45000H。

程序如下所示：

```
MOV  AL,45H        ;通道 1 方式字:单字节 DMA 写传送,地址增量,非自动初始化
OUT  0BH,AL
OUT  0CH,AL        ;清先/后触发器
MOV  AL,0
OUT  02H,AL        ;写入低 8 位地址到地址寄存器
MOV  AL,50H
OUT  02H,AL        ;写入中 8 位地址到地址寄存器
MOV  AL,04H
OUT  81H,AL        ;写入高 4 位地址到页面寄存器
MOV  AX,2047       ;X←传送字节数减 1
OUT  03H,AL        ;送字节数低 8 位到字节数寄存器
MOV  AL,AH
OUT  03H,AL        ;送字节数高 8 位到字节数寄存器
MOV  AL,01H
OUT  0AH,AL        ;单通道屏蔽字:允许通道 1 的 DMA 请求
...                ;其他工作
DMALP:
    IN   AL,08H    ;读状态寄存器
    AND  AL,02H    ;判断通道 1 是否传送结束
    JZ   DMALP     ;没有结束,则循环等待
...                ;传送结束,处理转换数据
```

━━■ 习 题 ■━━

6.1 I/O 接口的功能与主要作用有哪些?

6.2 CPU 与外设之间的数据传输方式有哪些? 简要说明各自含义。

6.3 利用三态门 74LS244 作为输入接口, 接口地址规定为 04E5H, 试画出其与 8088 系统总线的连接图。

6.4 现有一输入设备, 其数据端口地址为 FFE0H, 状态端口地址为 FFE2H, 当其 D_0 位为 1 时表明输入数据准备好。试采用查询方式, 编程实现从该设备读取 100 个字节数据并保存到从 2000H:2000H 开始的内存中。

6.5 硬件如图 6-6 所示, 试编程实现: S_0 控制 8 个发光二极管 1 亮 7 暗, S_1 控制 8 个发光二极管 7 亮 1 暗, S_2 控制某一亮点 (或暗点) 以一定时间间隔循环向左移动, S_3 控制某一亮点 (或暗点) 以一定时间间隔循环向右移动, 两个或两个以上开关闭合, 则结束程序。

6.6 什么是 DMA 传送方式? 它有什么特点?

6.7 DMAC 8237A 占几个接口地址? 这些地址读/写时的作用是什么?

6.8 简述 DMAC 由内存向接口传送一个数据块的过程, 若希望利用 8237A 把内存中的一个数据块传送到内存的另一区域, 应当如何处理? 当考虑到 8237A 工作在 8088 系统中, 数据是由内存的某一段向另一段传送, 且数据块长度大于 64KB 时, 应当如何考虑?

第7章 中断系统和中断控制器

中断是计算机系统与外部设备交换信息的一种方式，涉及软/硬件的协同处理，是微型计算机系统广泛采用的一种资源共享技术。计算机的中断处理能力是反映其性能优劣的一项重要指标，CPU 中通常设有处理中断的机构——中断系统，以解决各种中断的共性问题。利用内部中断，处理器为用户提供了发现、调试并解决程序执行时异常情况的有效途径。利用外部中断，微机系统可以实时响应外部设备的数据传送请求，能够及时处理外部意外或紧急事件。

本章主要介绍 8086 微机的中断系统，包括：中断的基本概念，中断处理过程，中断向量表，中断类型码和中断服务程序入口地址之间的关系，最后介绍可编程中断控制器 8259A 的结构、功能和使用方法。本章重点要求掌握中断的基本概念、中断响应过程以及优先级管理；8086 系统的中断及其处理过程；可编程中断控制器 8259A 的功能与使用编程方法。

7.1 中断的基本概念

为了提高输入/输出能力和 CPU 的效率，20 世纪 50 年代中期，中断方式被引进计算机系统。其基本思想是：在 CPU 执行程序的过程中，出现了某种紧急或异常的事件（中断请求），CPU 需暂停正在执行的程序，转去处理该事件（执行中断服务程序），并在处理完毕后返回断点处继续执行被暂停的程序，这一过程称为中断。随着计算机技术的发展，中断技术不断被赋予新的功能，它可以使计算机系统完成以下功能：

（1）分时操作，同时处理　当外部设备与 CPU 以中断方式传送数据时，可以实现 CPU 与外部设备同时工作，也可以让多个外设同时工作。虽然 CPU 是在不同的时间点上完成不同的工作，但从宏观上来看，CPU 几乎在同时完成不同的任务，更加有效地发挥了效能，提高了效率。

（2）实现实时处理　在实时信息处理系统中，需要对采集到的信息立即做出响应，以避免丢失信息。采用中断技术可以进行信息的实时处理。

（3）故障处理　计算机系统在运行过程中，往往会出现故障和程序执行错误，这些都是随机事件，事先无法预料，如电源掉电、存储器出错、运算溢出等，采用中断技术可以有效地进行系统的故障检测和自动处理。

7.1.1 中断及中断源

中断通常是由于 CPU 内部（如算术运算溢出等）/外部不可预测随机事件的发生，导致 CPU 暂时中断正在正常执行的程序，转向执行内部/外部预先安排的中断服务程序，并在实时处理完所对应的中断服务程序后，自动返回到主程序的中断点处继续执行主程序。

引起 CPU 中断的设备或事件称为"中断源"，任何能够引发中断的事件都称为中断源。根据中断源的不同，可将中断分为 3 类：①由计算机硬件异常或故障引起的中断，称为内部异常中断；②程序中执行了中断指令引起的中断，称为软件中断或软中断；③外部设备（如输入/输出设备）请求引起的中断，称为硬件中断或外部中断。

硬件中断源主要包括外设（如键盘、打印机等）、数据通道（如磁盘机、磁带机等）、时钟电路（如定时计数器 8253）和故障源（如电源掉电）等；软件中断源主要包括为调试程序设置的中断（如断点、单步执行等）、中断指令（如 INT 21H 等）以及指令执行过程出错（如除法运算时除数为零）等。常见的中断源有：①外部设备的请求，如显示器、键盘、打印机等；②由硬件故障引起的，如电源掉电，硬件损坏等；③实时时钟，如定时器芯片等；④由软件引起的，如程序错、运算错、为调试程序而设置的断点等。

7.1.2 中断系统的功能

中断技术是一项十分重要而复杂的技术，中断系统处理的过程具体包括：中断请求、中断判优、中断响应、中断处理和中断返回 5 个阶段。它们需要由计算机的软件、硬件共同来完成。为实现中断功能而设置的硬件电路和与之相应的软件，称为中断系统。中断系统应具备以下功能：

1. 接收中断请求

中断源向 CPU 发出的中断请求信号是随机的，而 CPU 又一定是在现行指令执行结束后才检测有无中断请求发生。所以，在 CPU 现行指令执行期间，必须把随机输入的中断请求信号锁存起来，并保持到 CPU 响应这个中断请求后才可以消除。因此，要为每一个中断源设置一个中断请求触发器，记录中断源的请求标志。当有中断请求时，该触发器被置位；当 CPU 响应中断请求之后，该触发器被复位。

2. 中断源识别

不同的中断源对应着不同的中断服务子程序，并且存放在不同的存储区域。当系统中有多个中断源时，一旦发生中断，CPU 必须确定是哪一个中断源提出了中断请求，以便获取相应中断服务子程序的入口地址，转入中断处理，这就需要中断系统必须具备识别中断源的功能。

3. 中断源判优

在微机系统中，中断种类繁多、功能各异，它们在系统中的重要性不同，要求 CPU 为其服务的响应速度也不同。因此，中断系统要能按照任务的轻重缓急，为每个中断源进行排队，并给出顺序编号。这就确定了每个中断源在接受 CPU 服务时的优先等级，称为中断优先级。当有多个中断源同时向 CPU 请求中断时，中断控制逻辑能够自动地按照中断优先级进行排队，选中当前优先级最高的中断进行处理，这个过程称为中断优先级判优。在一般情况下，系统的内部中断优先于外部中断，不可屏蔽中断优先于可屏蔽中断。

4. 中断嵌套

当 CPU 响应某个中断源的请求，并正在为其服务时，若有优先级更高的中断源向 CPU 提出中断请求，则中断控制逻辑需控制 CPU 暂停现行的中断服务（中断正在执行的中断服务子程序），保留这个断点和现场，转而响应高优先级的中断。待高优先级的中断处理完毕后，再返回先前被暂停的中断服务子程序继续执行。若是低优先级或同优先级中断源发出的中断请求，则 CPU 均不响应。高优先级中断源中断低优先级中断源的中断服务子程序的这种过程，称为中断嵌套。

5. 中断处理与返回

能够自动地在中断服务子程序与主程序之间进行跳转，并对断点进行保护。

7.1.3　中断处理过程

对于不同的微型计算机系统，CPU 进行中断处理的具体过程不完全一样，即使是同一台微型计算机，由于中断方式的不同（如可屏蔽中断、不可屏蔽中断等），中断处理过程也会有差别，但一个完整的中断处理的基本过程应包括中断请求、中断判优、中断响应、中断处理及中断返回 5 个基本阶段。

1. 中断请求

中断请求是中断处理过程的第一步。产生中断请求的条件因中断源而异。

2. 中断判优

由于中断产生的随机性，可能出现两个或两个以上的中断源同时提出中断请求的情况。设计者必须根据中断源的轻重缓急，给每个中断源确定一个中断级别，CPU 首先响应优先级别最高的中断源的请求，处理完毕后，再响应级别较低的中断源的请求。中断判优的另一作用是决定可否实现中断嵌套。当 CPU 响应某一中断请求并为之服务时，若有一个优先级更高的中断源发出请求，CPU 应能及时响应；反之，若有一个优先级较低的中断源发出请求，中断判优电路应屏蔽这一中断请求，直至现有中断请求服务完再响应优先级较低的中断请求。

3. 中断响应

CPU 收到中断请求后，首先判断能否接受。若能接受，则响应该中断请求。通常中断响应的操作过程应包括：保留断点地址、关闭中断允许、转入中断服务程序。例如，8086 微处理器有两个引脚接收中断请求信号，一个是非屏蔽中断（NMI），另一个是可屏蔽中断（INTR）。NMI 引脚一旦接收到请求，CPU 立即予以响应；INTR 引脚接收到的请求，受标志寄存器的 IF 标志位控制，当 IF = 1，CPU 允许中断，而当 IF = 0，CPU 禁止中断。

CPU 响应中断的条件：① 接收到中断请求信号；② 若是 NMI 类中断，CPU 必须允许响应；③ 等现行指令执行完。

4. 中断处理

中断处理通常是由中断服务程序完成的，一般按以下模式设计：

1）保护现场：为不使中断服务程序的运行影响主程序的状态，应将中断服务程序中用到的寄存器内容压入堆栈保护。

2）执行中断服务程序：这是中断处理的核心部分，完成中断源要求完成的任务。

3）恢复现场：将中断服务程序执行前保护的信息从堆栈中弹出恢复到原寄存器。

5. 中断返回

中断返回指执行中断返回指令，返回到原程序断点处继续运行。

下面以外部可屏蔽中断为例，来理解简单的中断处理过程。

CPU 响应中断的条件：在满足下列 4 个条件的情况下，CPU 才会响应中断。

条件 1：中断请求触发器置位。

CPU 只有在当前指令执行结束后，才会检测有无中断请求发生，因此对于外部中断，中断源要向 CPU 发出中断请求，就必须把自己的中断请求信号保持到 CPU 来响应这一中断。故要求每一个中断源首先都得有一个中断触发器，用于记录中断请求标志。当中断源提出中断请求时，该触发器被置位，CPU 响应了该中断后则该触发器被复位，如图 7 - 1 所示。

条件 2：中断屏蔽触发器置位。

通常情况下，系统中往往有多个中断源。根据程序设计的需求，常常需要灵活控制其中任一中断请求触发器的输出信号是否作为中断请求信号送达给 CPU。因此在外设接口中，为每一个中断源设置了一个中断屏蔽触发器，用来开放或关闭中断源的请求。只有中断屏蔽触发器设置为 1 时，外设的中断请求信号才能被送到 CPU，如图 7 - 2 所示。

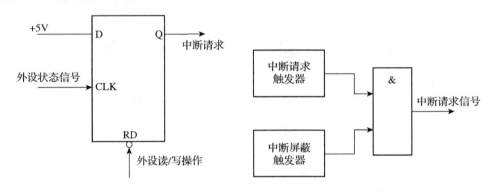

图 7 - 1　中断请求触发器的作用　　　　图 7 - 2　中断屏蔽触发器的作用

条件 3：中断是开放的。

当 CPU 的 INTR 引脚收到可屏蔽中断请求信号后，是否响应中断，还取决于 CPU 当前是否允许中断。CPU 通过内部设置的一个中断允许触发器（标志寄存器的 IF 位）来允许或禁止可屏蔽中断。IF 标志位可以用指令置位或复位。执行 STI 指令后，中断允许触发器置 1，称为开中断，允许 CPU 响应可屏蔽中断；执行 CLI 指令后，中断允许触发器清 0，称为关中断，禁止 CPU 响应可屏蔽中断。例如，在实时控制系统的数据采集程序过程中，不希望被外部中断请求所打扰，就可用一条 CLI 指令来禁止 CPU 中断。在完成数据采集之后，在程序后面写一条 STI 指令，就可以重新允许 CPU 响应外部中断。

条件 4：CPU 在执行当前指令的最后一个时钟周期。

CPU 在执行当前指令的最后一个时钟周期查询 INTR 引脚，若查询到该引脚信号为高电平，则表示收到有效中断请求信号。在开中断（即 IF = 1）情况下，CPU 在下一个总线周期不进入取指令周期，而是进入中断响应周期来处理中断，流程如图 7 - 3 所示。

在 CPU 进入中断响应周期之后，自动完成如下操作：

1）关闭中断：为了避免在中断过程中或进入中断服务子程序后受到其他中断源的干扰，CPU 会在发出中断响应信号的同时，将标志寄存器的内容压入堆栈保护起来，然后将标志寄存器的中断标志位 IF 清 0，从而自动关闭外部硬件中断和单步中断。

2）保护断点：所谓断点是指 CPU 响应中断前 CS:IP 指向的下条指令的地址。保护断点就是将当前 CS 和 IP 的内容压入堆栈保存，以便中断处理完毕后能够返回被中断的原程序继续执行，这一过程也是由 CPU 自动完成的。

3）获取中断类型号：在中断响应周期的第二个总线周期中，由中断控制器给出中断类型号，CPU 根据中断类型号获取中断服务子程序的入口地址（即中断处理程序所在段的段地址及第一条指令的有效地址），并写入 CS 和 IP。一旦 CS 和 IP 的值写入完毕，中断服务程序就开始执行。

CPU 对中断的处理通过执行中断服务程序来实现，中断服务程序一般包含以下几个部分：

1）保护现场：主程序和中断服务程序都要使用 CPU 内部寄存器，有些寄存器可能在主程序被中断时存放着有用的内容，为使中断服务程序不破坏主程序中寄存器的内容，应先将断点处各寄存器的内容压入堆栈保护起来，再进入中断处理。

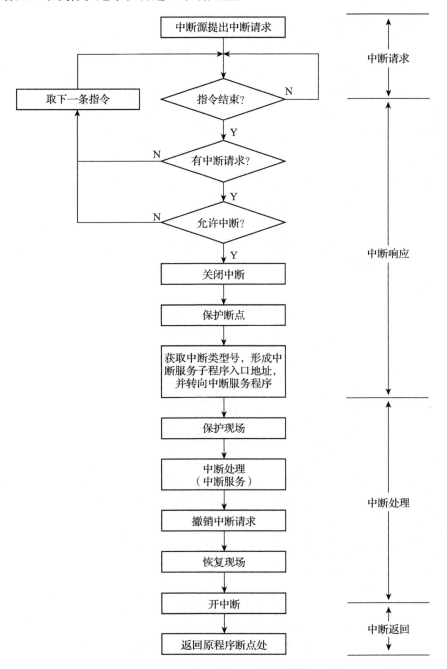

图 7 - 3 中断请求、响应、处理及返回的流程图

2）中断处理：对于不同的中断请求，需要进行不同的处理，即要执行不同的中断服务程序。中断服务程序是根据中断源要完成的功能事先编写的子程序，供 CPU 响应中断后自动调用执行。

3）撤销中断请求：在中断服务程序执行完后，撤销当前中断请求。

4）恢复现场：恢复现场就是恢复原程序断点处各寄存器的值。中断处理完毕后，利用 POP 指令将保存在堆栈中的各个寄存器的内容弹出，即可恢复现场。

在中断服务子程序的最后，要开中断（以便 CPU 能响应新的中断请求），并安排一条中断返回指令 IRET。执行 IRET 指令后，之前压入堆栈的断点值和程序状态字弹回到 CS、IP 以及标志寄存器中。这样，CPU 就返回继续执行主程序。

7.1.4 中断源识别和优先级判断

在微机系统中，常常遇到多个中断源同时提出中断请求的情况，此时 CPU 必须确定首先为哪个中断源服务，以及服务的顺序，这些都由中断判优逻辑来解决。这里关于中断优先级的管理有两层含义：一是多个中断源同时提出请求时，应首先响应优先级高的中断请求；二是当 CPU 正在处理某一级中断请求时，又有其他的中断请求产生，这时应能响应更高一级的中断请求，而屏蔽掉同级或较低级的中断请求。通常，中断判优逻辑的具体实现方法有 3 种。

1. 软件查询方式

软件查询方式是在 CPU 响应中断后执行查询程序，以确定请求中断的中断源的优先级。使用软件查询方式需相关硬件接口电路，将若干个中断源经"或门"后，形成一个公共的中断请求 INTR，这样，只要有一个中断请求，就可向 CPU 发中断请求信号 INTR。CPU 响应中断后，进入一个公用的中断处理程序，该程序读出外设中断请求状态信息，依次检测中断请求状态位，若有请求，则转相应中断处理程序。先检测的优先级高，后检测的优先级低。硬件接口电路和软件查询程序流程如图 7-4 所示。

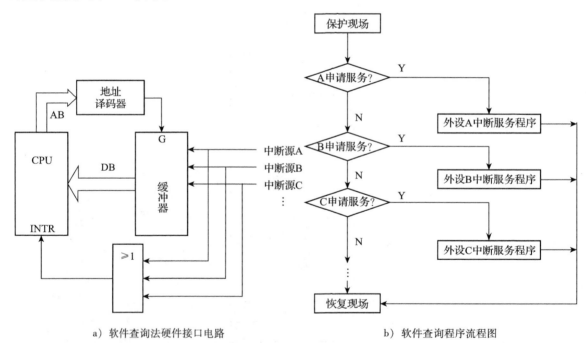

a）软件查询法硬件接口电路　　　　　　　　　b）软件查询程序流程图

图 7-4　硬件接口电路和软件查询程序流程图

2. 链式优先级排队（菊花链法）

菊花链法是得到中断优先级控制的硬件方法。其原理是在每个中断源的接口电路中设置一个菊花链逻辑电路。当某一接口有中断请求时，会向 CPU 发送中断请求信号，若 CPU 允许中断，则 CPU 发出中断响应信号 $\overline{\text{INTA}}$。$\overline{\text{INTA}}$ 信号在菊花链中传递，如果某接口中无中断请求信号，则 $\overline{\text{INTA}}$ 信号通过菊花链逻辑电路，原封不动地向后传递；如果某接口中有中断请求信号，则该接口的菊花链逻辑电路阻塞 $\overline{\text{INTA}}$ 信号向后传递。显然，在多个中断请求同时发生时，最靠近 CPU 的接口优先级最高。菊花链法电路如图 7-5 所示。

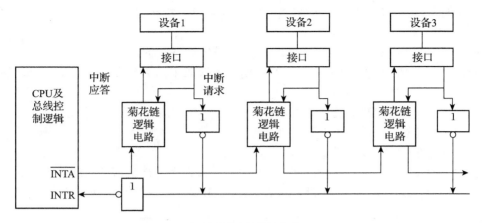

a）链式优先级排队电路

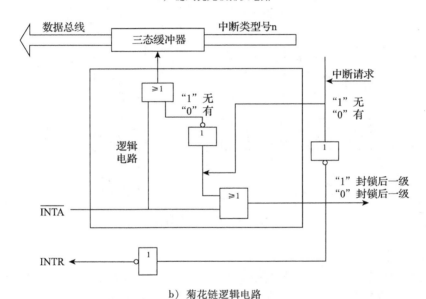

b）菊花链逻辑电路

图 7-5　菊花链法电路

3. 可编程中断控制器

中断控制器是集合中断请求、中断屏蔽、中断判优、中断源类型码提供等功能于一身的专用大规模集成芯片。采用可编程中断控制器是当前微型计算机中解决中断的最常用方案。Intel 公司的 8259A 就是具有上述功能的可编程中断控制器。关于 8259A 的具体使用将在 7.3 节中详细论述。

7.2　8086 的中断系统

80x86 微处理器具有一个简单而灵活的中断系统，可处理 256 种不同的中断请求。这些中断可分为两大类，即外部中断（硬件中断）和内部中断（软件中断），具体如图 7-6 所示。

7.2.1　外部中断（硬件中断）

1. 可屏蔽中断 INTR

可屏蔽中断 INTR 信号连到 CPU 的 INTR 引脚，它受 CPU 中断允许标志位 IF 的控制，即 IF =

1 时，CPU 才能响应 INTR 引脚上的中断请求。当可屏蔽中断被响应时，CPU 需执行 7 个总线周期，即：

1）执行第一个 INTA 总线周期，通知外部中断系统做好准备。

2）执行第二个 INTA 总线周期，从外部中断系统获取中断类型号，并乘以 4，形成中断向量地址。

3）执行一个总线写周期，将标志寄存器内容压栈，同时使 IF 为 0，TF 为 0。

4）执行一个总线写周期，把 CS 内容压栈。

5）执行一个总线写周期，把当前 IP 内容压栈。

6）执行一个总线读周期，从中断向量表中读取中断服务程序的偏移地址并送 IP。

7）执行一个总线读周期，从中断向量表中读取中断服务程序的段地址并送 CS。

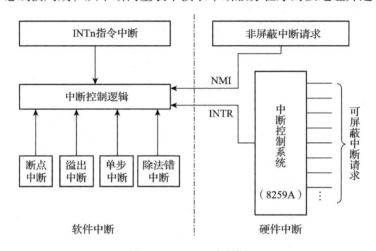

图 7-6 80x86 中断源

2. 非屏蔽中断

非屏蔽中断 NMI 信号连到 CPU 的 NMI 引脚，它不受 CPU 中断允许标志位 IF 的控制，一旦发生，立即转至中断类型号为 2 的中断处理服务程序。NMI 的优先级高于 INTR。当 CPU 采样到 NMI 有请求时，在内部将其锁存，并自动提供中断类型号 2，然后按以下顺序处理：

1）将中断类型号乘以 4，得到中断向量地址 0008H。

2）将标志寄存器内容压入堆栈保护。

3）清 IF 和 TF 标志，屏蔽 INTR 中断和单步中断。

4）保存断点，即把断点处的 IP 和 CS 内容压栈。

5）从中断向量表中取中断服务程序的入口地址，分别送至 CS 和 IP。

6）转入相应中断服务程序并执行。

7）恢复断点及标志寄存器内容，中断返回。

在 IBM PC/XT 系统中，NMI 主要用于解决系统主板上 RAM 出现的奇偶错，或 I/O 通道中扩展选件板上出现的奇偶校验错等。

7.2.2 内部中断（软件中断）

内部中断是由于 80x86 内部执行程序出现异常引起的程序中断，包括除法错中断、溢出中断、INTn 指令中断、单步中断和断点中断。内部中断响应后不需要 INTA 总线周期，处理过程与 NMI 过程基本相同。

1）除法错中断。在执行除法指令时，若除数为 0 或商超过寄存器所能表达的范围，则 CPU

立即产生一个 0 型中断。

2）溢出中断。如果上一条指令使溢出标志位 OF 为 1，则执行 INTO 指令产生中断，溢出中断的中断类型号为 4。

3）INTn 指令中断。在执行中断指令 INTn 时产生的一个中断类型号为 n 的内部中断。

4）单步中断。当陷阱标志 TF 置 1 时，80x86 处于单步工作方式。在单步工作时，每执行完一条指令，CPU 自动产生中断类型号为 1 的中断。

5）断点中断。断点中断是 80x86 提供的一种调试程序的手段。用于设置程序中的断点，中断类型号为 3。

7.2.3　中断向量表

1. 中断类型号

CPU 在响应中断后，都要保护现场和断点，然后转入相应的中断服务子程序。因此，中断操作要解决的一个首要问题，就是找到与中断源相对应的中断服务子程序的入口地址。在 8086 系统中，通过采用中断类型号和中断向量的办法来解决这个问题。系统中设有 256 类中断，每类中断分配到一个 8 位编号（00H ~ FFH），共 256 个编号，这个编号称为中断类型号。

2. 中断向量

8086 中断系统的 256 个中断源对应 256 个中断服务子程序。中断服务子程序的入口地址叫中断向量，由 16 位段地址和 16 位偏移地址组成。每个中断源对应一个中断向量。

3. 中断向量表

把系统中所有的中断向量集中起来放到存储器的某一个区域内，这个存放中断向量的存储区域就叫中断向量表，或中断服务子程序入口地址表。8086 系统把中断向量表，存放于系统内存的最低端 00000H ~ 003FFH，共 1KB，每 4 个连续字节存放一个中断向量，即对应一个中断服务子程序的入口地址，较高地址的 2 个字节存放中断服务子程序入口的段地址，较低地址的 2 个字节存放中断服务子程序入口的偏移地址。80x86 系统的中断向量表结构如图 7-7 所示。

中断向量表地址指示中断向量在中断向量表的存储位置，它就是中断向量的地址。存放中断向量的 4 个存储单元中的最低地址称为中断向量地址。中断向量在中断向量表中按照中断类型号顺序存放，所以中断向量表地址可以由中断类型号乘以 4 计算得到，如图 7-8 所示。

CPU 响应中断后，将中断类型号 ×4，在中断向量表中"查表"得到中断服务子程序的入口地址，分别送 CS 和 IP，从而转入中断服务子程序。设置中断向量的方法有两种：一是自编一段程序将中断服务子程序的入口地址直接写入中断向量表中的相应单元；二是利用 DOS 功能调用完成中断向量的设置。

（1）直接写入

```
MOV  DS,0000H
MOV  SI,中断类型号 * 4
MOV  AX,中断服务程序偏移地址
MOV  [SI],AX
MOV  AX,中断服务程序段地址
MOV  [SI+2],AX
```

（2）利用 DOS 功能调用　设置中断向量（DOS 功能调用 INT 21H）。

功能号：AH = 25H。

入口参数：AL = 中断类型号，DS:DX = 中断向量（段地址:偏移地址）。

获取中断向量（DOS 功能调用 INT 21H）。

功能号：AH = 35H。

入口参数：AL = 中断类型号。

出口参数：ES:BX = 中断向量（段地址:偏移地址）。

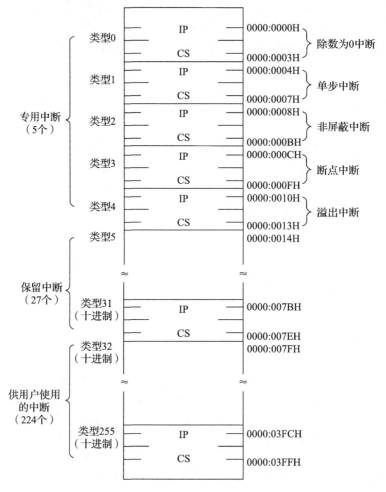

图 7-7　中断向量表

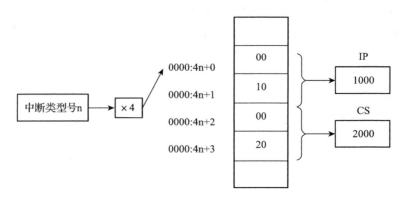

图 7-8　中断类型号和中断服务子程序入口地址之间的关系

7.2.4　8086 中断响应和处理过程

在 8086 系统中，各种中断的响应和处理过程是不完全相同的，但主要区别在于如何获取响应的中断类型号。8086 规定的中断优先级顺序从高到低为：除法出错→INTn 指令中断→断点中断→溢出中断→NMI→INTR→单步中断。对一个中断请求的响应和处理过程如图 7－9 所示。当响应中断后，按图 7－9 左半部分的顺序查询，并从内部或外部得到反映该中断的中断类型号。尽管中断类型号不同，但 80x86 对它们的响应过程一样，如图 7－9 右半部分所示。

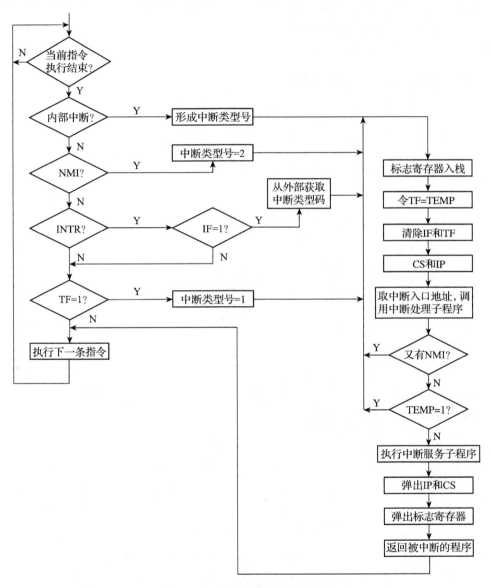

图 7－9　中断响应和处理流程图

在获取中断类型号后执行中断服务子程序前，进一步判断是否存在单步中断，目的是在系统单步工作时又产生其他中断的情况下，尽管系统首先识别其他中断，但在执行该服务程序前，还可识别出单步中断，并首先开始执行单步中断服务子程序。当单步中断处理结束后，才返回原先被挂起的其他中断服务子程序。另外，还要判断是否存在非屏蔽中断，也是为了系统能够及时处理外部紧急事件提出的中断请求。

7.3 中断控制器 8259A

7.3.1 8259A 的功能

Intel 8259A 是一种可编程的、具有强大中断管理功能的大规模集成电路芯片，其主要功能有：

1）具有 8 级优先权控制，通过级联可扩展至 64 级。

2）每一级均可通过编程实现屏蔽或开放。

3）能向 CPU 提供相应的中断类型号。

4）可通过编程选择不同的工作方式。

7.3.2 8259A 的内部结构和引脚功能

1. 8259A 的内部结构

8259A 的内部结构如图 7 - 10 所示，主要由 8 个功能模块组成。

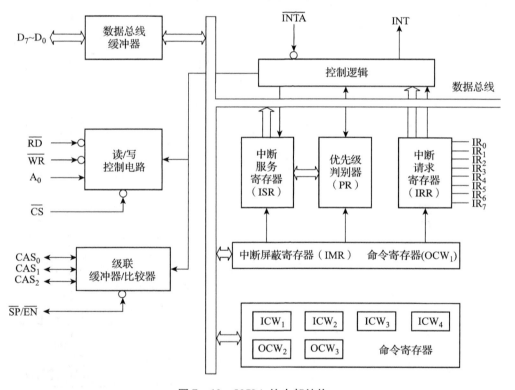

图 7 - 10   8259A 的内部结构

（1）中断请求寄存器（IRR） IRR 是一个具有锁存功能的 8 位寄存器，用于存储外部设备提出的中断请求。$IR_0 \sim IR_7$ 可连接 8 个外设的中断请求信号，当 $IR_0 \sim IR_7$ 中任何一个变为高电平时，IRR 中的相应位置 1。

（2）中断服务寄存器（ISR） ISR 是一个 8 位寄存器，用于寄存所有正在被服务的中断请求。8259A 在接收到第一个 $\overline{INTA}$ 信号后，使当前被响应的中断请求所对应的 ISR 置 1，而相应的 IRR 复位。在中断嵌套时，ISR 中有多位为 1。

（3）中断屏蔽寄存器（IMR） IMR 是一个 8 位寄存器，用于寄存要屏蔽的中断。某位为 1，表示屏蔽相应中断请求；为 0，表示开放相应中断请求。

（4）优先级判别器（PR）　用于识别和管理 IRR 中各位的优先权级别。各个信号的优先权级别可通过编程定义和修改。当有中断请求使 IRR 中某些位置 1 时，优先级判别器选出其中级别最高的中断级，当中断允许嵌套时，选出的中断级若优先权高于正在服务的中断，则发中断请求信号 INT，并中止当前的中断处理，执行高一级的中断处理；若优先权低于正在服务的中断，则不发中断请求信号 INT。

（5）数据总线缓冲器　用于连接系统的数据总线，是一个 8 位双向三态缓冲器，传输写入 8259A 的控制字、读取的 8259A 状态信息以及 CPU 读取的中断类型号。

（6）读/写控制电路　用于接收端口地址信息和 CPU 的读/写控制信号 IOR 和 IOW，产生相应的控制信号，控制命令字的写入和状态字的读取。

（7）控制逻辑　根据编程设定的工作方式管理 8259A，负责向 CPU 发中断请求信号 INT 和接收来自 CPU 的中断响应信号 $\overline{INTA}$，并将 INTA 信号转换成内部所需的各种控制信号。

（8）级联缓冲器/比较器　用于控制多片 8259A 的级联，使得系统的中断级可以扩展。最多可用 9 片实施级联，一片为主片，其余为从片。

（9）命令寄存器

从对 8259A 编程的角度来看，8259A 共有 7 个 8 位寄存器，分为初始化命令字寄存器和操作命令字寄存器两组。

初始化命令字寄存器有 4 个，用来存放初始化命令字，分别为 $ICW_1 \sim ICW_4$。初始化命令字是系统启动时由初始化程序设置的，是 8259A 工作的前提条件。初始化命令字一旦被设定，一般在系统工作过程中不会改变。

操作命令字寄存器有 3 个，分别为 $OCW_1 \sim OCW_3$。操作命令字在应用程序中被设定，用来对中断过程进行动态控制。在系统运行过程中操作命令字可以多次被设置。

2. 8259A 的引脚及功能

8259A 为 28 脚双列直插式封装，其引脚如图 7-11 所示。

$D_7 \sim D_0$：双向三态数据线，在系统中与数据总线相连。

$IR_7 \sim IR_0$：中断请求输入信号。

$\overline{RD}$：读控制信号，输入，与系统控制总线相连。

$\overline{WR}$：写控制信号，输入，与系统控制总线相连。

$\overline{CS}$：片选信号，输入，与地址译码电路相连。

A_0：地址线，输入，在使用中 8259A 占用相邻两个端口地址，A_0 与 $\overline{CS}$ 配合，$A_0 = 1$ 选中奇地址端口，$A_0 = 0$ 选中偶地址端口。在 80x86 的 PC 系列机中，主片 8259A 的端口地址为 20H 和 21H。

$CAS_2 \sim CAS_0$：级联信号线，对主片 8259A，它为输出；对从片 8259A，它为输入。主、从片 8259A 的 $CAS_2 \sim CAS_0$ 对应相连，主片 8259A 在第一个 $\overline{INTA}$ 响应周期内通过 $CAS_2 \sim CAS_0$ 送出识别码，而和此识别码相符的从片 8259A 在接收到第二个 $\overline{INTA}$ 信号后将中断类型码发送到数据总线上。

$\overline{SP}/\overline{EN}$：从编程/缓冲器允许信号，双向。$\overline{SP}/\overline{EN}$ 是作为输入还是输出，取决于 8259A 是否采用缓冲方式，若采用缓冲方式，$\overline{SP}/\overline{EN}$ 作为输出；反之，则作为输入。作为输入的 $\overline{SP}$ 使用时，用于区分主、从片 8259A。主片 8259A 的 $\overline{SP} = 1$，

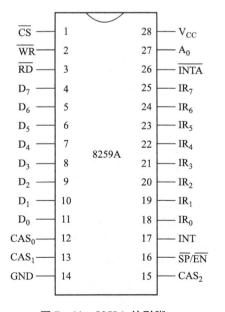

图 7-11　8259A 的引脚

从片 8259A 的 $\overline{SP}=0$。作为输出的 $\overline{EN}$ 使用时，为数据总线缓冲器的使能信号。

INT：中断请求信号，输出。与 CPU 的 INTR 引脚连接。

$\overline{INTA}$：中断响应信号，输入。与 CPU 的 $\overline{INTA}$ 引脚连接。

7.3.3 8259A 的工作方式

8259A 有多种工作方式，可以通过编程来设定。用户可根据系统工作的要求来选择相应的工作方式，然后通过对 8259A 写入初始化命令字来确定其工作方式。

1. 中断嵌套方式

（1）全嵌套方式　全嵌套方式是 8259A 最常用的一种工作方式，中断优先级别固定，IR_0 最高，IR_7 最低。当 IR_i 中断请求响应时，相应的 ISR_i 位置 1，在中断处理过程中禁止同级和优先级低于本级的中断请求。

（2）特殊全嵌套方式　特殊全嵌套方式与全嵌套方式基本相同，只是在特殊全嵌套方式下，可响应同级的中断请求。

特殊全嵌套方式一般用于 8259A 的级联情况，如图 7-12 所示。此时从片的 INT 连接到主片的 IR_i 上，每个从片的 $IR_0 \sim IR_7$ 有不同的优先级别，但从主片看来，每个从片都是同一优先级。如果采用全嵌套方式，则从片中某一较低级的中断请求经主片得到响应后，主片会把该从片的所有其他中断请求作为同一级而屏蔽掉，包括优先级较高的中断请求，因此无法实现从片上各级中断的嵌套。所以，系统中只有一片 8259A 时，通常采用全嵌套方式，而系统中有多片 8259A 时，主片则必须采用特殊全嵌套方式，而从片可采用全嵌套方式。

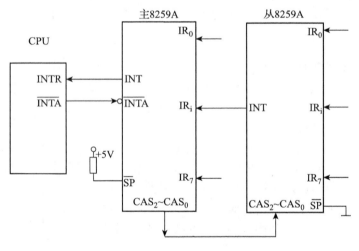

图 7-12　8259A 的级联

2. 循环优先方式

（1）优先级自动循环方式　初始时，优先次序为 $IR_0 \rightarrow IR_7$，IR_0 最高，IR_7 最低。当某级中断响应后，则优先级降为最低。而其后的与之相邻的优先级升为最高。如 IR_3 响应后的优先级次序变为 IR_4、IR_5、IR_6、IR_7、IR_0、IR_1、IR_2、IR_3。

（2）优先级特殊循环方式　优先级特殊循环方式与优先级自动循环方式相比仅有一点不同，就是在优先级特殊循环方式下，一开始的最低优先级是由编程确定的。如编程时确定 IR_5 为最低优先级，则 IR_6 优先级最高。

3. 中断屏蔽方式

（1）普通屏蔽方式　这种屏蔽方式是通过编程将中断屏蔽字写入 IMR 而实现的。若写入某位为 1，则对应的中断请求被屏蔽；为 0，则对应的中断请求被开放。

（2）特殊屏蔽方式　此方式用于这样一种特殊要求的场合，即在执行较高级的中断服务时，希望开放较低级的中断请求。采用普通屏蔽方式是不能实现这一要求的，因为用普通方式时，即使把较低级的中断请求开放，但由于 ISR 中当前正在服务的较高中断级的对应位仍为 1，它会禁止所有优先级比它低的中断请求。采用特殊屏蔽方式可在中断服务子程序中用中断屏蔽命令字来屏蔽当前正在服务的中断级别（即设置 IMR 的相应位为 1），同时使 ISR 中对应位清 0，这样不但屏蔽了当前正在服务的中断级，同时真正开放了其他优先级较低的中断请求。

4. 结束中断处理方式

当某个中断服务完成时，必须给 8259A 一个中断结束命令，使 ISR 的相应位清 0，从而结束中断。8259A 有两种不同的结束中断处理方式。

（1）自动中断结束方式（AEOI）　此种方式只能用于单片 8259A 的系统中，8259A 在第二个 $\overline{INTA}$ 信号的上升沿，自动清除 ISR 的相应位。

（2）非自动中断结束方式（EOI）　在这种工作方式下，中断服务程序返回前，必须向 8259A 发送中断结束命令，清除 ISR 的相应位，表示该中断处理的结束。

非自动中断结束方式又分一般和特殊结束中断处理方式两种。一般结束中断处理方式只要在程序中往 8259A 的偶地址端口输出一个操作命令字 OCW_2，并使得 OCW_2 中的 EOI = 1、SL = 0、R = 0 即可。在特殊全嵌套方式中，因无法确定哪一级中断为最后响应和处理的，因此特殊结束中断处理方式也是在程序往 8259A 的偶地址端口输出一个操作命令字 OCW_2，并使得 OCW_2 中的 EOI = 1、SL = 1、R = 0，且 $L_2 L_1 L_0$ 指明清除 ISR 中的哪一位。

5. 程序查询方式

在程序查询方式下，8259A 不向 CPU 发 INT 信号，而是靠 CPU 不断查询。当查询到有中断请求时，转入相应的中断服务子程序。设置查询方式的过程为：写入查询方式命令字，然后读取 8259A 的查询字（IRR 寄存器），其格式为：

D_7	D_6	D_5	D_4	D_3	D_2	D_1	D_0
I	—	—	—	—	W_2	W_1	W_0

I = 1 表示有中断请求，$W_2 W_1 W_0$ 表示 8259A 请求服务的最高优先级编码，$D_6 \sim D_3$ 无实际意义。

6. 中断请求触发方式

（1）边沿触发方式　在边沿触发方式下，8259A 将中断请求输入端出现的上升沿作为中断请求信号。

（2）电平触发方式　在电平触发方式下，8259A 将中断请求输入端出现的高电平作为中断请求信号。在中断请求得到响应后必须及时撤除高电平，如果在 CPU 进入中断处理过程并且开放中断前，未去掉高电平信号，则可能引起不应有的第二次中断。

7.3.4　8259A 的编程

8259A 的编程包括初始化编程和工作方式编程两部分，其中初始化命令字 4 个（$ICW_1 \sim ICW_4$），操作命令字 3 个（$OCW_1 \sim OCW_3$）。

1. 8259A 的初始化命令字

（1）初始化命令字 ICW$_1$ ICW$_1$ 的主要功能是设置 8259A 中断请求 IR$_i$ 的触发方式，是单片 8259A 还是多片 8259A。当写入 ICW$_1$ 后，自动清除中断屏蔽寄存器 IMR，并默认为全嵌套方式。ICW$_1$ 写入 8259A 的偶地址端口。其格式如下：

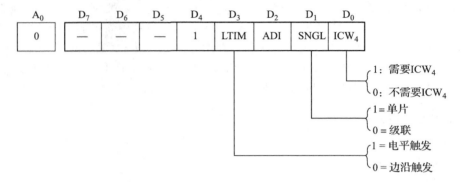

D$_4$ 为 ICW$_1$ 的特征标志位。

D$_3$（LTIM）表示中断请求信号起作用的触发方式。D$_3$ = 1 为电平触发，D$_3$ = 0 为边沿触发。

D$_2$（ADI）在 8080/8085 CPU 模式下用，80x86 CPU 模式下不用。

D$_1$（SNGL）表示系统是使用单片 8259A 还是多片 8259A。D$_1$ = 1 为单片，D$_1$ = 0 为多片。

D$_0$（ICW$_4$）表示是否需要 ICW$_4$。D$_0$ = 1 为需要，D$_0$ = 0 为不需要。

（2）初始化命令字 ICW$_2$ ICW$_2$ 的功能是设定 8259A 的中断类型号。ICW$_2$ 写入 8259A 的奇地址端口。其格式如下：

A$_0$	D$_7$	D$_6$	D$_5$	D$_4$	D$_3$	D$_2$	D$_1$	D$_0$
1	T$_7$	T$_6$	T$_5$	T$_4$	T$_3$	0	0	0

D$_7$ ~ D$_3$ 为中断类型号的高 5 位，由用户给出。低三位由 8259A 按 IR$_0$ ~ IR$_7$ 三位编码值自动填入。三位编码定义见表 7 - 1。

表 7 - 1 三位编码定义

中断源	D$_7$	D$_6$	D$_5$	D$_4$	D$_3$	D$_2$	D$_1$	D$_0$
IR$_7$	T$_7$	T$_6$	T$_5$	T$_4$	T$_3$	1	1	1
IR$_6$	T$_7$	T$_6$	T$_5$	T$_4$	T$_3$	1	1	0
IR$_5$	T$_7$	T$_6$	T$_5$	T$_4$	T$_3$	1	0	1
IR$_4$	T$_7$	T$_6$	T$_5$	T$_4$	T$_3$	1	0	0
IR$_3$	T$_7$	T$_6$	T$_5$	T$_4$	T$_3$	0	1	1
IR$_2$	T$_7$	T$_6$	T$_5$	T$_4$	T$_3$	0	1	0
IR$_1$	T$_7$	T$_6$	T$_5$	T$_4$	T$_3$	0	0	1
IR$_0$	T$_7$	T$_6$	T$_5$	T$_4$	T$_3$	0	0	0

（3）初始化命令字 ICW$_3$ ICW$_3$ 仅用于 8259A 的级联方式，其功能是用来表明主片 8259A 的 IR$_i$ 与从片 8259A 的 INT 之间连接关系。ICW$_3$ 写入 8259A 的奇地址端口。8259A 作为主片的格式如下：

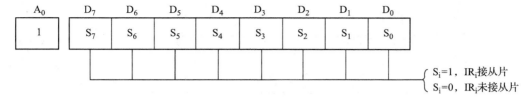

$D_7 \sim D_0$（$S_7 \sim S_0$）表示相应的 $IR_7 \sim IR_0$ 中断请求线上有无从片。$S_i = 1$ 表示 IR_i 接有从片。
8259A 作为从片的格式如下：

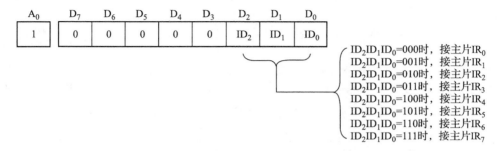

$D_2 \sim D_0$ 为从片的识别码，表示从片的 INT 输出是和主片 8259A 中的哪一个 IR_i 相连接。

（4）初始化命令字 ICW_4　ICW_4 的功能是用来设定 80x86 系统中的 8259A 在级联方式下的优先权管理方式、主/从状态以及中断结束方式等。ICW_4 写入 8259A 的奇地址端口。其格式如下：

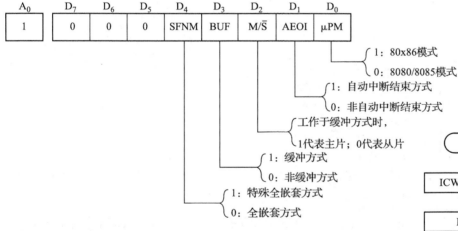

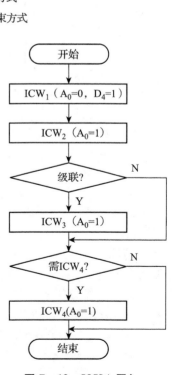

D_0（μPM）定义了 8259A 工作的系统。$D_0 = 1$ 为 80x86 系统，$D_0 = 0$ 为 8080/8085 系统。

D_1（AEOI）表示是否采用自动结束中断方式。$D_1 = 1$ 为自动中断结束方式，$D_1 = 0$ 为非自动中断结束方式。

D_2（M/S）表示本片 8259A 是主片还是从片。$D_2 = 1$ 为主片，$D_2 = 0$ 为从片。

D_3（BUF）表示本片 8259A 和系统数据总线之间是否有缓冲器。$D_3 = 1$ 表示有缓冲器，因此必须产生控制信号，使缓冲器启动；$D_3 = 0$ 表示没有缓冲器。

D_4（SFNM）用于设定级联方式下的优先级管理方式。$D_4 = 1$ 为特殊全嵌套方式，$D_4 = 0$ 为全嵌套方式。

写入初始化命令字的流程如图 7-13 所示。

图 7-13　8259A 写入初始化命令字的流程图

2. 8259A 的操作命令字

（1）操作命令字 OCW$_1$ 操作命令字 OCW$_1$ 也称屏蔽操作命令字，写入 8259A 的奇地址端口。其格式如下：

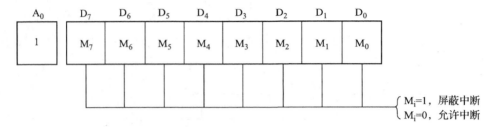

M$_i$ =1 表示 IR$_i$ 上的中断请求被屏蔽，M$_i$ =0 表示 IR$_i$ 上的中断请求被允许。

（2）操作命令字 OCW$_2$ 操作命令字 OCW$_2$ 也称中断方式命令字，用来设置优先级是否循环、循环的方式及中断结束的方式。OCW$_2$ 写入 8259A 的偶地址端口。其格式如下：

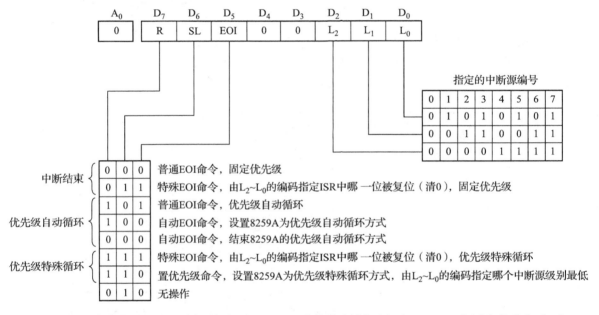

D$_7$（R）为中断排队是否循环的标志。R =1 为优先级循环方式，R =0 为固定优先级方式。

D$_6$（SL）表示选择 L$_2$ L$_1$ L$_0$ 编码是否有效的标志。若 SL =1，则 L$_2$ L$_1$ L$_0$ 编码有效，若 SL =0，则编码无效。

D$_5$（EOI）为中断结束命令。EOI =1 时，则使现行的 ISR 中最高优先级的相应位复位（一般中断结束方式），或由 L$_2$ L$_1$ L$_0$ 指定的 ISR 相应位复位（特殊中断结束方式）。

D$_2$ D$_1$ D$_0$（L$_2$ L$_1$ L$_0$）对应 8 个二进制编码，有两个作用：一是用在特殊 EOI 命令中，表示清除的是 ISR 的哪一位；二是用在优先级特殊循环方式中，表示系统中最低优先级编码。

（3）操作命令字 OCW$_3$ 操作命令字 OCW$_3$ 也称状态操作命令字，其功能是用来设置特殊屏蔽方式和查询方式，以及用来读取 8259A 的中断请求寄存器 IRR 和中断服务寄存器 ISR 的当前状态。OCW$_3$ 写入 8259A 的偶地址端口。其格式如下：

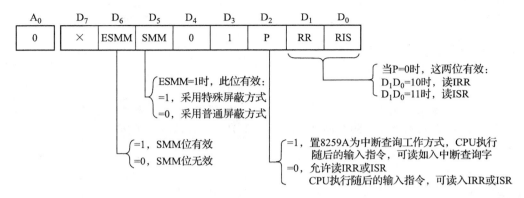

D_6D_5 两位决定 8259A 是否工作于特殊屏蔽方式。D_6D_5 为 11 时，8259A 为特殊屏蔽方式；D_6D_5 为 10 时，8259A 为一般屏蔽方式。

D_1D_0 两位规定随后读取的寄存器。D_1D_0 为 11 时，表示要读 ISR；D_1D_0 为 10 时，表示要读 IRR。

D_2 决定 8259A 是否处于程序查询方式。$D_2 = 1$ 时，8259A 处于程序查询方式。当 8259A 发出查询命令后，从偶地址读出的数据即为中断请求状态字。

3. 8259A 编程举例

【例 7 - 1】 8259A 在 IBM PC/XT 中的应用。

分析：在 IBM PC/XT 中只有一片 8259A，可连接 8 个外部中断源，其连接方法、中断源名称及中断类型码如图 7 - 14 所示。

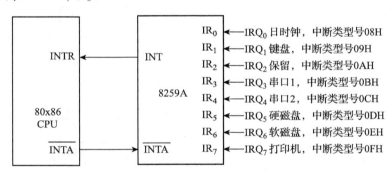

图 7 - 14 8259A 在 IBM PC/XT 中连接图

系统分配给 8259A 的 I/O 端口地址为 20H 和 21H，采用边沿触发方式、缓冲方式、非自动中断结束方式以及完全嵌套方式。

对 IBM PC/XT 微机 8259A 的初始化程序段如下所示：

```
MOV   AL,00010011B      ;设置 ICW1,边沿触发,单片 8259A 时,需 ICW4
OUT   20H, AL
MOV   AL,00001000B      ;设置 ICW2,中断类型号的高 5 位为 00001
OUT   21H, AL
MOV   AL,00001101B      ;设置 ICW4,非自动中断结束方式,完全嵌套方式,缓冲方式
OUT   21H, AL
```

【例 7 - 2】 读中断请求寄存器 IRR 内容。设 8259A 偶地址端口为 20H，奇地址端口为 21H。

分析：若要对 IRR 或 ISR 读出时，则必须先写一个 OCW3 命令字，以便 8259A 处于被读状态，然后再从偶地址端口读出 IRR 或 ISR 中的内容。

程序段如下所示：

```
        MOV  AL,0AH
        OUT  20H,AL      ;设置OCW₃
        NOP
        IN   AL,20H      ;读IRR内容
```

【例7-3】 试编程实现主机每次响应8259A的IR₂中断请求，显示字符串"This is a 8259A interrupt!"，中断10次结束。8259A偶地址端口为20H，奇地址端口为21H，IR₂的中断类型号为0AH。程序流程如图7-15所示。

```
DATA  SEGMENT
    MESS  DB  'This is a 8259A interrupt! ',0AH,0DH,'$'
DATA  ENDS
CODE  SEGMENT
    ASSUME  CS:CODE, DS:DATA
START:MOV AX, DATA
        MOV DS, AX
        CLI              ;关中断
        PUSH  DS
        MOV AX,SEG  DISPLAY    ;取中断服务程序入口段地址
        MOV DS, AX
        MOV DX,OFFSET  DISPLAY ;取中断服务程序入口偏移地址
        MOV AX,250AH ;设置中断向量
        INT 21H
        POP DS
        MOV AL,13H    ;设置ICW1,边沿触发
                      ;单片8259A,需ICW4
        OUT 20H, AL
        MOV AL,08H    ;设置ICW2,中断类型号的
                      ;高5位为00001
        OUT 21H, AL
        MOV AL,05H    ;设置ICW4,非EOI方式
                      ;完全嵌套方式
        OUT 21H, AL
        IN AL,21H     ;读取IMR
        AND AL,0FBH   ;开放IR2
        OUT 21H, AL
        MOV BL,10     ;初始化中断次数
        STI           ;开中断
WAIT1:CMP BL, 0
        JNZ WAIT1
        CLI
        IN AL, 21H
        OR AL,04H     ;禁止R2中断
        OUT 21H, AL
        STI
        MOV AH,4CH    ;返回DOS
        INT 21H
DISPLAY PROC NEAR
        LEA  DX,MESS  ;显示字符串
```

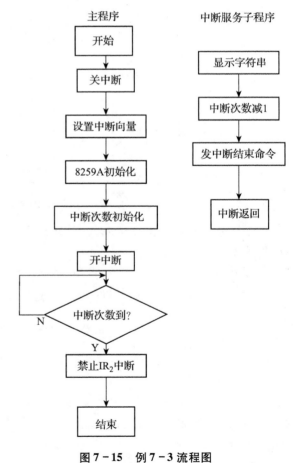

图7-15 例7-3流程图

```
        MOV AH,09H
        INT 21H
        DEC BL          ;中断次数减 1
        MOV AL,20H      ;发送中断结束命令
        OUT 20H,AL
        IRET
    DISPLAY   ENDP
CODE ENDS
        END START
```

7.3.5　8259A 的级联

在一个中断系统中，可以使用多片 8259A，采用级联方法，使中断优先级从 8 级扩展到 64 级。在级联时，只能有一片 8259A 作为主片，其余的 8259A 均作为从片。

主 8259A 的 3 条级联线 $CAS_0 \sim CAS_2$ 作为输出线，通过驱动器连接到每个从片的 $CAS_0 \sim CAS_2$ 的输入端。若只有一个从片，也可不加驱动器。

图 7-16 所示为 80x86 微机系统中使用 2 片 8259A 构成的级联中断系统。系统分配给主片 8259A 的端口地址为 20H 和 21H，从片 8259A 的端口地址为 A0H 和 A1H，系统加电后，BIOS 对它们的初始化程序如下：

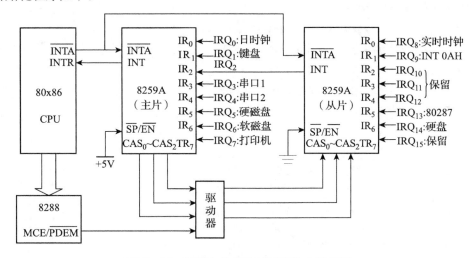

图 7-16　8259A 在 IBM PC/XT 中的应用

```
;主片 8259A
MOV  AL,11H          ;设置 ICW1,边沿触发,需 ICW4
OUT  20H,AL
MOV  AL,08H          ;设置 ICW2,中断类型号的高 5 位为 00001
OUT  21H,AL
MOV  AL,04H          ;设置 ICW3,从片连到主片的 IR2 上
OUT  21H,AL
MOV  AL,15H          ;设置 ICW4,非缓冲,非 EOI,特殊全嵌套方式
OUT  21H,AL
;从片 8259A
MOV  AL,11H          ;设置 ICW1,边沿触发,需 ICW4
OUT  0A0H,AL
MOV  AL,70H          ;设置 ICW2,中断类型号的高 5 位为 01110
OUT  0A1H,AL
```

```
MOV  AL,02H          ;设置 ICW₃,设定从片级联于主片的 IR₂
OUT  0A1H, AL
MOV  AL,01H          ;设置 ICW₄,非缓冲,非 EOI,全嵌套方式
OUT  0A1H, AL
```

7.4 中断程序设计

中断服务程序的一般结构如图 7 – 17 所示。如前所述，若该中断处理能被更高级别的中断源中断，则需加入开中断指令。在中断服务程序的最后，一定要有中断返回指令，以保证断点的恢复。

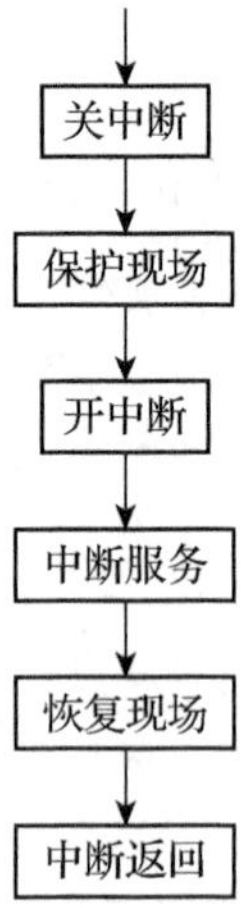

中断服务程序的设计一般有以下几个步骤：

1. 设置中断向量表

1）利用传送指令直接访问中断向量表的相应存储单元。

2）利用 DOS 系统功能 INT 21H 的 25H 和 35H 子功能修改中断向量。

2. 设置中断控制器 8259A

1）若在 PC 上实现中断控制，可用 PC 内的 8259A。此时，主要是对已初始化的 8259A 的 IMR 进行设置，允许相应位开放中断。

图 7 – 17 中断服务程序的一般结构

下面的程序段实现了对 IMR 的修改和恢复功能。

```
INTIMR   DB ?
...
IN  AL,21H           ;读出 IMR
MOV  INTIMR,AL       ;保存原 IMR 内容
AND  AL,0F7H         ;允许 IRQ₃,其他不变
OUT  21H,AL          ;设置新 IMR 内容
...
;下面的代码可以恢复 IMR 原先的内容
MOV  AL,INT IMR      ;取出保留的 IMR 原内容
OUT  21H,AL          ;重写 OCW₁
...
```

2）若是在自行设计的微机系统内实现中断控制，则应对 8259A 进行完整的初始化设置。

3. 设置 CPU 的中断允许标志 IF

1）初始化时利用 CLI 指令关中断。

2）初始化结束后，根据需要在程序中适当的地方利用 STI 指令开中断。

4. 设计中断服务程序

用户在设计中断服务程序时要预先确定一个中断类型号，不论是采用软件中断还是硬件中断，都只能在系统预留给用户的类型号中进行选择。

（1）DOS 系统功能调用法

功能号：（AH）= 25H。

入口参数：

（AL）＝中断类型号；

（DS）＝中断服务程序入口地址的段地址；

（DX）＝中断服务程序入口地址的偏移地址。

下面程序段完成中断类型号为 80H 的入口地址置入，设中断服务程序为 NEWINT。

```
PUSH  DS                  ;保护 DS
MOV   DX,OFFSET NEWINT    ;取服务程序偏移地址
MOV   AX,SEG  NEWINT      ;取服务程序段地址
MOV   DS,AX
MOV   AH,25H              ;送功能号
MOV   AL,80H              ;送中断类型号
INT   21H                 ;DOS 功能调用
POP   DS                  ;恢复 DS
```

（2）直接装入法　即用传送指令直接将中断服务程序首地址置入矢量表中。

设中断类型号为 80H（此类型号对应的矢量表地址为从 00200H 开始的 4 个连续存储单元），其中断服务程序为 NEWINT。程序段如下：

```
XOR  AX,AX
MOV  DS,AX
MOV  AX,OFFSET NEWINT
MOV  DS：[0200H],AX      ;置服务程序偏移地址
MOV  AX, SEG  NEWINT
MOV  DS：[0200H＋2],AX   ;置服务程序所在代码段的段地址
```

（3）使用字符串指令装入法

```
MOV  AX,0
MOV  ES,AX
MOV  DI,n＊4
MOV  AX,OFFSET  NEWINT
CLD
STO  SW
MOV  AX, SEG  NEWINT
STO  SW
```

其中，n 为中断类型号。

═══════════════ 习　题 ═══════════════

7.1　什么叫中断、可屏蔽中断、非屏蔽中断？为什么要设置中断？

7.2　8086 的中断系统有哪几种类型中断？其优先次序如何？

7.3　中断向量表的功能是什么？

7.4　已知中断向量表中地址 0020H～0023H 的单元中依次是 40H、00H、00H、01H，且 INT 08H 指令本身所在的地址为 9000H：00A0H。若 SP＝0100H，SS＝0300H，标志寄存器内容为 0240H，试指出在执行 INT 08H 指令，刚进入它的中断服务程序时，SP、SS、IP、CS 和堆栈顶上 3 个字的内容（用图表示）。

7.5　某一用户中断源的中断类型号为 40H，其中断服务程序名为 INTR40，请用两种不同方法设置它的中断向量。

7.6 8259A 有几种中断优先级管理方式？其特点是什么？

7.7 试编写一段将 8259A 中 IRR、ISR、IMR 的内容读出，存入到 BUFFER 开始的数据缓冲区去的程序。8259A 端口地址为 30H、31H。

7.8 中断服务子程序中中断指令 STI 放在不同位置会产生什么不同结果？中断嵌套时，STI 指令应如何设置？

7.9 某一 8086CPU 系统中，采用一片 8259A 进行中断管理。设 8259A 工作在全嵌套方式，发送 EOI 命令结束中断，边沿触发方式，IR_0 对应的中断向量号为 90H。8259A 在系统中的端口地址为 FFDCH（$A_0 = 0$）和 FFDDH（$A_0 = 1$）。试编写 8259A 的初始化程序段。

7.10 中断服务程序的入口处为什么通常要使用开中断指令？

7.11 8259A 的 ICW_2 设置了中断类型码的哪几位？说明对 8259A 分别设置 ICW_2 为 30H、38H、36H 有什么差别？

7.12 试按照如下要求对 8259A 设置初始化命令字：系统中只有一片 8259A，中断请求信号用电平触发方式，要使用 ICW4，中断类型码为 60H、61H、62H、…、67H，用特殊全嵌套方式，不用缓冲方式，采用中断自动结束方式。8259A 的端口地址为 91H、92H。

7.13 某系统中有 3 片 8259A 级联使用，1 片为 8259A 主片，2 片为 8259A 从片，从片接入 8259A 主片的 IR_2 和 IR_5 端，并且当前 8259A 主片的 IR_3 及两片 8259A 从片的 IR_4 各接有一个外部中断源。中断类型号分别为 80H、90H、A0H，中断入口段基址在 2000H，偏移地址分别为 1800H、2800H、3800H，主片 8259A 的端口地址为 CCF8H、CCFAH。一片 8259A 从片的端口地址为 FEE8H、FEEAH，另一片为 FEECH、FEEEH。中断采用电平触发，完全嵌套工作方式，普通 EOI 结束。

（1）画出硬件连接图。

（2）编写初始化程序。

第8章 常用可编程接口芯片

本章主要介绍几种常用的可编程接口芯片，可编程定时/计数器接口芯片 8253、可编程并行接口芯片 8255A、串行输入/输出接口 8250。要求掌握定时/计数器 8253 的基本组成与功能、控制字格式、各寄存器的地址分配、6 种工作方式的特点（重点掌握方式 0、方式 2、方式 3）；并行接口 8255A 的基本组成与功能、控制字格式、各寄存器的地址分配、3 种工作方式的特点（重点掌握方式 0）。

8.1 可编程接口芯片概述

CPU 要与外设交换信息，必须通过接口电路。在接口电路中一般具有如下电路单元：

1）输入/输出数据缓冲器和锁存器，以实现数据的 I/O。

2）控制命令和状态寄存器，用以存放对外设的控制命令，以及外设的状态信息。

3）地址译码器，用来选择接口电路中的不同端口（寄存器）。

4）读/写控制逻辑。

5）中断控制逻辑。

1. 片选

微机系统中，所有 I/O 接口及内存储器都挂接在系统总线上，要访问某一接口芯片中的某个端口，必须要有地址信号选中该接口芯片才能使该接口芯片进入工作状态，从而访问芯片中的某个端口。CPU 的地址信号经地址译码器后接到接口芯片的片选端 CE（Chip Enable）或 CS（Chip Select），CS（或 CE）究竟是高电平有效还是低电平有效要视接口芯片而定。

2. 读/写操作

接口芯片的地址码经译码后接通芯片的片选端，对读操作而言，怎样使输入端口的信息由数据总线进入 CPU，数据何时读入 CPU，这些都由读信号控制。对于输出接口，当 CPU 对接口进行输出数据的操作时，发出写信号。在 PC 系统中，对 I/O 接口的操作由 IN、OUT 指令完成。

3. 可编程

目前所用的接口芯片大部分是多通道、多功能的。所谓多通道就是指一个接口芯片同时可接几个外设；所谓多功能是指一个接口芯片能实现多种功能，实现不同的电路工作状态。而这些通道和电路工作状态的选择可由计算机通过指令来设定。

4. "联络"

CPU 通过外设接口芯片同外设交换信息时，接口芯片常常需要和外设间有一定的"联络"，以保证信息的正常传输。

8.2 可编程定时/计数器接口芯片 8253

计算机系统中，经常需要为 CPU 和各种 I/O 设备提供定时信号，或者按一定的时间间隔执行某种功能或操作，如动态内存的刷新、系统日历时钟的计时、扬声器的控制等，都是用定时信号产生的。在某些应用下，还需要对外部的脉冲信号进行计数。实现定时的方法主要有 3 种：软件定时、不可编程硬件定时和可编程硬件定时。

1. 软件定时

根据所需的定时间隔，设计一种循环程序，循环程序中包含一定数量的 NOP 空指令或其他不影响整个程序执行结果的指令。程序设计人员需要对这些指令的执行时间进行精确的计算与测试，以确定循环次数。由于不同计算机执行指令的速度不同，对于同样的时间间隔，不同计算机的指令循环次数不同。这种循环程序的执行对于 CPU 来说是无意义的，浪费 CPU 资源。该种方法主要应用在早期的 16 位微机系统中。

2. 不可编程硬件定时

该方法主要采用单稳态延时电路或计数电路来实现，如 555 电路。这种电路的时间间隔由外界的电阻和电容决定，一旦设计完成之后不可再改变。并且电阻、电容等电子元器件随时间的推移会有老化现象，使得原先设计的时间间隔不准确。

3. 可编程硬件定时

该方法利用专门的定时/计数器芯片产生准确的时间间隔。这种芯片的定时和计数功能可以通过控制寄存器由程序进行灵活设置，设置好之后可独立工作，不占用 CPU 时间。可编程硬件定时器常采用减 1 计数法，先设置计数器的初值，然后每检测到一个脉冲，计数值自动减 1，直到计数值为 0。当计数值减为 0 后，芯片输出一个特定的信号，CPU 可以采用查询或中断等方式识别该特殊信号，实现定时或计数功能。

定时/计数器的主要用途如下：

（1）定时功能　提供恒定的时间基准。CPU 的所有指令都是在统一的时钟控制下进行的，通过对时钟周期进行计数，可以得到一定精度或分辨率的时间间隔。例如，给计算机系统提供必需的年月日时分秒信息等。

（2）延时功能　等待指定的时间。为了保证不同系统之间的同步，对于某些操作，速度较快的系统需要等待速度较慢的设备传输数据，在操作过程中需要等待一定的时间。

（3）计数功能　对外部脉冲信号进行计数。例如，流水生产线上产品的计数，测量电动机转角的编码器输出脉冲计数等。

（4）脉冲输出功能　输出指定频率或指定宽度的脉冲。定时/计数器通常都具有输出脉冲的功能，而且能够控制输出脉冲的频率（间隔）以及脉冲高低电平的比例，即所谓的占空比。可改变占空比的输出脉冲称为脉冲宽度可调（Pulse Width Modulation，PWM），可用于对电动机进行控制。

8.2.1　Intel 8253 的内部结构与功能

微处理器厂商一般都有自己研制的可编程定时/计数器，尽管不同的定时/计数器有不同的特性，但它们有很多共性的东西。常用的可编程定时/计数器芯片是 Intel 的 8253 及其升级芯片 8254。8253 芯片是具有 3 个独立的 16 位计数器，使用单 +5V 电源供电，采用 NMOS 工艺，24 脚双排直插式封装的大规模集成电路。下面对可编程定时/计数器芯片 8253 的主要特点、内部结构与功能进行介绍。

1. 8253 的主要特点

1）每片 8253 芯片具有 3 个独立的 16 位计数通道，称为计数器 0、计数器 1、计数器 2。每个通道可以实现 1 ~ 65536 个脉冲的计数，计数速率可达 2.6MHz。

2）每个计数通道具有独立的计数功能，可单独作为计数或定时使用。

3）计数可按二进制或 BCD 码两种方式进行，按照二进制计数时，最大可实现 65536 个脉冲的计数；按 BCD 码计数时，最大可实现 10000 个脉冲的计数。

4）每个计数器可编程设定 6 种不同的工作方式，根据工作方式的不同，计数触发方式以及计数结束方式不同。

5）使用的输入/输出脉冲与 TTL 电平兼容，便于与外设接口电路相连。计数脉冲可以是系统内部脉冲，也可以是外部脉冲。

2. 8253 的内部结构与功能

8253 的每个计数通道都采用减 1 计数，即先给定计数初值，然后每收到一个脉冲，计数值减 1，当计数值为 0 时计数结束。8253 的内部结构如图 8 - 1 所示，引脚如图 8 - 2 所示。左侧与系统总线相连的分为 3 部分：数据总线缓冲器、读/写控制逻辑、控制字寄存器。右侧为 3 个独立的 16 位的计数器通道，分别是计数器 0、计数器 1 和计数器 2。

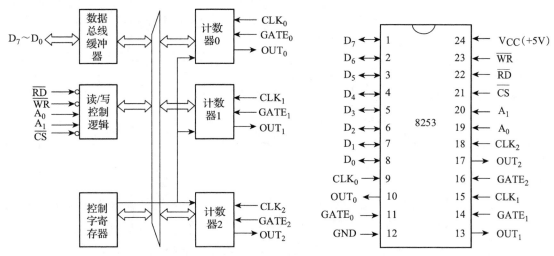

图 8 - 1　8253 的内部结构图　　　　　　图 8 - 2　8253 的引脚图

（1）数据总线缓冲器　数据总线缓冲器是 8 位的双向三态缓冲器，主要用于 8253 与 CPU 之间进行数据传送。该数据包括 3 个方面：一是向 8253 写入的控制字，二是向计数器设置的计数初值，三是从计数器读取的计数值。

（2）读/写控制逻辑　读/写控制逻辑接收输入到 8253 的 $\overline{CS}$、$\overline{RD}$、$\overline{WR}$、A_1、A_0 信号，经过逻辑控制电路的组合产生相应操作。具体操作见表 8 - 1 所示。

表 8 - 1　8253 控制信号与执行的操作

$\overline{CS}$	$\overline{RD}$	$\overline{WR}$	A_1	A_0	执行的操作
0	1	0	0	0	对计数器 0 设置初值
0	1	0	0	1	对计数器 1 设置初值
0	1	0	1	0	对计数器 2 设置初值
0	1	0	0	0	写控制字
0	0	1	0	0	读计数器 0 当前计数值
0	0	1	0	1	读计数器 1 当前计数值
0	0	1	1	0	读计数器 2 当前计数值

（3）控制字寄存器　控制字寄存器接收 CPU 发来的对 8253 的初始化控制字。对控制字寄存器只能写入，不能读出。

（4）3 个计数器　每个计数器内部都包含一个计数初值寄存器、一个减 1 计数寄存器、一个当前计数输出寄存器和一个控制寄存器。当前计数输出寄存器跟随减 1 计数寄存器的变化而变化，当有一个锁存命令出现后，当前计数输出寄存器锁定当前计数，直到被 CPU 读取之后，再随减 1 计数寄存器的变化而变化。

8253 各引脚的信号与功能定义见表 8-2。

表 8-2　8253 各引脚的信号与功能定义

引脚	信号方向	功能定义
$D_7 \sim D_0$	双向	8 位三态数据线
$CLK_0 \sim CLK_2$	输入	计数器 0/1/2 的时钟输入
$GATE_0 \sim GATE_2$	输入	计数器 0/1/2 的门控输入
$OUT_0 \sim OUT_2$	输出	计数器 0/1/2 的输出
$\overline{CS}$	输入	片选信号，低电平有效。CPU 通过该信号有效选中 8253，对其进行读/写操作
$\overline{RD}$	输入	读信号，低电平有效。有效时表示正读取某个计数器的当前计数值
$\overline{WR}$	输入	写信号，低电平有效。有效时表示正对某个计数器写入计数初值或写入控制字
$A_1 、 A_0$	输入	8253 端口选择线，可对 3 个计数器和控制寄存器寻址

8.2.2　8253 的控制字

8253 工作前，必须先设置控制寄存器的控制字（CW），用来选择计数器，设置工作方式、计数方法以及 CPU 访问计数器的读/写方法等。8253 控制字（8 位）的格式如下所示：

其中，$D_7 D_6$ 用于选择定时器，$D_5 D_4$ 用于确定时间常数的读/写格式，$D_3 D_2$ 用来设定计数器的工作方式，D_0 用来设定计数方式。

8253 的控制寄存器和 3 个计数器分别具有独立的编程地址，由控制字的内容确定使用的是哪个寄存器以及执行什么操作。因此，8253 在初始化编程时并没有严格的顺序规定，但在编程时，必须遵守两条原则：

1）在对某个计数器设置初值之前，必须先写入控制字。

2）在设计初始值时，要符合控制字中规定的格式，即只写低位字节，还是只写高位字节，或高、低位字节都写（分两次写，先低字节后高字节）。

8253 编程命令有两类：一类是写入命令，包括设置控制命令字、设置计数器的初始值命令和锁存命令；另一类是读出命令，用来读取计数器的当前值。锁存命令是配合读出命令使用的，在读计数值前，必须先用锁存命令锁定当前计数输出寄存器的当前计数。否则，在读数时，减 1 计数寄存器的值处在动态变化过程中，当前计数输出寄存器随之变化，就会得到一个不确定的结果。当 CPU 将此锁定值读取之后，锁存功能自动解锁，于是当前计数输出寄存器的内容又跟随减 1 计数寄存器而变化。在锁存和读取计数值的过程中，减 1 计数寄存器仍在做正常减 1 计数，这样就保证了计数器在运行中被读取而不影响计数的进行。

【例 8-1】8253 控制字写入示例。

```
MOV   DX,CS +3      ;8253 控制寄存器端口地址,设置 8253 内部寄存器,选择信号 A₁A₀同
                    ;系统地址总线 A₁A₀连接
MOV   AL,00110000B  ;计数器 0,先写低 8 位计数初值,后写高 8 位计数初值
OUT   DX,AL         ;方式 0,二进制编码
MOV   DX,CS +0      ;计数器 0 端口地址
MOV   AL,23H        ;23H 为低 8 位计数初值
OUT   DX,AL         ;低 8 位计数初值寄存器赋值结束
MOV   AL,56H        ;56H 为高 8 位计数初值
OUT   DX,AL         ;高 8 位计数初值寄存器赋值结束
```

【例 8 - 2】 读 8253 计数器通道 0 输出锁存器。

```
MOV   AL,00000000B  ;锁存计数器 0 计数执行单元中的内容
MOV   DX,CS +3      ;控制寄存器端口地址
OUT   DX,AL         ;执行锁存命令
MOV   DX,CS +0      ;计数器 0 端口地址
IN    AL,DX         ;读计数输出锁存器中的低 8 位内容
MOV   AH,AL         ;保护
IN    AL,DX         ;读计数输出锁存器中的高 8 位内容
XCHG  AH,AL         ;AX 中是输出锁存命令瞬间,计数执行单元中的计数值
```

8.2.3　8253 的工作方式

8253 提供了 6 种工作方式,每种工作方式触发计数的条件(门控信号)不同,输出 OUT 的波形不同。对它们的操作需遵守以下几条基本原则:

1) 当控制字写入 8253 时,所有的控制逻辑电路自动复位,这时输出端 OUT 进入初始态。

2) 计数初值写入计数器后,CLK 需要经过一个上升沿和一个下降沿(即一个时钟周期)后,初值才进入计数器,之后每检测到一个脉冲,进行减 1 计数。

3) 写入初值后,能否计数还要受门控信号 GATE 的控制。一般情况下,在时钟脉冲 CLK 的上升沿采样门控信号。

门控信号的触发方式有边沿触发和电平触发两种。门控信号为电平触发的有方式 0 和方式 4。门控信号为上升沿触发的有方式 1 和方式 5。门控信号可为电平触发也可为上升沿触发的有方式 2 和方式 3。

1. 方式 0 (计数结束产生中断)

采用这种工作方式,8253 可完成计数功能,且计数器只计一遍。

(1) 情况 1　当控制字写入后,输出端 OUT 为低电平,当计数初值写入后,在下一个 CLK 脉冲的下降沿将计数初值寄存器内容装入减 1 计数寄存器,然后计数器开始计数。在计数期间,当计数器减为 0 之前,输出端 OUT 维持低电平。当计数值减到 0 时,OUT 输出端变为高电平,可作为中断请求信号,并保持到重新写入新的控制字或新的计数值为止,如图 8 - 3a 所示。

(2) 情况 2　在计数过程中,若 GATE 信号变为低电平,则在低电平期间暂停计数,减 1 计数寄存器值保持不变如图 8 - 3b 所示。

(3) 情况 3　在计数过程中,若重新写入新的计数初值,则在下一个 CLK 脉冲的下降沿,减 1 计数寄存器以新的计数初值重新开始计数过程,如图 8 - 3c 所示。

2. 方式 1 (可编程单稳)

(1) 情况 1　当写入控制字后,输出端 OUT 变为高电平,并保持高电平状态。然后写入计数初值,只有在 GATE 信号的上升沿之后的下一个 CLK 脉冲的下降沿,才将计数初值寄存器内容装入减 1 计数寄存器,同时 OUT 端变为低电平,然后计数器开始减 1 计数。当计数值减到 0 时,

OUT 端变为高电平，如图 8 - 4a 所示。

（2）情况 2　如果在 OUT 端为输出低电平期间，又来一个门控信号上升沿触发，则在下一个 CLK 脉冲的下降沿，重新将计数初值寄存器内容装入减 1 计数寄存器，并开始计数，OUT 端保持低电平，直至计数值减到 0 时，OUT 端变为高电平，如图 8 - 4b 所示。

（3）情况 3　在计数期间 CPU 又送来新的计数初值，不影响当前计数过程。计数器计数到 0，OUT 端输出高电平。一直等到下一次 GATE 信号的触发，才会将新的计数初值装入，并以新的计数初值开始计数过程，如图 8 - 4c 所示。

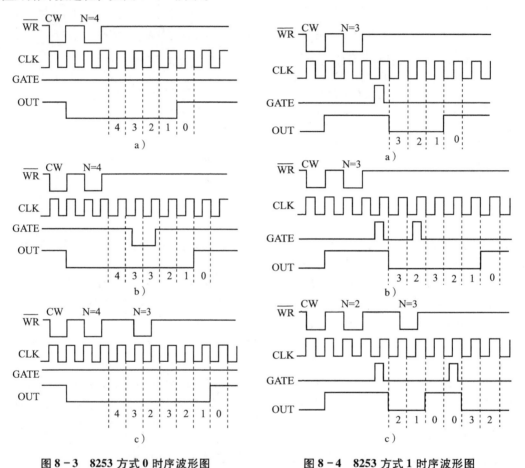

图 8 - 3　8253 方式 0 时序波形图　　　　　图 8 - 4　8253 方式 1 时序波形图

3. 方式 2（频率发生器）

采用方式 2，可产生连续的负脉冲信号，负脉冲宽度为一个时钟周期。

（1）情况 1　写入控制字后，OUT 端变为高电平，若 GATE 为高电平，当写入计数初值后，在下一个 CLK 的下降沿将计数初值寄存器内容装入减 1 计数寄存器，并开始减 1 计数，当减 1 计数寄存器的值为 1 时，OUT 端输出低电平，经过一个 CLK 时钟周期，OUT 端输出高电平，并开始一个新的计数过程，如图 8 - 5a 所示。

（2）情况 2　在减 1 计数寄存器未减到 1 时，GATE 信号由高变低，则停止计数。但当 GATE 由低变高时，则重新将计数初值寄存器内容装入减 1 计数寄存器，并重新开始计数，如图 8 - 5b 所示。

（3）情况 3　GATE 信号保持高电平，但在计数过程中重新写入计数初值，则当正在计数的一轮结束并输出一个 CLK 周期的负脉冲后，将以新的初值进行计数，如图 8 - 5c 所示。

4. 方式 3（方波发生器）

采用方式 3，OUT 端输出方波信号。

（1）情况 1 当控制字写入后，OUT 输出高电平，当写入计数初值后，在下一个 CLK 的下降沿将计数初值寄存器内容（N）装入减 1 计数寄存器，并开始减 1 计数，当计数到一半（N/2）时，OUT 端变为低电平。减 1 计数寄存器继续做减 1 计数，直到计数到 0 时，OUT 端变为高电平。之后，周而复始地自动进行计数过程。当计数初值为偶数时，OUT 输出对称方波，如图 8 - 6a 所示。

（2）情况 2 当计数初值为奇数时，则前（N + 1）/2 个计数过程 OUT 输出高电平，后（N - 1）/2 个计数过程 OUT 输出低电平，整体 OUT 输出不对称方波，如图 8 - 6b 所示。

（3）情况 3 若在计数过程中，若 GATE 变为低电平，则停止计数；当 GATE 由低变高时，则重新启动计数过程。如果在输出为低电平时，门控信号 GATE 变为低电平，减 1 计数器停止，而 OUT 输出立即变为高电平。在 GATE 又变成高电平后，下一个时钟脉冲的下降沿，减 1 计数器重新得到计数初值，又开始新的减 1 计数，如图 8 - 6c 所示。

需要注意的是，如果在上述计数过程中，门控信号 GATE 为高电平时写入新的计数值，那么将不影响当前输出周期，将在下一个 OUT 周期输出新计数值所确定的方波宽度。

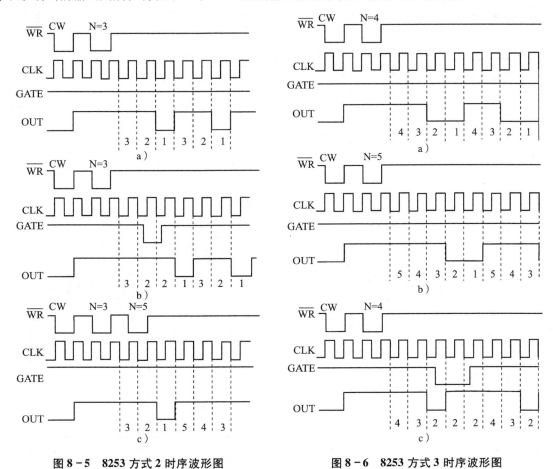

图 8 - 5 8253 方式 2 时序波形图   图 8 - 6 8253 方式 3 时序波形图

5. 方式 4（软件触发的选通信号发生器）

该方式与方式 0 有类似之处，采用方式 4，可产生单个负脉冲信号，负脉冲宽度为一个时钟周期。

（1）情况1　写入控制字后，OUT 端变为高电平，若 GATE 为高电平，当写入计数初值后，在下一个 CLK 的下降沿将计数初值寄存器内容装入减 1 计数寄存器，并开始减 1 计数。当减 1 计数寄存器的值为 0 时，OUT 端输出低电平，经过一个 CLK 时钟周期，OUT 端输出高电平，如图 8 - 7a 所示。若写入的计数值为 N，则在计数值写入后经过 N + 1 个时钟周期才有负脉冲出现，每写入一次计数值，只得到一个负脉冲。

（2）情况2　此方式同样受 GATE 信号的控制。即只有当 GATE 为高电平时，才进行计数；当 GATE 为低电平时，禁止计数，如图 8 - 7b 所示。

（3）情况3　如果在计数时，又写入新的计数值，则在下一个 CLK 的下降沿此计数初值被写入减 1 计数寄存器，并以新的计数值作减 1 计数，如图 8 - 7c 所示。

6. 方式 5 （硬件触发的选通信号发生器）

方式 5 的计数过程由 GATE 的上升沿触发。

（1）情况1　当控制字写入后，OUT 端输出高电平，并保持高电平状态。然后写入计数初值，只有在 GATE 信号的上升沿之后的下一个 CLK 脉冲的下降沿，才将计数初值寄存器内容装入减 1 计数寄存器，并开始减 1 计数。当计数值减到 0 时，OUT 端变为低电平，并持续一个 CLK 周期，然后自动变为高电平，如图 8 - 8a 所示。

（2）情况2　若在计数过程中，GATE 端又来一个上升沿触发，则在下一个 CLK 脉冲的下降沿，减 1 计数寄存器将重新获得计数初值，并按新的初值作减 1 计数，直至减为 0 为止，如图 8 - 8b 所示。

（3）情况3　若在计数过程中，写入新的计数值，但没有触发脉冲，则当前输出周期不受影响。当前周期结束后，在再触发的情况下，将按新的计数初值开始计数，如图 8 - 8c 所示。

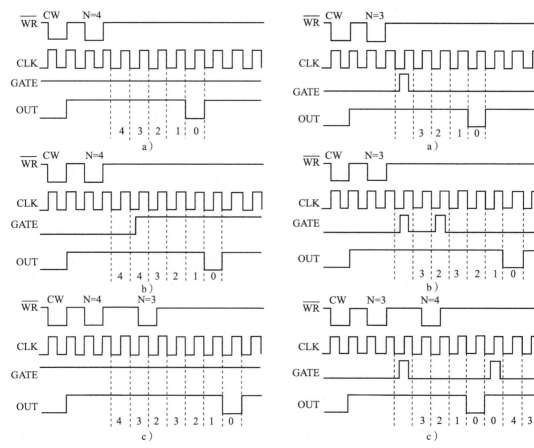

图 8 - 7　8253 方式 4 时序波形图　　　　图 8 - 8　8253 方式 5 时序波形图

表8-3 将上述6种工作方式的特点进行比较，以方便读者理解。

表8-3 8253的6种工作方式比较

工作方式	GATE 门控条件	计数过程中 GATE 再次有效	计数过程中 修改初值	自动 重复计数	OUT 波形
0	高电平	继续计数	立即有效	否	计数结束时上升沿
1	上升沿	重新计数	下次有效	否	指定宽度负脉冲
2	高电平	重新计数	下次有效	是	占空比可变脉冲
3	高电平	重新计数	下半周期有效	是	方波
4	高电平	继续计数	立即有效	否	一个 CLK 宽度负脉冲
5	上升沿	重新计数	下次有效	否	一个 CLK 宽度负脉冲

8.2.4 8253 初始化编程与应用

与任何可编程接口芯片一样，由于 8253 有多重功能，因此在使用之前必须用软件编程来定义端口的工作方式，选择所需要的功能，即进行初始化。8253 的初始化可以灵活地进行，可逐个计数器分别初始化，或各计数器统一初始化。注意事项如下：

1）写入控制字以便选择计数器和规定计数器的工作方式，任一计数通道的控制字都要从 8253 的控制端口写入。

2）某个计数器写入控制字后，任何时候都可按控制字中的 RW_1、RW_2 规定写入计数初始值。写入计数初值时，还必须注意：如果在方式控制字中的 BCD 位为 1，则写入的计数初值应为十六进制数。例如，计数初值为 50，采用 BCD 码计数，则指令中的 50 必须写为 50H。计数初值（T_C）的计算公式为：$T_C = tf$。其中，t 为定时时间，T_C 为计数初值，f 为输入时钟频率。

3）读计数值在计数过程中，若要读取当前的计数值，则需采用以下方法：先写入一个方式控制字，该方式控制字的 SC_1、SC_2 指明要读取的计数通道，RW_1、RW_1 设为 00；然后再按照初始化该计数器时的读/写方法读取计数值。

【例8-3】IBM PC 系统板上 8253 的接口电路如图 8-9 所示，三个计数器的时钟输入频率为 1.1932 MHz，系统分配给 8253 的端口地址为 40H ~ 43H。

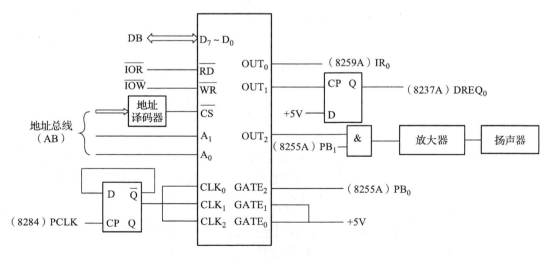

图8-9 IBM PC 系统板上 8253 的接口电路

　　计数器 0 为方式 3，先写低字节，后写高字节，二进制计数，计数初值为 0。输出端 OUT_0 接至中断控制器 8259A 的 IR_0。OUT_0 输出的脉冲周期约为 55ms（$65536 \div 1193200$），即计数器 0 每隔 55ms 产生一次中断请求。

　　计数器 1 为方式 2，只写低字节，二进制计数，计数初值为 18。输出端 OUT_1 接至 DMA 控制器 8237A 通道 0 的 DMA 请求 $DREQ_0$，作为定时（15.08ms）刷新动态存储器的启动信号。

　　计数器 2 为方式 3，先写低字节，后写高字节，二进制计数，计数初值为 0533H。$GATE_2$ 由 8255A 的 PB_0 控制，当 $GATE_2$ 为高电平时，OUT_2 输出频率为 896 Hz 的方波，经功率放大器和滤波后驱动扬声器发声。

　　【例 8-4】利用 PC 内部定时器 0，设计并实现一个数字式计时时钟。显示格式为 hh:mm:ss（hh 代表时，mm 代表分，ss 代表秒）。

　　分析：PC 内部定时器 0 初始设定为每隔 55ms 中断一次，即 1s 中断 18.2（$1000 \div 55$）次，若按初始设定，无法实现 1s 精确定时。需重新设定定时器 0 的时间常数，让其每隔 10ms 中断一次。再设定一个软件计数器，初始值为 100。每中断一次，软件计数器减 1，当软件计数器减为 0，则定时 1s。

　　在 PC 系统中，定时器 0 的中断类型号为 08H，但在中断向量表中，存放 08H 中断服务程序入口地址的单元中，实际存放的是 INT 1CH 指令，因此，当定时器 0 中断时，实际是转至 INT 1CH 的中断服务程序入口处。

　　程序如下所示：

```
DATA    SEGMENT
    COUNT   DB    100
    TENH    DB    '0'
    HOUR    DB    '0',':'
    TENM    DB    '0'
    MINU    DB    '0',':'
    TENS    DB    '0'
    SECO    DB    '0'
DATA    ENDS
CODE    SEGMENT
MAIN    PROC      FAR
        ASSUME    CS:CODE, DS:DATA
    START:USH     DS
        MOV    AX,0
        PUSH AX
        MOV    AX,DATA
        MOV    DS,AX
        CLI                     ;关中断
        MOV    AX,351CH
        INT    21H              ;取中断类型号为 1CH 的原系统中断服务程序入口地址
        PUSH ES                 ;保存中断服务程序入口地址的段地址
        PUSH BX                 ;保存中断服务程序入口地址的偏移地址
        PUSH DS
        MOV    DX,OFFSET TIMER   ;设置用户中断服务程序偏移地址
        MOV    AX,SEG TIMER      ;设置用户中断服务程序段地址
        MOV    DS,AX
        MOV    AX,251CH          ;设置中断向量
```

```
        INT   21H
        POP   DS
        MOV   AL,36H            ;重设 8253 定时器 0 控制字
        OUT   43H,AL
        MOV   AX,11932          ;重写 8253 定时器 0 时间常数
        OUT   40H,AL
        MOV   AL,AH
        OUT   40H,AL
        STI                     ;开中断
FORE:   MOV   AH,1              ;检测键盘按键
        INT   16H
        CMP   AL,1BH            ;判断是否按下了[ESC]键
        JZ    EXIT              ;是,退出
        MOV   BX,OFFSET TENH    ;显示 hh:mm:ss
        MOV   CX,8
DISPCLK:MOV   AL,[ BX]
        CALL  DISP
        INC   BX
        LOOP  DISPCLK
        MOV   AL,0DH            ;显示回车
        CALL  DISP
        MOV   AL,SECO           ;取秒计数单元值
WAIT1:  CMP   AL,SECO           ;判断秒计数单元是否变化
        JZ    WAIT1             ;无变化,等待
        JMP   SHORT FORE        ;有,显示新时间
EXIT:   CLI
        MOV   AL,36H            ;恢复定时器 0 的初始设定值
        OUT   43H,AL
        MOV   AX,0
        OUT   40H,AL
        MOV   AL,AH
        OUT   40H,AL
        POP   DX                ;恢复中断类型号 1CH 的系统初始值
        POP   DS
        MOV   AX,251CH
        INT   21H
        STI
        RET
MAIN    ENDP
TIME    RPROCNEAR
        PUSH  AX
        DEC   COUNT             ;软件计数器减 1
        JNZ   RETURN            ;软件计数器不为 0,中断返回
        MOV   COUNT 100
        INC   SECO              ;秒加 1
        CMP   SECO,'0'
        JLE   RETURN
        MOV   SECO,'0'
```

```
            INC   TENS
            CMP   TENS,'6'
            JL    RETURN
            MOV   TENS,'0'
            INC   MINU              ;分加1
            CMP   MINU,'9'
            JLE   RETURN
            MOV   MINU,'0'
            INC   TENM
            CMP   TENM,'6'
            JL    RETURN
            MOV   TENM,'0'
            INC   HOUR              ;小时加1
            CMP   HOUR,'9'
            JZ    ADJHOUR
            CMP   HOUR,'4'          ;判断是否计时到24时
            JN    ZRETURN
            CMP   TENH,'2'
            JNZ   RETURN
            MOV   HOUR,'0'          ;若计时到24时,则回到00时
            MOV   TENH,'0'
            JMP   SHORTRETURN
ADJHOUT:INC  TENH
            MOV   HOUR,'0'
RETURN:MOV   AL,20H                 ;送中断结束命令
            OUT   20H,AL
            POP   AX
            IRET
TIME    RENDP
DISP    PROC NEAR
            PUSH  BX
            MOV   BX,0
            MOV   AH,0EH
            INT   10H
            POP   BX
            RET
DISP    ENDP
CODE    ENDS
END     START
```

【例 8-5】 利用 8253 的通道 0 和通道 1,设计并产生周期为 1Hz 的方波。假定通道 0 的输入时钟频率为 2MHz,8253 所占端口地址为 80H、81H、82H、83H。

分析:根据题意可知通道 0 的输入时钟周期为 0.5μs,其最大定时时间为 0.5μs×65536,即为 32.768ms,要产生频率为 1Hz(周期为 1s)的方波,单独利用一个通道是无法实现的。但可利用通道级联的方法,将通道 0 的输出 OUT$_0$ 作为通道 1 的输入时钟。

若让 8253 通道 0 工作于方式 2(速率发生器),输出脉冲周期为 10ms,则通道 0 的计数值为 20000。周期为 4ms 的脉冲作为通道 1 的输入,要求输出端 OUT$_1$ 的波形为方波且周期为 1s,则通道 1 的计数值为 100。通过以上分析,硬件连接图如图 8-10 所示。

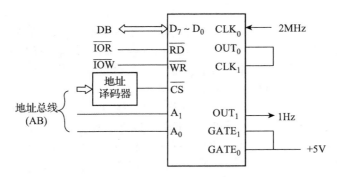

图 8 - 10　8253 硬件连接图

8253 的初始化程序如下所示：

```
MOV   AL,34H      ;通道 0 控制字
OUT   83H,AL
MOV   AX,20000    ;通道 0 时间常数
OUT   80H,AL
MOV   AL,AH
OUT   80H,AL
MOV   AL,56H      ;通道 1 控制字
OUT   83H,AL
MOV   AL,100      ;通道 1 时间常数
OUT   81H,AL
```

8.3　可编程并行接口芯片 8255A

并行通信是用多根数据线在 CPU 与外设之间传输数据，常以字节（8 位）或字（16 位）为单位，传输速度快。计算机系统中的数据总线就是采用的并行通信方式。CPU 与并行打印机、开关量或数字量输入/输出设备的数据传输，均通过并行通信方式实现。

并行传输时，一个二进制位采用一根数据线传输，一个字节或字的全部位同时在数据线上传输。由于并行传输电缆数量多，传输通常采用 TTL 电平，易受干扰和衰减影响，因而应用于短距离传输（几米或几十米）和对传输速度要求高的场合。

实现并行通信的接口就是并行接口。并行接口的设计可分为三种形式：只可输出、只可输入、可双向传输。同一个并行接口可以通过编程实现不同的形式。下面以微机系统中应用较为广泛的并行输入/输出接口芯片 Intel 8255A 为例，介绍并行接口的结构、功能、工作方式和应用。

8.3.1　8255A 的内部结构与功能

Intel 8255A 是一个广泛用于微机系统的、具有 24 条 I/O 引脚的、可编程并行接口芯片。8255A 采用双排直插式封装，使用单一 +5V 电源，全部输入/输出与 TTL 电平兼容。

1. 8255A 的内部结构

8255A 的内部结构如图 8 - 11a 所示，它由 4 部分组成：

（1）数据总线缓冲器　数据总线缓冲器是一个双向三态的 8 位数据缓冲器，8255A 通过它与系统总线相连。输入数据、输出数据、CPU 发给 8255A 的控制字都是通过这个缓冲器进行的。

（2）数据端口 A、B、C　8255A 有 3 个 8 位数据端口，即端口 A、端口 B、端口 C。设计人员可通过编程使它们分别作为输入端口或输出端口。不过，这 3 个端口有各自的特点。

端口 A 对应一个 8 位数据输入锁存器和一个 8 位数据输出锁存器/缓冲器。用端口 A 作为输入或输出时，数据均受到锁存。

端口 B 和端口 C 均对应一个 8 位输入缓冲器和一个 8 位数据输出锁存器/缓冲器。

在使用中，端口 A 和端口 B 常常作为独立的输入或者输出端口。端口 C 除了可以作独立的输入或输出端口外，还可配合端口 A 和端口 B 的工作。具体来说，端口 C 可分成两个 4 位的端口，分别作为端口 A 和端口 B 的控制信号和状态信号。

（3）A 组控制和 B 组控制　这两组控制电路一方面接收 CPU 发来的控制字并决定 8255A 的工作方式；另一方面接收来自读/写控制逻辑的读/写命令，完成接口的读/写操作。

A 组控制电路控制端口 A 和端口 C 的高 4 位的工作方式和读/写操作。

B 组控制电路控制端口 B 和端口 C 的低 4 位的工作方式和读/写操作。

（4）读/写控制逻辑　读/写控制逻辑负责管理 8255A 的数据传输过程。它接收译码电路的 $\overline{CS}$ 和来自地址总线的 A_1、A_0 信号，以及控制总线的 RESET、$\overline{WR}$、$\overline{RD}$ 信号，将这些信号进行组合后，得到对 A 组控制部件和 B 组控制部件的控制命令，并将命令发给这两个部件，以完成对数据信息、状态信息和控制信息的传输。

2. 8255A 的引脚与功能

8255A 芯片除电源和地引脚以外，其他引脚可分为两组，如图 8-11b 所示。

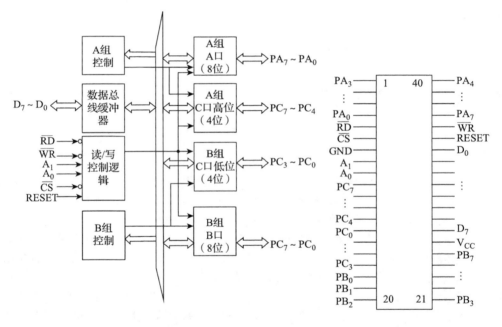

a）8255A 的内部结构图　　　　　b）8255A 的引脚图

图 8-11　8255A 的内部结构与引脚

（1）8255A 与外设连接引脚　8255A 与外设连接的有 24 条双向、三态数据引脚，分成三组，分别对应于 A、B、C 三个数据端口：$PA_7 \sim PA_0$，$PB_7 \sim PB_0$，$PC_7 \sim PC_0$。

（2）8255A 与 CPU 连接引脚

$D_7 \sim D_0$：双向、三态数据线。

RESET：复位信号，高电平有效。复位时所有内部寄存器清除，同时 3 个数据端口被设为输入。

$\overline{CS}$：片选信号，低电平有效。该信号有效时，8255A 被选中。

$\overline{RD}$：读信号，低电平有效。该信号有效时，CPU 可从 8255A 读取输入数据或状态信息。

$\overline{WR}$：写信号，低电平有效。该信号有效时，CPU 可向 8255A 写入控制字或输出数据。

A_1、A_0：片内端口选择信号。8255A 内部有 3 个数据端口和 1 个控制端口。

8255A 的控制信号和传送操作之间的对应关系见表 8-4。

表 8 - 4 8255A 的控制信号和传送操作之间的对应关系

$\overline{CS}$	$\overline{RD}$	$\overline{WR}$	A_1 A_0	执行的操作
0	0	1	0 0	读端口 A
0	0	1	0 1	读端口 B
0	0	1	1 0	读端口 C
0	0	1	1 1	非法状态
0	1	0	0 0	写端口 A
0	1	0	0 1	写端口 B
0	1	0	1 0	写端口 C
0	1	0	1 1	写控制端口
1	×	×	× ×	未选通

8.3.2 8255A 的控制字

8255A 有两个控制字：方式选择控制字和端口 C 置位/复位控制字。这两个控制字共用一个地址，即控制端口地址。用控制字的 D_7 位来区分这两个控制字。$D_7 = 1$ 为方式选择控制字，$D_7 = 0$ 为端口 C 置位/复位控制字。

1. 方式选择控制字

方式选择控制字的格式如图 8 - 12 所示。$D_0 \sim D_2$ 用来对 B 组的端口进行工作方式设定，$D_3 \sim D_6$ 用来对 A 组的端口进行工作方式设定，最高位（D_7）为 1 是方式选择控制字标志。

2. 端口 C 置位/复位控制字

端口 C 置位/复位控制字的格式如图 8 - 13 所示。$D_3 \sim D_1$ 的三位编码与端口 C 的某一位相对应，D_0 决定置位或复位操作，最高位（D_7）为 0 是端口 C 置位/复位控制字标志。

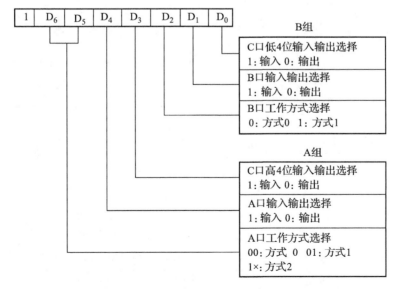

图 8 - 12 8255A 的方式选择控制字

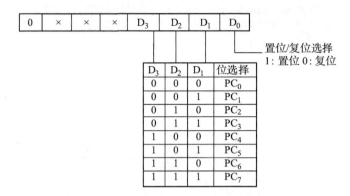

图 8－13 8255A 端口 C 置位/复位控制字格式

8.3.3 8255A 的工作方式

1. 方式 0：基本输入/输出

方式 0 下，每一个端口都作为基本的输入或输出口，端口 C 的高 4 位和低 4 位以及端口 A、端口 B 都可独立地设置为输入口或输出口。四个端口的输入/输出可有 16 种组合。

8255A 工作于方式 0 时，CPU 可采用无条件读/写方式与 8255A 交换数据，也可采用查询方式与 8255A 交换数据。采用查询方式时，可利用端口 C 作为与外设的联络信号。

2. 方式 1：选通输入/输出

方式 1 下三个端口分为 A、B 两组，端口 A、端口 B 仍作为输入或输出口，端口 C 分成两部分，一部分作为端口 A 和端口 B 的联络信号，另一部分仍可作为基本的输入/输出口。

（1）方式 1 输入 端口 A、端口 B 都设置为方式 1 输入时的情况及时序如图 8－14 所示。图中 PC_3、PC_4、PC_5 作为端口 A 的联络信号，PC_0、PC_1、PC_2 作为端口 B 的联络信号。

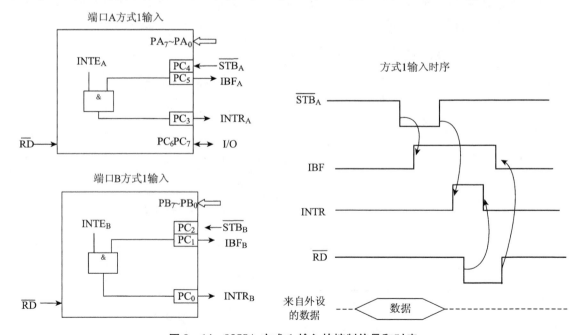

图 8－14 8255A 方式 1 输入的控制信号和时序

$\overline{STB}$：选通输入，低电平有效。该信号有效时，输入数据被送入锁存端口 A 或端口 B 的输入锁存器/缓冲器中。

IBF：输入缓冲器满，高电平有效。该信号由 8255A 发出，作为 $\overline{STB}$ 信号的应答信号。该信号有效时，表明输入缓冲器中已存放数据，可供 CPU 读取。IBF 由 $\overline{STB}$ 信号的下降沿置位，由 $\overline{RD}$ 信号的上升沿复位。

INTE：中断允许信号。端口 A 用 PC_4 置位/复位控制，端口 B 用 PC_2 置位/复位控制。需特别说明的是，对 INTE 信号的设置，虽然使用的是对端口 C 的置位/复位操作，但这完全是 8255A 的内部操作，对已作为 $\overline{STB}$ 信号的引脚 PC_4、PC_2 的逻辑状态没有影响。

INTR：中断请求信号，高电平有效。当 IBF 和 INTE 均为高电平时，INTR 变为高电平。INTR 信号可作为 CPU 的查询信号，或作为向 CPU 发出中断请求的信号。$\overline{RD}$ 的下降沿使 INTR 复位，上升沿又使 IBF 复位。

（2）方式 1 输出　端口 A、端口 B 都设置为方式 1 输出时的情况如图 8 - 15 所示。PC_3、PC_6、PC_7 作为端口 A 的联络信号，PC_0、PC_1、PC_2 作为端口 B 的联络信号。

$\overline{OBF}$：输出缓冲器满，低电平有效。该信号有效时，表明 CPU 已将待输出的数据写入到 8255A 的指定端口，通知外设可从指定端口读取数据。该信号由 $\overline{WR}$ 的上升沿置为有效。

$\overline{ACK}$：响应信号，低电平有效。该信号由外设发给 8255A，有效时，表示外设已取走 8255A 的端口数据。

INTR：中断请求信号，高电平有效。当输出缓冲器空（$\overline{OBF}$ = 1），中断允许 INTE = 1 时，INTR 变为高电平。INTR 信号可作为 CPU 的查询信号，或作为向 CPU 发出中断请求的信号。$\overline{WR}$ 的下降沿使 INTR 复位。

INTE：中断允许信号。端口 A 用 PC_6 置位/复位控制，端口 B 用 PC_2 置位/复位控制。

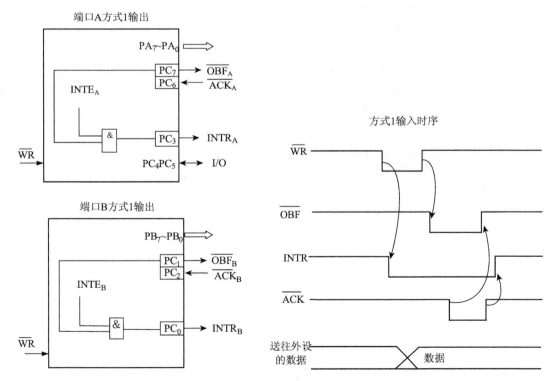

图 8 - 15　8255A 方式 1 输出的控制信号和时序

3. 方式2：双向选通输入/输出

方式2为双向传输方式。8255A的方式2可使8255A与外设进行双向通信，既能发送数据，又能接收数据。可采用查询方式和中断方式进行传输。

方式2只适用于端口A以及端口C的 $PC_7 \sim PC_3$，用来配合端口A的传输，其联络信号如图 8-16 所示。$INTE_1$ 为输出中断允许，由 PC_6 置位/复位控制；$INTE_2$ 为输入中断允许，由 PC_4 置位/复位控制。

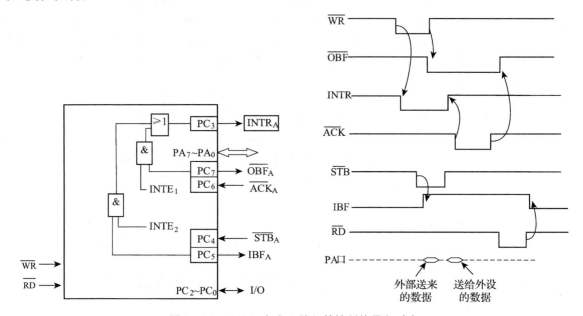

图 8-16 8255A 方式 2 输入的控制信号和时序

当端口A工作于方式2，端口B工作于方式0时，$PC_7 \sim PC_3$ 作为端口A的联络信号，$PC_0 \sim PC_2$ 可工作于方式0；当端口A工作于方式2，端口B工作于方式1时，$PC_7 \sim PC_3$ 作为端口A的联络信号，$PC_0 \sim PC_2$ 作为端口B的联络信号。端口A方式2和端口B方式1时端口C各位的功能见表 8-5。

表 8-5 端口 A 方式 2 和端口 B 方式 1 时端口 C 各位的功能

端口 C	端口 A 方式 2 和端口 B 方式 1	
	输入	输出
PC_7	$\overline{OBF}_A$	
PC_6	$\overline{ACK}_A$	
PC_5	IBF_A	
PC_4	$\overline{STB}_A$	
PC_3	$INTR_A$	
PC_2	$\overline{STB}_B$	$\overline{ACK}_B$
PC_1	$\overline{IBF}_B$	$\overline{OBF}_B$
PC_0	$INTR_B$	

8.3.4　8255A 的应用

8255A 芯片可以为 Intel 80x86 系列微处理器提供 3 个独立的 8 位并行输入/输出接口。可以利用这些接口输入各种开关量和数字量数据,如各种控制开关、按钮的状态等;也可以输出开关量或数字量数据控制其他外设,如各种显示指示灯等。8255A 芯片广泛应用于连接并行打印机、计算机间并行通信、键盘扫描、数值显示等场合,如单片机系统的键盘输入、数值显示等。

目前的微机系统并没有 8255A 这样的并行接口,如果需要进行并行数据传送,可以采用两种方案:利用 8255A 或其他并行接口,通过 ISA 或 PCI 总线,扩展微机的并行接口;利用微机系统自带的打印机接口。

【例 8-6】采用 8255A 作为与打印机接口的电路,CPU 与 8255A 利用查询方式输出数据,硬件连接如图 8-17 所示。试编程实现将若干个字节数据送打印机打印。设 8255A 的端口地址为 90H~93H。

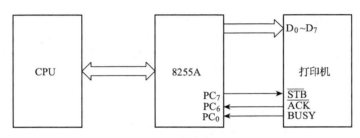

图 8-17　简单打印机接口

分析:打印机一般有 3 个主要信号:BUSY 表示打印机是否处于"忙"状态,高电平表示打印机处于忙状态;$\overline{STB}$ 为选通信号,低电平有效,该信号有效时,CPU 输出的数据被锁存到打印机内部数据缓冲器;$\overline{ACK}$ 为打印机应答信号,当打印机处理好输入数据后发出该信号,同时撤销忙信号。CPU 可利用 BUSY 信号或 $\overline{ACK}$ 信号决定是否输出下一个数据。

当 CPU 通过打印机接口要求打印机打印数据时,一般先查询 BUSY 信号,BUSY 为低电平时,输出数据至打印接口,再发送 $\overline{STB}$ 信号。

程序如下所示:

```
DATA      SEGMENT
    BUFFER      DB '45A...'
    COUNT       DW $-BUFFER
DATA      ENDS
CODE      SEGMENT
    ASUUME      CS:CODE,DA:DATA
START:  MOVE    AX,DATA
        MOVE    DS,AX
        LEA     SI,BUFFER
        MOV     CX,COUNT
        MOV     AL,81H      ;8255A 初始化
        OUT     93H,AL
        MOV     AL,0FH      ;使 PC₇=1
        OUT     93H,AL
NEXT:   IN      AL,92H      ;读 PC 端口
        TEST    AL,01H      ;测试 BUSY 信号
        JNZ     NEXT
        MOV     AL,[SI]     ;读取一个数据,送入 PA 端口
```

```
          OUT      90H,AL
          MOV      AL,0EH           ;输出选通脉冲STB
          OUT      93H,AL
          NOP
          NOP
          MOV      AL,0FH
          OUT      93H,AL
          INC      SI
          LOOP     NEXT
          MOV      AH,4CH           ;返回DOS
          INT      21H
    CODE  ENDS
      END START
```

【例8-7】 在两台计算机之间利用8255A的端口A实现并行数据传送。A机的8255A采用方式1发送数据，B机的8255A采用方式0接收数据。A机的8255A工作于方式1输出，B机的8255A工作于方式0输入。两机的CPU与8255A接口之间均采用查询方式交换数据，如图8-18所示。试编程实现将A机缓冲区0300:0000H开始的1024个字节数据发送至B机，并存放于B机从0400H:0000H开始的缓冲区。设两机8255A的端口地址均为300H~303H。

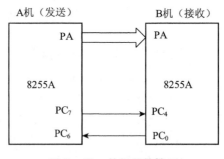

图8-18　并行通信接口

A机发送程序段：

```
            MOV      DX,303H
            MOV      AL,0A0H
            OUT      DX,AL          ;8255A初始化,端口A方式1输出
            MOV      AL,0DH
            OUT      DX,AL          ;使PC_6(INTE_A)=1,允许中断
            MOV      AX,0300H
            MOV      DS,AX
            MOV      BX,0
            MOV      CX,1024
NEXT:       MOV      DX,302H
WAIT1:      IN       AL,DX          ;查询PC_3(INTR_A)是否为1
            TEST     AL,08H
            JZ       WAIT1
            MOV      DX,300H        ;发送数据
            MOV      AL,[BX]
            OUT      DX,AL
            INC      BX
            LOOP     NEXT
```

B 机接收程序段：

```
            MOV     DX,303H
            MOV     AL,98H
            OUT     DX,AL           ;8255A 初始化，端口 A 方式 0 输入
            MOV     AL,01H
            OUT     DX,AL           ;使 PC₀(ACK) = 1
            MOV     AX,0400H
            MOV     DS,AX
            MOV     BX,0
            MOV     CX,1024
NEXT1:      MOV     DX,302H
WAIT1:      IN      AL,DX           ;查询 PC₄(OBF)是否为 0
            TEST    AL,10H
            JNZ     WAIT1
            MOV     DX,300H         ;接收并保存数据
            IN      AL,DX
            MOV     [BX],AL
            INC     BX
            MOV     DX,303H         ;产生ACK信号
            MOV     AL,00H
            OUT     DX,AL
            NOP
            NOP
            MOV     AL,01H
            OUT     DX,AL
            LOOP    NEXT
```

8.4　串行输入/输出接口

　　并行数据传输需要多根数据线，其传输速度快，一般用在计算机与打印机等距离短、数据量大的场合。而计算机系统与外部设备交换信息时，往往采取串行方式，即各数据均通过同一根数据线依次进行传输，每个数据位的传输占用线路一定的时间。例如，传送 1 个字节的数据时，8 位数据通过一条线分 8 个时段发出，发出顺序一般是由低位到高位。

　　串行通信的优势是用于通信的线路少，因而在远距离通信时可以降低通信成本。串行通信适合于远距离数据传送，如微型机与计算中心之间、微机系统之间或其他系统之间。串行通信由于连线方便而常用于对速度要求不高的近距离数据传送，例如，同房间的微型机之间、微型机与绘图机之间、微型机与显示器之间。PC 系列都有两个串行异步通信接口，键盘、鼠标器与主机之间也采用串行数据传送方式。

8.4.1　串行通信协议

　　串行通信系统中为了使收发数据正确，收、发两端的操作必须相互协调，即收、发在时间上应同步。同步方式有两种：异步串行通信（Asynchronous Data Communication，ASYNC）和同步串行通信（Synchronous Data Communication，SYNC）。异步传送是计算机通信中常用的串行通信方式。异步是指发送端和接收端不使用共同的时钟，也不在数据中传送同步信号。在这种方式下，收方与发方之间必须约定数据帧格式和波特率。

　　异步串行通信的数据帧格式如图 8－19 所示。数据包括：1 个起始位（低电平）、5~8 个数

据位、1 个可选的奇偶校验位、1~2 个停止位（高电平）。相邻两个数据帧之间的间隔称为空闲位，长度任意，为高电平。由高电平变为低电平就是起始位，后面紧跟的是 5~8 位的有效数据位。传送时数据的低位在前、高位在后。数据的后面跟奇偶校验位（可选），结束是高电平的停止位（1~2 位）。起始位至停止位构成一帧。下一数据帧的开始又以下降沿为标志，即起始位开始。通常 5~8 位数据可表示一个字符，如 ASCII 码就是 7 位。

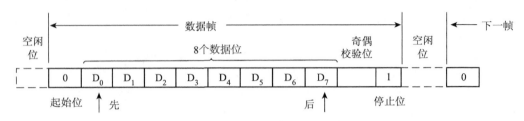

图 8-19　异步串行通信的数据帧格式

波特率是衡量串行数据传送速度的参数，是指单位时间内传送的码元位数，单位为 Baud。PC 中异步串行通信的速度一般为 50~115200Baud。

由于每一帧开始时将进行起始位的检测，因此收发双方的起始时间是对齐的。收发双方使用相同的波特率，虽然收发双方的时钟不可能完全一样，但由于每一帧的位数最多只有 12 位，因此时钟的微小误差不会影响接收数据的正确性。这就是异步串行通信能实现数据正确传送的基本原理。

异步串行通信中每一帧都需要附加起始位和停止位使数据成帧，因而降低了传送有效数据的效率。对于快速传送大量数据的场合，为了提高数据传输的效率，一般采用同步串行传送。

同步传送时，无须起始位和停止位。每一帧包含较多的数据，在每一帧开始处使用 1~2 个同步字符以表示一帧的开始。同步传送要求对传送的每一位在收发两端保持严格同步，发送、接收端可使用同一时钟源以保证同步，或在发送端采用某种编码方式，在接收端将时钟恢复。

串行通信中，数据在两个站 A—B 之间传送，有单工、半双工与全双工三种模式。单工只能进行一个方向的数据传送，A 作为发送器，B 作为接收器，数据由 A 发送到 B。半双工方式下，A、B 交替地进行双向数据传送。但由于两设备之间只有一条传输线，因此只能分时地进行收和发，不能同时进行双向数据传送。全双工方式下，两设备之间有两根传输线，对于每一个设备来讲都有一条专用的发送线和一条专用的接收线，因此可以实现同时双向数据传送。

8.4.2　RS-232 异步串行通信标准

RS-232 是得到广泛使用的串行异步通信接口标准。它是美国电子工业联盟（EIA）于 1962 年公布，并于 1969 年修订的串行接口标准，事实上它已经成为国际上通用的标准串行接口。1987 年 1 月，RS-232C 经修改后，正式改名为 EIA-232D。由于标准的修改并不多，因此，现在很多厂商仍沿用旧的名称。

最初，RS-232C 串行接口的设计目的是用于连接调制解调器。目前，RS-232C 已成为数据终端设备 DTE（如计算机）与数据通信设备 DCE（如调制解调器）的标准接口。利用 RS-232C 不仅可以实现远距离通信，也可以近距离连接两台微机或电子设备。

RS-232C 接口标准使用标准的 25 针 D 型连接器即 DB-25。表 8-6 罗列了它的引脚排列和名称。PC 已使用 9 针连接器取代 25 针连接器，因此表 8-5 中也给出了 9 针连接器的引脚。图 8-20 为 25 针连接器和 9 针连接器。

表 8 - 6　RS - 232C 的引脚

9 针引脚号	25 针引脚号	名称	25 针引脚号	名称
	1	保护地	12	次信道载波检测
3	2	发送数据（TxD）	13	次信道清除发送
2	3	接收数据（RxD）	14	次信道发送数据
7	4	请求发送（RTS）	16	次信道接收数据
8	5	清除发送（CTS）	19	次信道请求发送
6	6	数据装置准备好（DSR）	21	信号质量检测
5	7	信号地（GND）	23	数据信号速率选择
1	8	载波检测（CD）	24	终端发生器时钟
4	20	数据终端准备好（DTR）	9、10	保留
9	22	振铃提示（RI）	11	未定义
	15	发送时钟（TxC）	18	未定义
	17	接收时钟（RxC）	25	未定义

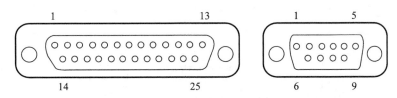

图 8 - 20　DB - 25 连接器和 DB - 9 连接器

　　RS - 232C 接口包括两个信道：主信道和次信道。次信道为辅助串行通道提供数据控制的通道，其传输速率比主信道要低得多，其他跟主信道相同，通常较少使用。

　　保护地（机壳地）：这是一个起屏蔽保护作用的接地端，一般应参照设备的使用规定，连接到设备的外壳或机架上，必要时要连接到大地。

　　发送数据（TxD）：串行数据的发送端。

　　接收数据（RxD）：串行数据的接收端。

　　请求发送（RTS）：当数据终端设备准备好送出数据时，就发出有效的 RTS 信号，用于通知数据通信设备准备接收数据。

　　清除发送（CTS）：当数据通信设备已准备好接收数据终端设备的传送数据时，发出 CTS 有效信号来响应 RTS 信号，其实质是允许发送。RTS 和 CTS 是数据终端设备与数据通信设备间一对用于数据发送的联络信号。

　　数据装置准备好（DSR）：通常表示数据通信设备（即数据装置）已接通电源连到通信线路上，并处在数据传输方式，而不是处于测试方式或断开状态。DTR 和 DSR 也可用做数据终端设备与数据通信设备间的联络信号，如应答数据接收。

　　信号地（GND）：为所有的信号提供一个公共的参考电平。

　　载波检测（CD）：当本地调制解调器接收到来自对方的载波信号时，就从该引脚向数据终端设备提供有效信号。

　　数据终端准备好（DTR）：通常当数据终端设备一加电，该信号就有效，表明数据终端设备准备就绪。

　　振铃提示（RI）：当调制解调器接收到对方的拨号信号期间，该引脚信号作为电话铃响的提示，保持有效。

发送器时钟（TxC）：控制数据终端发送串行数据的时钟信号。

接收器时钟（RxC）：控制数据终端接收串行数据的时钟信号。

关于常用的 9 针引脚 RS－232C 接口，在最简单的单工发送方式下，只需要连接两根线：RxD/TxD 与 GND 引脚，发送方的 TxD 引脚连接接收方的 RxD 引脚，双方的 GND 对接。在不需要握手的全双工方式下，需要连接 3 根线，即将 2、3 引脚对应的 TxD 与 RxD 在收发两端进行交叉连接，5 脚 GND 对接。需要握手的全双工方式下，需要连接 7 根线：RxD、TxD、GND、DTR、DSR、RTS 和 CTS，2、3 脚交叉连接，4、6 脚交叉连接，7、8 脚交叉连接，5 脚 GND 对接。

早期的微机系统往往配置两个 RS－232C 串行接口，定义为串口 1 和串口 2，采用 Intel 8250 提供对异步通信的支持。随着 USB 接口的普及，目前有些微机系统取消了串口，需要串口时，只能采用其他措施，如采用 USB 转串口连接线。

8.4.3 可编程串行接口芯片 NS 8250

计算机系统内部采用并行数据，进行异步串行通信时，需要进行转换，并需按照传输协议发送和接收每个字符（或数据块）。这些工作可以由软件实现，也可以由硬件电路实现。通用异步/收发器（Universal Asynchronous Receiver/Transmitter，UART）就是串行异步通信的接口电路芯片。微机系统采用 NS 8250 芯片作为 UART 芯片，其内部结构与引脚如图 8－21 所示。该芯片的主要特点如下：

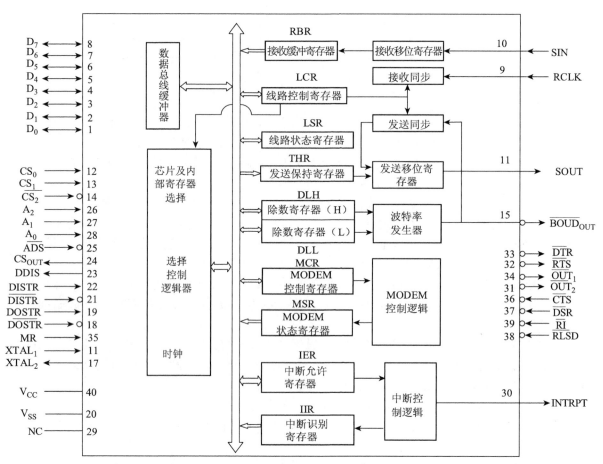

图 8－21 NS 8250 内部结构与引脚

1) 具有独立的收发器和缓冲器，能够满足全双工异步通信的要求。

2) 通信波特率为 50~19200；通信字符可选择数据位为 5~8；停止位可选择 1、1.5 或 2 位，支持奇偶校验方式，符合 RS-232C 接口标准。

3) 通信过程中可产生终止符。

4) 可以检测奇偶错误、溢出错误和帧校验错误。

1. NS 8250 的基本功能

NS 8250 支持串行异步通信协议，支持全双工通信；通信字符可选择数据位为 5~8 位，停止位可选择 1、1.5 或 2 位，可进行奇偶校验、帧错误和溢出错误的检测；具有带优先级排序的中断系统，有多种中断源；发送和接收均采用双缓冲器结构；使用单一的 5V 电源，40 脚双列直插型封装。

2. NS 8250 的结构

NS 8250 的内部结构与引脚如图 8-21 所示。发送器具有发送保持寄存器（THR）、发送移位寄存器组成的双缓冲结构，实现由并行数据到串行数据的转换。接收器具有接收缓冲寄存器（RBR）、接收移位寄存器组成的双缓冲结构，它将接收的串行数据转换为并行数据。波特率发生器为发送器和接收器提供所需的同步控制时钟信号。MODEM 控制逻辑主要实现与调制解调器连接，中断控制逻辑实现中断控制和优先级判断，数据总线缓冲器和选择控制逻辑器实现与 CPU 的接口。

（1）串行数据的发送　当发送数据时，NS 8250 接收 CPU 送来的并行数据，保存在发送保持寄存器（THR）中。只要发送移位寄存器没有正在发送的数据，发送保持寄存器的数据就进入发送移位寄存器。与此同时，NS 8250 按照编程规定的起止字符格式，加入起始位、奇偶校验位和停止位，从串行数据输出引脚 SOUT 逐位输出。每位的时间长度由传输速率即波特率确定。另外，NS 8250 能发送终止字符（输出连续的低电平，以通知对方终止通信）。因为采用双缓冲寄存器结构，所以在发送移位寄存器进行串行发送的同时，CPU 可以向 NS 8250 提供下一个发送数据，这样可以保证数据的连续发送。

（2）起始位的检测　NS 8250 需要首先确定起始位才能开始接收数据，即实现位同步。NS 8250 的数据接收时钟 RCLK 使用 16 倍波特率的时钟信号。接收器用 RCLK 检测到串行数据输入引脚 SIN 由高电平变低后，连续测试 8 个 RCLK 时钟周期，若采样到的都是低电平，则确认为起始位；若低电平的保持时间不是 8 个 RCLK 时钟周期，则认为是传输线上的干扰。在确认了起始位后，每隔 16 个 RCLK 时钟周期对 SIN 输入的数据位进行一次采样，直至规定的数据帧格式结束。

（3）串行数据的接收　当接收数据时，NS 8250 的接收移位寄存器对 SIN 引脚输入的串行数据进行移位接收。NS 8250 按照通信协议规定的字符格式自动删除起始位、奇偶校验位和停止位，把移位输入的串行数据转换成并行数据。接收完一个字符后，把数据送入接收缓冲寄存器（RBR）。接收器在接收数据的同时，还对接收数据的正确性和接收过程进行监视。如果发现出现奇偶校验错误、帧错误、溢出错误或接收到终止符，则在状态寄存器（LSR）中置相应位，并通过中断控制逻辑请求中断，要求 CPU 进行处理。因为采用双缓冲寄存器结构，所以在 CPU 读取接收数据的同时，NS 8250 就可以继续串行接收下一个数据，这样可以保证数据的连续接收。

（4）接收错误的处理　为了使传输过程更可靠，NS 8250 在接收端设立了三种出错标志：

1) 奇偶检验错误（Parity Error，PE）：若接收到的字符"1"的个数不符合奇偶校验要求，则置这个标志，发出奇偶校验出错信息。

2）帧错误（Frame Error，FE）：若接收到的数据帧格式不符合规定（如缺少停止位），则对该标志置位，发出帧错误信息。

3）溢出错误（Over Error，OE）：若接收移位寄存器接收到一个数据，在把它送至输入缓冲器时，CPU 还未取走前一个数据，就会出现数据丢失，这时置溢出错误标志。由此还可以看出，若设计较多级数的接收缓冲器，则溢出错误的概率就少。

3. NS 8250 的引脚说明

NS 8250 的外部引脚可以分成连接 CPU 的部分和连接外设的部分。这里的外设是通过 RS – 232C接口连接的。

（1）处理器接口引脚

数据线 $D_0 \sim D_7$：用于在 CPU 与 NS 8250 之间交换信息。

地址线 $A_0 \sim A_2$：用于寻址 NS 8250 内部寄存器，见表 8 – 7。

表 8 – 7 NS 8250 的寄存器寻址

DLAB	A_2	A_1	A_0	寄存器	COM$_1$ 地址	COM$_2$ 地址
0	0	0	0	读接收缓冲寄存器	3F8H	2F8H
0	0	0	0	写发送保持寄存器	3F8H	2F8H
×	0	0	1	中断允许寄存器	3F9H	2F9H
×	0	1	0	中断识别寄存器（只读）	3FAH	2FAH
×	0	1	1	通信线路控制寄存器	3FBH	2FBH
×	1	0	0	调制解调器控制寄存器	3FCH	2FCH
×	1	0	1	通信线路状态寄存器	3FDH	2FDH
×	1	1	0	调制解调器状态寄存器	3FEH	2FEH
×	1	1	1	不用	3FFH	2FFH
1	0	0	0	除数寄存器低 8 位	3F8H	2F8H
1	0	0	0	除数寄存器高 8 位	3F9H	2F9H

片选线：NS 8250 设计了三个片选输入信号 CS_0、CS_1、$\overline{CS_2}$ 和一个片选输出信号 CS_{OUT}。三个片选输入都有效时，才选中 NS 8250 芯片，同时 CS_{OUT} 输出高电平有效。

地址选通信号（$\overline{ADS}$）：当该信号（低电平）有效时，锁存地址线和片选线的输入状态，保证读/写期间的地址稳定。若不会出现地址不稳定现象，则不必锁存，只将$\overline{ADS}$引脚接地。

读控制线：NS 8250 被选中时，只要数据输入选通 DISTR（高有效）和$\overline{DISTR}$（低有效）引脚有一个信号有效，CPU 就从被选中的内部寄存器中读出数据，相当于 I/O 读信号。

写控制线：NS 8250 被选中时，只要数据输出选通 DOSTR（高有效）和$\overline{DOSTR}$（低有效）引脚有一个信号有效，CPU 就将数据写入被选中的内部寄存器，相当于 I/O 写信号。NS 8250 读/写控制信号有两对，每对信号作用完全相同，但有效电平不同。

驱动器禁止信号（DDIS）：CPU 从 NS 8250 读取数据时，DDIS 引脚输出低电平，用来禁止外部收发器对系统总线的驱动；其他时间，DDIS 为高电平。

主复位线（MR）：该引脚输入高电平有效时，NS 8250 复位，控制部分寄存器和输出信号处于初始化状态，见表 8 – 8。这个引脚就是 NS 8250 的硬件复位信号。

表 8 - 8　NS 8250 的复位状态

寄存器/信号	复位状态
中断允许寄存器	所有位为低
中断识别寄存器	D_0 为高，其他位为低
通信线路控制寄存器	所有位为低
调制解调器控制寄存器	所有位为低
通信线路状态寄存器	D_5 和 D_6 为低，其他为高
调制解调器状态寄存器	$D_0 \sim D_3$ 为低，$D_4 \sim D_7$ 为输入信号
引脚 INTRPT	低电平
引脚 SOUT、RTS、DTR	高电平
引脚 $\overline{OUT}_1$、$\overline{OUT}_2$	高电平

（2）时钟信号　外部晶体振荡器电路产生的时钟信号送到时钟输入引脚 $XTAL_1$，作为 NS 8250 的基准工作时钟。时钟输出引脚 $XTAL_2$ 是基准时钟信号的输出端，可用作其他功能的定时控制。外部输入的基准时钟经 NS 8250 内部波特率发生器分频后产生发送时钟，并经波特率输出引脚$\overline{BAUD}_{OUT}$输出。接收时钟引脚 RCLK 可接收外部提供的接收时钟信号；若采用发送时钟作为接收时钟，则只要将 RCLK 引脚和$\overline{BAUD}_{OUT}$引脚直接相连即可。

（3）串行异步接口引脚　这是一组用于实现 RS - 232C 接口的信号线。它们是 TTL 电平，输出数据线为正逻辑，联络控制信号线为低电平有效。

串行数据输入线 SIN 对应 RxD，用于接收串行数据。串行数据输出线 SOUT 对应 TxD，用于发送串行数据。

调制解调器控制线包括数据终端准备好$\overline{DTR}$、数据设备准备好$\overline{DSR}$、发送请求$\overline{RTS}$、清除发送$\overline{CTS}$、接收线路检测$\overline{RLSD}$（对应载波检测 CD）和振铃提示$\overline{RI}$。

（4）输出线　$\overline{OUT}_1$和$\overline{OUT}_2$由调制解调器控制寄存器 MCR 的 D_2 和 D_3 使其输出低电平有效，复位时为高电平。

（5）中断请求信号线 INTRPT　NS 8250 内部有 4 种类型的中断，若 NS 8250 的中断是允许的，则其中任意一个中断源有中断请求，INTRPT 输出为高电平。

4. NS 8250 的寄存器

NS 8250 内部有 9 种可访问的寄存器，用引脚 $A_0 \sim A_2$ 来寻址；同时还要利用通信线路控制寄存器的最高位，即除数寄存器访问位 DLAB，以区别共用两个端口地址的不同寄存器（见表 8 - 7）。

（1）接收缓冲寄存器 RBR　接收缓冲寄存器用于存放串行接收后获得的并行数据。

（2）发送保持寄存器 THR　发送保持寄存器用于存放将要串行发送的并行数据。

【例 8 - 8】从串口 1 输出字符 "A"。

指令如下所示：

```
MOV     AL,41H
MOV     DX,3F8H
OUT     DX,AL
```

【例 8 - 9】从串口 2 输入一个字符。

指令如下所示：

```
MOV     DX,2F8H
IN      AL,DX
```

（3）除数寄存器　NS 8250 的接收器时钟和发送器时钟由时钟输入引脚的基准时钟分频得到，而且是传输率的 16 倍。不同的数据传输率需要不同的分频系数，除数寄存器就保存设定的分频系数。计算分频系数（即除数）的公式如下：

$$分频系数 = 基准时钟频率/(16 \times 波特率)$$

除数寄存器是 16 位的，写入前注意使 DLAB = 1。

除数寄存器高位 DLH 和除数寄存器低位 DLL 中，存放着计算波特率的除数值，115200 除以这个除数就是发送波特率的值。例如，1200 的波特率，$115200 \div 1200 = 60H$，则 DLL 的内容为 60H，DLH 的内容为 0；波特率为 300，$115200 \div 300 = 384 = 0180H$，则 DLL 的内容为 80H，DLH 的内容为 01H。

【例 8 − 10】 串口 1 的通信波特率为 1200，其设置指令如下：

```
MOV     DX,3F8H
MOV     AL,60H          ;计算的 DLL 值
MOV     AL,80H          ;DLL 最高位置 1
OUT     DX,AL           ;设置除数低字节
MOV     DX,3F9H
MOV     AL,80H          ;根据 1200 波特率计算 DLH 为 0,最高位置 1,就是 80H
OUT     DX,AL           ;设置除数高字节
```

（4）线路控制寄存器 LCR　线路控制寄存器指定串行异步通信的字符格式，即数据位个数、停止位个数，是否进行奇偶校验以及采用何种校验。LCR 可以写入也可以读出。其格式如图 8 − 22 所示。其中，$D_6 = 1$ 将迫使 NS 8250 发送连续低电平的终止字符；最高位 D_7 是 DLAB，为 1 说明寻址除数寄存器，否则为寻址数据寄存器和中断允许寄存器。

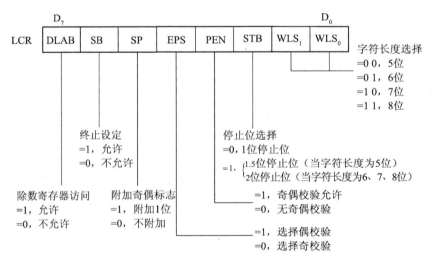

图 8 − 22　LCR 的格式

（5）线路状态寄存器 LSR　线路状态寄存器提供串行异步通信的当前状态，供 CPU 读取和处理。LSR 还可以写入（除 D_0 位），人为地设置某些状态，用于系统自检。其格式如图 8 − 23 所示。

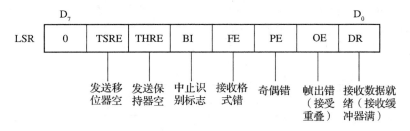

图 8-23 LSR 的格式

LSR 能反映接收数据是否准备就绪和发送保持寄存器是否为空，以决定 CPU 的下一个读/写操作。当接收数据就绪或发送保持寄存器为空时，除使 LSR 相应位置位外，还可以通过中断控制电路发出中断请求。LSR 也反映接收数据后是否发生错误以及是哪种错误。当错误发生时，也可以产生中断请求。

【例 8-11】采用查询方式从串口 1 输出字符 "A"，指令如下所示：

```
MOV      DX,3FDH
L1:IN    AL,DX
TEST     AL,00100000B        ;判断 LSR 中"发送寄存器空"标志是否有效
JZ       L1
MOV      AL,41H
MOV      DX,3F8H
OUT      DX,AL
```

（6）调制解调器控制寄存器 MCR   调制解调器控制寄存器用来设置 NS 8250 与数据通信设备（如调制解调器）之间联络应答的输出信号。其格式如图 8-24 所示。

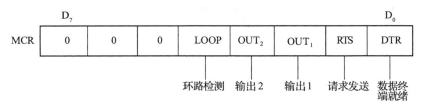

图 8-24 MCR 的格式

MCR 的 D_2D_3 位分别控制 $\overline{OUT_1}$ 和 $\overline{OUT_2}$ 的输出，可作为一般的输出信号使用。$\overline{OUT_2}$ 还具有中断控制作用，若 $\overline{OUT_2}$ 输出低电平，则允许 NS 8250 的 INTRPT 发出中断请求信号，否则将屏蔽 NS 8250 的中断请求信号。因此，MCR 的 D_3 位可当作为 NS 8250 的中断允许控制位。

MCR 的 D_4 位可控制 NS 8250 处于自测试工作状态。在自测试状态，引脚 SOUT 变为高，而 SIN 与系统分离，发送移位寄存器的数据回送到接收移位寄存器；4 个控制输入信号（$\overline{CTS}$、$\overline{DSR}$、$\overline{RLSD}$、$\overline{RI}$）和系统分离，并在芯片内部与 4 个控制输出信号（$\overline{RTS}$、$\overline{DTR}$、$\overline{OUT_1}$、$\overline{OUT_2}$）相连。这样，发送的串行数据立即在内部被接收（循环反馈），故可用来检测 NS 8250 发送和接收功能正确与否，而不必外连线。

在自测试状态下，有关接收器和发送器的中断仍起作用，调制解调器产生的中断也起作用。但调制解调器产生中断的源不是原来的 4 个控制输入信号，而变成内部连接的 4 个控制输出信号，即 MCR 低 4 位。中断是否允许，则仍由中断允许寄存器控制。若中断是允许的，则将 MCR 低 4 位的某一位置位，产生相应的中断，好像正常工作一样。

（7）调制解调器状态寄存器 MSR   调制解调器状态寄存器反映 4 个控制输入信号的当前状态及其变化，如图 8-25 所示。MSR 高 4 位中某位为 1，说明相应的输入信号当前为低有效，否则

为高电平有效。MSR 低 4 位中某位为 1，说明从上次 CPU 读取该状态字后，相应的输入信号已发生了改变，从高变低，或反之。MCR 低 4 位任一位置 1，均产生调制解调器状态中断，当 CPU 读取该寄存器或复位后，低 4 位被清 0。

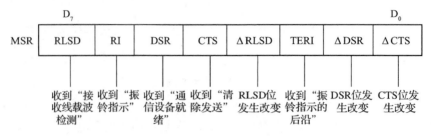

图 8 - 25 MSR 的格式

（8）中断允许寄存器 IER NS 8250 具有很强的中断控制和优先级判决处理能力，设计有 2 个中断寄存器和 4 级中断。这 4 级中断按优先级从高到低的排列顺序为：接收线路状态中断（包括奇偶校验错误、溢出错误、帧错误和终止字符）、接收器数据准备好中断、发送保持寄存器空中断和调制解调器状态中断（包括清除发送 $\overline{CTS}$ 状态改变、数据终端准备好 $\overline{DSR}$ 状态改变、振铃 RI 接通变成断开和接收线路信号检测 RLSD 状态改变）。NS 8250 的 4 级中断的优先级是按照串行通信过程中事件的紧迫程度安排的，是固定不变的，用户可利用中断允许或禁止进行控制。

中断允许寄存器的低 4 位控制 NS 8250 的 4 级中断是否被允许。某位为 1，则对应的中断被允许，否则被屏蔽（禁止），如图 8 - 26 所示。如果 IER 低 4 位全为 1，则禁止 NS 8250 产生中断，此时还将禁止中断识别寄存器和中断请求信号的输出。

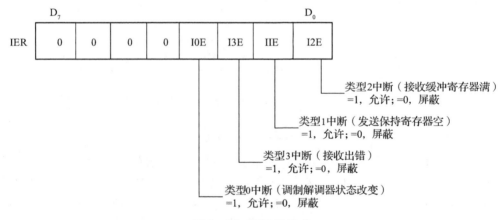

图 8 - 26 IER 的格式

（9）中断识别寄存器 IIR NS 8250 的 4 级中断中有一级或多级出现时，NS 8250 便输出高电平的 INTRPT 中断请求信号。为了能具体识别是哪一级中断引起的请求，以便分别进行处理，NS 8250 内部设有一个中断识别寄存器。它保持正在请求中断的优先级最高的中断级别编码，在这个特定的中断请求由 CPU 进行服务之前，不接受其他的中断请求。

中断识别寄存器的格式如图 8 - 27 所示。其中，最低位 D_0 反映是否有中断请求，IP = 0 表示有待处理的中断，IP = 1 表示没有待处理的中断；D_2D_1 位则表示正在请求的最高优先级的中断。IIR 是只读寄存器，它的低 3 位随中断源而变化，但 IIR 高 5 位总是 0，可用作判别 NS 8250 是否存在的特征。

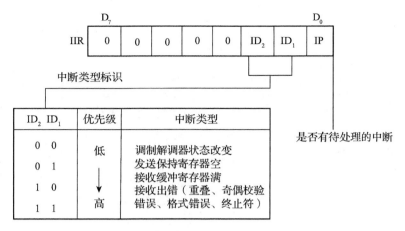

图8-27 IIR的格式

【例8-12】实现两台PC之间的异步串行通信，从一台PC键盘输入的字符将在另一台PC显示器上显示出来。每台PC都使用COM₂口，使用相同的程序，程序采用查询工作的方式。初始化编程时，应将03H写入调制解调器控制寄存器MCR，使环路检测位为0。初始化编程后，程序读取NS 8250的通信状态寄存器，若数据传输出错就显示一个问号"？"；若接收到对方送来的字符就将其显示出来；若从本机键盘输入字符，就将其发送给对方。如果按下［Esc］键就返回DOS。本例程序不使用联络控制信号，通信时不关心调制解调器状态寄存器的内容，而只要查询通信线路状态寄存器即可。

程序代码如下所示：

```
START:   MOV   AL,80H       ;异步通信适配器的初始化编程
         MOV   DX,2FBH      ;波特率
         OUT   DX,AL
         MOV   AX,0096
         MOV   DX,2F8H
         OUT   DX,AL
         MOV   AL,AH
         INC   DX
         OUT   DX,AL
         MOV   AL,0AH       ;通信字格式
         MOV   DX,2FBH
         OUT   DX,AL
         MOV   AL,03H       ;设置工作方式
         MOV   DX,2FCH
         OUT   DX,AL
STATUS:  MOV   DX,2FDH
         IN    AL,DX        ;读COM2的通信线路状态寄存器
         TEST  AL,1EH       ;判断接收是否有错
         JNZ   ERROR        ;有错,则转错误处理
         TEST  AL,01H       ;是否接收到数据
         JNZ   RECEIVE      ;有,则转接收处理
         TEST  AL,20H       ;发送保持寄存器THR是否为空(能输出数据)
         JZ    STATUS       ;不能输出,则循环查询通信线路状态
         MOV   AH,0BH       ;能,可以发送数据,检测键盘有无输入字符
         INT   21H
```

```
            CMP     AL,0
            JZ      STATUS          ;无输入字符,则循环查询通信线路状态
            MOV     AH,0            ;有输入字符,读取字符
            INT     16H
            CMP     AL,1BH          ;判断是否是 Esc 键
            JZ      DONE            ;是 Esc 键,则退出程序返回 DOS
            MOV     DX,2F8H         ;否则,将字符输出给发送保持寄存器
            OUT     DX,AL           ;串行发送数据
            JMP     STATUS          ;继续查询
    RECEIVE:MOV     DX,2F8H         ;已收到字符,读取该字符并显示
            IN      AL,DX           ;从输入缓冲寄存器读取字符
            AND     AL,7FH          ;ASCII 码 7 个数据位,所以保留低 7 位
            PUSH    AX              ;保存数据
            MOV     DL,AL           ;在显示器上显示该字符
            MOV     AH,2
            INT     21H
            POP     AX              ;恢复数据
            CMP     AL,0DH          ;数据是否为 Enter 键
            JNZ     STATUS          ;不是,则循环
            MOV     DL,0AH          ;是,再进行换行
            MOV     AH,2
            INT     21H
            JMP     STATUS          ;继续查询
    ERROR:  MOV     DX,2F8H         ;接收有错,显示问号?
            IN      AL,DX           ;读出接收有错的数据,丢掉
            MOV     DL,'? '         ;显示问号
            MOV     AH,2
            INT     21H
            JMP     STATUS          ;继续查询
    DONE:   ....                    ;返回 DOS
```

习 题

8.1 简述 8253 的 6 种工作方式。若加到 8253 上的时钟频率为 1MHz,则一个计数器的最长定时时间是多少? 若要求每 10min 产生一次定时中断, 试利用 8253 提出解决方案。

8.2 某 8253 芯片的基地址为 40H, 通道 0 工作在方式 3 下, 计数初值为 2000, 采用二进制计数,编写其初始化和赋初值程序代码。

8.3 利用 8253 芯片将 2MHz 的输入脉冲产生 4s 的定时, 画出 8253 的逻辑连接图, 并编写程序实现该功能。

8.4 试按如下要求分别编写初始化程序, 已知计数器 0 ~ 2 和控制字寄存器的端口地址依次为 204H ~ 207H。

(1) 使计数器 1 工作在方式 0, 仅用 8 位二进制计数, 计数初值为 128。

(2) 使计数器 0 工作在方式 1, 按 BCD 码计数, 计数值为 3000。

(3) 使计数器 1 工作在方式 1, 按二进制计数, 计数值为 02F0H。

8.5 8255A 有几种工作方式? 简述各种工作方式的特点。

8.6 8255A 工作在方式 1 时, 使用哪些握手联络信号? 说明它们的作用。

8.7 某 8255A 芯片的基地址为 40H, PA 端口用于输入、工作方式 1, PB 端口用于输出、工作方

式 0，编写其初始化代码。

8.8　采用 8255A 芯片，将一组 8 个开关的状态读入，存到内存某个位置，然后将读入的数据再利用 8255A 输出到显示器上（设开关的编号为 0 ~ 7，每次显示编号最小的闭合开关序号。例如，当前序号为 1 和 5 的开关闭合，则显示一个"1"）。

8.9　什么是同步串行通信方式？什么是异步串行通信方式？

8.10　异步串行通信中，已知数据位 7 位，停止位 1 位，偶校验，波特率为 3600，试计算每秒钟可以传输多少个字符？

8.11　利用一个异步串行通信系统传送文字资料，系统的速率为 9200bit/s，待传送的资料有 2000 个字符，设系统不用校验位，停止位只用 1 位，每个字符有 8 位，问至少需要多少时间才能传完全部资料？

8.12　现有 1MHz 的脉冲、1 片 8253 芯片和 1 片 8255A 芯片，希望通过这两个芯片，控制 8 个发光二极管，实现每 2s 一次轮流点亮的走马灯效果，画出逻辑连接图，并编写程序实现。

8.13　简述 8250 自检测工作方式。

8.14　串行通信接口芯片 NS 8250 给定地址为 03E0H ~ 03E7H，试画出其与 8088 系统总线的连接图。

第9章　总　线

　　总线是具有相关标准的各种信号线的集合，是计算机各部件之间传送数据、地址、控制信息的公共通道。在计算机系统中，需要利用不同的总线将芯片与芯片、电路板与电路板、计算机与外设、计算机与计算机以及系统与系统连接在一起，实现彼此之间的通信。总线是计算机系统重要的组成部分，总线性能的好坏将直接影响计算机系统的性能。先进的总线技术对于解决系统瓶颈，提高微机系统的性能有重要的影响。总线结构方式的发展变化，以及大量总线标准的制定，是提升微机系统性能的重要技术方向之一。

　　本章主要介绍微机系统的总线类型、特点、总线控制技术，简单介绍几种常用总线标准接口的特点与协议规范。

9.1　总线概述

　　一台微型计算机可以含有几个甚至几十个模块或设备，多个模块之间或多个设备之间，用于传送指令、数据和地址等信息的公共通道即为总线。从广义来讲，连接两个或两个以上数字系统元器件的信息通路即可称为总线。采用总线结构具有以下几个优点：

　　1）简化了系统设计，便于采用模块结构设计方法。

　　2）标准总线可以得到多个厂商的广泛支持，便于生产与之兼容的硬件板卡和软件。

　　3）模块结构便于系统的扩充和升级。

　　4）降低了生产与维护成本，便于故障的诊断和维修。

9.1.1　总线的类型

　　根据不同的标准，总线有很多种分类方法。按照总线的规模、用途和应用场合的不同，微型计算机系统中的总线，大致可分为片总线、内部总线和外部总线3类。

　　（1）片总线　片总线是芯片与芯片之间的总线，通常包括地址总线（AB）、数据总线（DB）和控制总线（CB）。一般它是微处理器构成一个小系统或部件时的芯片级总线。

　　（2）内部总线　内部总线又称系统总线或微机总线，它是微机系统内部各物理部件之间资源共享公用通道的集合，用于微机系统中各部件之间进行信息传送。

　　（3）外部总线　外部总线又称为通信总线，是微机与微机、微机与其他设备进行信息传输的通道。例如，串行通信总线 RS – 232、USB 总线、并行通信总线等。

　　根据信息传送方式的不同，总线又可分为并行总线和串行总线。并行总线利用多根线路同时传送多位二进制数据，总线内各根连线有序排列，统一编号，传输速率高，但结构较为复杂，常用于计算机内各部件的连接使用。串行总线是采用一根线路，按时间先后顺序，依次传输多位二进制数据，其特点是结构简单，传输速率偏低，更适合用于远距离信息传送。

9.1.2　总线的特点

　　总线结构是微型计算机的一种标准配置，随着技术的发展，总线结构也不断改进。与传统电路相比，总线结构具有以下特点：

（1）多信号源　在总线结构的微型计算机中，多种模块共用一组总线，总线上允许不同模块进行输入/输出，存在多点信号源，但各信号源的输入或输出信号格式共同遵守总线规则。

（2）分时复用　虽然总线上有多个信号源，但在某一时刻只允许一个信号源占用总线，因此总线采用分时复用的方式，使多个信号源共享总线。

（3）主从设备控制　为了完成分时复用，总线结构使用主从设备方式进行管理。主设备决定什么时刻、哪一个信号源可以输出信号到总线上，哪些目标信号模块在何时从总线上接收信号。任何时候一个系统中只能存在一个控制总线的主设备（Master），其他挂接在总线上的模块均为从设备（Slave）。总线的控制权也可以在一定条件下按一定方式移交。例如，DMA 传输，CPU 将总线控制权移交给 DMA 控制芯片，CPU 挂起或只执行内部操作，DMA 完成数据传输后，DMA 控制芯片释放总线控制权并通知 CPU，CPU 重新取得总线控制权，并执行一段检查本次 DMA 传输操作正确性的代码。最后，带着本次操作结果及状态，继续执行原来的程序。

9.1.3　总线性能主要指标

1. 总线的位宽

总线的位宽是指总线一次可同时传输的二进制数据的位数。通常，系统数据总线的位数同 CPU 外部数据总线的位数相同。例如，用 8088 CPU 构成的微机系统，其数据总线的位数是 8 位；用 Pentium CPU 构成的微机系统，其 HOST 数据总线的位数是 64 位；PCI 总线中的数据总线位数可扩展到 64 位。总线的位宽就像高速公路的车道数，总线的位宽越宽，能同时传送的数据位数就越多。

2. 总线的工作频率

总线的工作频率以 MHz 为单位，它是衡量总线性能的一个重要指标。就像高速公路上行驶车辆的车速，车速越高单位时间内通过的车辆就越多；总线工作频率越高，意味着单位时间内传输的数据量就越大。例如，ISA、EISA 总线工作频率为 8MHz，PCI 总线工作频率为 33.3 MHz，PCI-2 总线工作频率为 66.6 MHz。

3. 总线的带宽

总线的带宽也称总线数据传输速率，指的是单位时间内总线上传送的数据量。就好像高速公路上的车流量，总线的带宽衡量单位时间内通过数据量的大小。总线的带宽与总线的位宽、总线的工作频率之间的关系如下：

$$总线的带宽 = 总线的工作频率 \times 总线的位宽/8$$

单方面提高总线的位宽或工作频率，都只能部分提高总线的带宽，且容易受到各自技术上限的限制。通常是通过两者配合使总线的带宽得到更大的提升。

9.1.4　总线标准

在微型计算机系统中，构成系统的各部件都是通过总线连接到一起的，总线上的各种信号是利用总线进行传递的。为了使计算机的各种模块或设备能够互连和扩展，不同厂商生产的部件能够相互替换，这就需要制定一定的规范，因此需要有规范化的总线标准。总线标准规定了系统内部各模块间或系统与系统间信号传输公用通道的物理功能，它是系统内部各单元电路输入/输出接口或系统间信号输入/输出接口必须严格遵循的标准规范。

这些标准规范规定了总线中各信号的功能定义、总线中各信号的标准电平、总线的负载能力、工作频率、工作时序、总线的仲裁机构、驱动程序、总线的功能、总线结构的物理序号、总线机械结构的规范等。标准总线简化了系统结构，提高了系统稳定性，并使各厂家生产的相同功能的模块可彼此互换替代（要求各模块总线接口处信号的电气接口参数和电磁兼容性相同），有利于系统的更新和维护。

通常，总线标准由国际组织、厂商联盟制定或推荐。每个总线标准都有详细的规定，一般包括以下 4 个特征：

（1）物理特性　物理特性指的是总线物理连接的方式，包括总线的根数，总线的插头、插座是什么形状的，引脚如何排列等。

（2）功能特性　功能特性描写的是这一组总线中每一根线的功能是什么。从功能上看，总线分成 3 组：地址总线、数据总线和控制总线。地址总线的宽度指明了总线能够直接访问存储器的地址范围。数据总线的宽度指明了访问一次存储器或外部设备，最多能够交换数据的位数。控制总线一般包括 CPU 与外界联系的各种控制命令，如输入/输出读写信号、存储器读/写信号、外部设备与主机同步匹配信号、中断信号和 DMA 控制信号等。

（3）电气特性　电气特性定义了每一根线上信号的传递方向及有效电平范围。一般规定送入 CPU 的信号叫 IN（输入信号），从 CPU 送出的信号叫 OUT（输出信号）。

（4）时间特性　时间特性定义了每根线在什么时间有效。也就是说，用户什么时间可以用总线上的信号，或者用户什么时候可以把信号提供给总线，CPU 才能正确无误地使用。

1. 串行通信总线标准

串行通信总线标准有 RS－232、RS－485、USB、IEEE 1394、I²C、SPI、1－Write 和 CAN 总线等。RS－232 和 RS－485 总线一般用于实现系统间的数据通信，I²C、SPI、1－Write 和 CAN 总线主要用于嵌入式系统内部和系统间的数据通信。

2. 并行通信总线标准

并行通信总线标准分为系统内并行总线标准和系统间总线标准，见表 9－1。总线接口电路用来实现信号间的组合及驱动，以满足总线信号线的功能及定时要求。总线传送数据信息时，如果每次传送都从发送地址信号开始，则传送一个数据信息的周期就需要几个总线周期才能完成，因此这种情况下，总线传输率较低。如果总线以突发方式传送数据信息，只有第一次传送时需要发送地址信息，以后的地址信号是自动线性增量的，即数据是成块连续传送，每传送一个数据仅要一个总线时钟，只有在这种情况下，总线才能达到最大传输率。然而在组成系统时，不是每种 CPU、每个模块都能工作在突发方式下，如果互相传送信息的两个模块中只有一个模块有突发传送信息功能，则总线不能实现突发传送方式。只有两个模块同时具有突发传送功能时，总线才能实现突发传送方式。

表 9－1　并行总线标准

系统内并行总线标准	系统间并行总线标准
S-100（IEEE-696）总线标准	IEEE-488 总线标准
STD（IEEE-P961）总线标准	Centronics 总线标准
Multi Bus（IEEE-769）总线标准	CAMAC 总线标准
VEM Bus（IEEE-P1014）总线标准	SCSI 总线标准
PC/ISA/EISA/VL/PCI	
AGP/IDE 接口标准	

9.2　总线的控制与数据传输方式

9.2.1　总线仲裁

　　总线上挂接的设备一般分为主设备和从设备。总线主设备是指具有控制总线能力的模块，通常是 CPU 或以 CPU 为中心的逻辑模块，在获得总线控制权后能够启动数据信息的传输。相对应地，总线从设备是指能够对总线上的数据请求做出响应，但本身不具备总线控制能力的模块。

　　在早期的计算机系统中，一条总线上只有一个主设备，技术简单，也比较容易实现。伴随工业控制、科学计算等应用需求的推动，多个主设备共享总线的情况越来越多，对总线技术提出新的要求。根据这类系统的特点，需要解决各个主设备之间资源争用的问题，即总线仲裁技术。

　　总线仲裁是在有多个总线主设备的应用场景下提出来的，为了防止多个处理机同时控制总线，而在总线上设立一个处理总线竞争的机构，按优先级次序，合理地分配资源。用硬件来实现总线分配的逻辑电路称为系统总线仲裁器（System Bus Arbiter），它的任务是响应总线请求，通过对分配过程的正确控制，达到最佳使用总线的目的。总线的仲裁机制如图 9-1 所示。

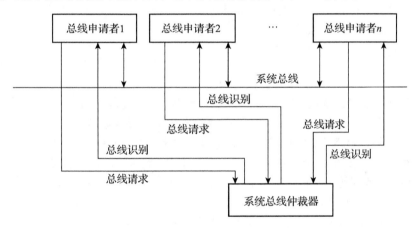

图 9-1　总线仲裁机制

　　系统总线仲裁器一般由仲裁算法和相应的硬件构成。仲裁算法性能的优劣会极大影响系统的性能。常用的仲裁算法有：静态优先级算法（如三线菊花链查询法见图 9-2）、均等算法、动态优先级算法和先来先服务算法等。

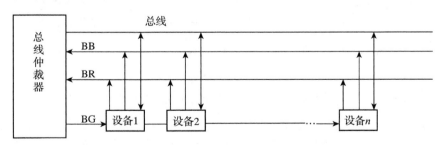

图 9-2　三线菊花链查询法

　　需要注意的是，PC 内部各个模块之间以及 PC 与 I/O 设备之间通过总线进行信息交换时，必然存在着时间上的配合和协调问题，否则系统的工作将出现混乱。下面讨论总线的数据传输方式和工作时序问题。

9.2.2 总线的数据传输方式

总线仲裁解决了系统中各设备分时使用总线的技术问题，那么掌握总线控制权的主设备，如何去实现主/从模块间数据的可靠传输，这就是总线的数据传输方式。总线传输方式即总线通信方式，也称总线握手方式。总线传输时，根据信号电平的某种变化来指示总线传输的开始和结束。目前，系统常用的总线传输方法有：同步传输、异步传输和半同步传输。

1. 同步传输

同步传输是利用一个共同的时钟信号控制数据传输，这里的时钟通常由系统的标准时钟发生器/驱动器发出，经分频电路送到总线上的所有模块。在同步传输方式下，总线操作有固定的时序，所有信号与时钟的时间关系由协议预先统一规定。因此，主模块和从模块之间无须其他应答，故而控制电路简单，总线传输速率高。

在同步传输方式中，为了保持可靠的数据传输，地址信号、数据信号和有关读/写命令信号相对于时钟脉冲的前沿和后沿，需留有一定的建立时间和保持时间。在同步传输方式中，系统的所有模块由单一时钟信号控制，其优点是简单快速，缺点是系统中快速模块必须迁就慢速模块，总线响应速度由速度最慢的模块确定，使得系统整体性能降低，并且无法确定被访问的模块是否已经真正响应，故而可靠性亦会受影响。

2. 异步传输

由于多数系统中不同模块的数据传输速度差异较大，为解决同步传输的上述缺点，提出了异步传输方式。异步传输方式又称应答方式，采用应答方式进行数据传输，总线上所连接的各设备可根据实际工作速度自动调整总线的数据传输速率。数据发送和接收部件之间没有公用的时钟和固定的时间间隔，要依靠相互制约的握手信号来协调，实现传输的定时控制。

主模块提出传输数据的请求信号，经接口送到从模块，从模块接收到请求且传送准备就绪后，向主设备发出应答信号，整个握手过程一问一答地进行。从请求到应答的时间由操作的实际时间决定，而不是由系统时钟的节拍硬性规定，因此具有很强的灵活性，能保证在两个传输速度相差很大的部件或模块之间可靠、完整地交换数据。异步传输没有统一的时钟信号，它通过图 9-3 所示的非互锁、半互锁和全互锁 3 种握手方式实现收/发双方数据传输的同步问题。

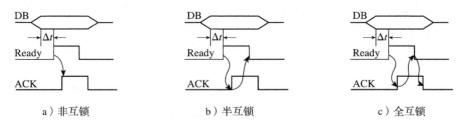

| a）非互锁 | b）半互锁 | c）全互锁 |

图 9-3　异步传输 3 中工作方式示意图

在图 9-3a 所示的非互锁握手工作方式中，主设备将数据输出到总线，延迟 Δt 后，便输出数据准备就绪（Ready）信号，通知从设备数据总线上已有数据，从设备在接收到 Ready 信号后，读取数据总线上的数据再输出 ACK 信号通知主设备撤销当前数据总线上的数据，执行一个数据的传输。由于主/从设备是通过固定延迟完成读/写操作，因此非互锁握手工作方式中，当系统中各设备工作速度差异较大时，不能完全确保接收方在规定的延时时间内接收到握手信号，工作可靠性会降低。

图 9-3b 所示的半互锁握手工作方式和非互锁握手工作方式相似，差异是主设备在输出 Ready 信号后，只有在主设备接收到从设备输出的 ACK 信号后，主设备才撤销 Ready 信号。这虽然解决了主设

备输出 Ready 信号宽度的问题，但从设备输出的 ACK 信号何时撤销问题仍未解决。

在图 9-3c 所示的全互锁握手工作方式中，主设备将数据输出到总线，延迟 Δt 后，便输出 Ready 信号通知从设备接收数据；从设备在接收到 Ready 信号并完成总线上数据的读取后，便输出 ACK 应答信号通知主设备，同时仍继续监测 Ready 信号是否有效；主设备在接收到从设备输出的 ACK 应答信号后，便使 Ready 信号无效；从设备在监测到 Ready 信号无效后，便撤销 ACK 信号。在全互锁工作方式中，Ready 信号和 ACK 信号的宽度是主/从设备根据数据传输的实际情况而实时确定，这样便使得连接在总线上工作速度各异的设备可根据实际情况调整数据传输速率，实现了数据的可靠传输。

图 9-4 是异步传输全互锁方式下的读时序图，首先系统的主设备通过总线向系统的各从设备输出请求信号 Request，同时输出当前被访问的从设备地址，各从设备根据接收到的地址编码状态确定是否被选中，被选中的从设备和主设备交换信息的操作过程如下：

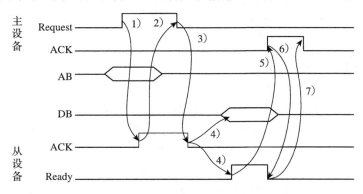

图 9-4　异步传输全互锁方式下读时序图

1）被主设备选中的从设备（由 AB 确定）在接收到主设备输出的 Request 信号后，便对主设备输出 ACK 应答信号。

2）当主设备在接收到从设备输出的 ACK 应答信号后，便从总线上撤销 Request 信号。

3）当从设备检测总线 Request 信号无效后，便从总线上撤销 ACK 信号。

4）从设备将主设备需要的数据输出到数据总线上，同时输出 Ready 信号通知主设备数据准备就绪。

5）主设备接收到从设备输出的 Ready 信号后，在执行完读数据操作的同时输出 ACK 信号告诉从设备数据已被读取。

6）从设备接收到主设备输出的 ACK 信号后，便使 Ready 信号无效，同时从总线上撤销数据，释放数据总线。

7）主设备检测到 Ready 信号无效后，便撤销 ACK 信号。

上述 7 个步骤完成了主/从设备一个数据的交换过程，依次重复上述操作直至数据传输结束。异步传输由主设备提出请求，由被选中的从设备确定总线的工作速度，因此速度各异的各设备均可在同一系统中相互传输信息。缺点是数据传输周期长，总线数据传输速率低。

3. 半同步传输

半同步传输是结合同步和异步各自优点的混合传输方式，采用同步传输的主/从设备均以系统时钟作为标准，但为了适应系统中速度各异的设备，又采用了异步传输的应答技术，使系统中的主设备或从设备在系统时钟的上升沿产生对方所需的信号，或访问对方信号是否有效，使各操作的时间可以变化，同时又解决了异步传输在工程中存在的易受噪声影响的问题。

9.3 几种常用的总线标准与接口

9.3.1 PCI 总线

外设部件互连（Peripheral Component Interconnect, PCI）总线标准是 1991 年由 Intel、IBM、Compaq、Apple 等大公司联合制定的一种局部总线标准，1995 年又推出了 PCI 2.1 版。PCI 总线支持 33 MHz 和 66 MHz 的同步总线操作，其数据宽度为 32 位，可升级至 64 位。其数据传输速率可高达 132 Mbit/s（33 MHz 时钟 32 位数据通路）~528 Mbit/s（66 MHz 时钟 64 位数据通路）。这为计算机图形显示所需的大批量的数据传送和高性能的磁盘输入/输出提供了硬件支持。

PCI 总线开放性好，具有良好的兼容性，是一种低成本、高效益、能与 ISA 总线兼容的总线标准。目前的 PC 主板上无一例外地都配置了多个 PCI 总线插槽。PCI 总线是一种不依赖于任何具体 CPU 的局部总线，也就是说它独立于 CPU，因为 PCI 总线与 CPU 之间隔着北桥芯片，实际上 CPU 是通过北桥芯片对 PCI 实施管理的。

1. PCI 总线的主要特点

1）最高操作时钟频率为 33 MHz 和 66MHz，拥有 32 位和 64 位两种数据通道。

2）支持成组数据传送方式。若被传送的数据在内存中连续存放，则在访问第一个数据时需要两个时钟周期，第一个时钟周期内给出地址，第二个时钟周期内传送数据；从第二个数据开始不必再给出地址，可直接传送数据，即每一个时钟周期传送一个数据。这种传送方式也称为突发传送。

3）支持总线主控方式，即多处理器系统中的任何一个微处理器都可以成为总线主控设备，对总线操作进行控制。

4）与 ISA、EISA、微通道等多种总线兼容。由于 PCI 总线在 Pentium 微处理器与其他总线间架起了一座桥梁，它也支持像 ISA、EISA 以及微通道等这样的低速总线操作。

5）支持所有目前的和将来的不同结构的微处理器。可以把 PCI 局部总线看作是一个独立的处理器，它可以与任何一种微处理器一起使用，不局限于 80x86。这就确保了 80x86 系列机在更新换代时，也不会把 PCI 局部总线抛弃。因此许多大的计算机公司都宣布支持 PCI 总线。

6）它支持 5V 和 3.3V 两种扩充插件卡。可以从 5V 向 3.3V 进行平滑的系统转换。PCI 总线上装有一个很小的断路键，使用户在插卡时不会导致在系统主板上有不同的电压电源。

7）支持即插即用。PCI 设备中有存放设备具体信息的寄存器，这些信息使系统 BIOS 和操作系统层的软件可以实现自动配置。用户可以安装一个新的添加卡，且不用设置 DIP 开关、跳线（跨接线）和选择的中断。配置软件会自动选择未被使用的地址和中断，以解决可能出现的冲突问题。

8）PCI 总线在每两个信号之间都安排了一个地线，以减少信号间的相互干扰。

9）PCI 总线实现了触发级的中断，这种中断可支持中断共享。

10）PCI 总线能支持高达 10 个外部设备，其中某些外部设备必须嵌入到系统主板上。

2. 桥接器

PCI 包括 3 类桥接器：主处理器与 PCI 的桥，即主桥；PCI 与标准总线（ISA、EISA、微通道等）之间的总线桥；PCI 与 PCI 之间的桥。桥接器就是总线转换器，能连接两条计算机总线，实现总线之间的通信。在一个 PCI 应用系统中，如果某设备取得了总线控制权，就称其为"主设备"；而被主设备选中以进行通信的设备称为"从设备"。桥接器的主要作用是把一条总线的地址空间映射到另一条总线的地址空间，使系统中的每一个总线主设备能看到同样的地址表。

3. 配置空间

PCI 提供 3 个互相独立的物理地址空间，包括存储器地址空间、I/O 地址空间和配置地址空间。前两个是一般总线都有的通用空间；第 3 个是用以支持 PCI 硬件配置的特殊空间，是 PCI 所特有的。每个 PCI 总线设备必须提供配置信息存放的空间，多功能设备则应该相应地提供多块配置信息存放空间。

由于具有优良性能，PCI 总线获得了广泛应用。目前的 PC 中一般都采用 PCI 与 ISA 总线并存的结构，也有的 PC 已取消了 ISA 总线，只保留 PCI 总线接口。

PCI - Express 总线采用串行通信方式，被称为第 3 代 I/O 总线（依次为 ISA、PCI、PCI - Express），采用同 OSI 网络模型相似的分层结构，自上而下由软件层、会话层、事务处理层、数据链路层和物理层组成。PCI - Express 采用点对点技术，每一个设备可独享通道，各设备可通过 1、2、4、8、16、32、64 根 PCI - Express 连接线与其他设备建立连接，根据内部独立数据通道的数量，可由 PCI - Express 配置成 ×1、×2、×4、×8、×16、×32、×64。若在 ×1 规格下数据带宽为 312.5 Mbit/s，则在 ×32 规格下数据带宽为 10 Gbit/s。

9.3.2　IEEE 1394

IEEE 1394 是 IEEE（Institute of Electrical and Electronics Engineers）制定的一个高速串行总线标准。它通过提供一个高带宽、易使用和低价格的接口，将 PC 和外部设备、家用电器连接起来。IEEE 1394 提供的带宽完全可以综合现有的外部接口，将以前的多种总线标准统一起来。它提供数字设备之间高速、廉价、规格化、多用途的传输方式，是数字信息传输的标志性成果之一。

IEEE 1394 是由 TI、Sony、Microsoft、Philips、Apple 等公司提出并共同制定的一种高性能的串行总线，其前身是 1986 年 Apple 公司用于连接打印机、调制解调器、硬盘、扫描仪等外部设备到计算机的总线设计 "Fire Ware"。1995 年正式由 TI、Sony 等定义，成为支持个人计算机与多媒体连接的新一代标准，商业上仍沿用 Apple 公司的 "Fire Ware" 名称。2000 年 3 月，新的标准 IEEE 1394 - 2000 正式通过批准。IEEE 1394a 支持 3 种传输速率：100Mbit/s、200Mbit/s、400Mbit/s；而 IEEE 1394b 标准支持 800Mbit/s、1.6Gbit/s 甚至 3.2Gbit/s 的传输速率。它支持对等设备之间，如数字摄像机、SGS、数字照相机、高速高分辨率打印机和扫描仪等，为高带宽视频、音频数据传输。为了消费者使用方便，IEEE 1394 支持即插即用和 "热拔插"，同时支持更高传输速率。

IEEE 1394 的主要性能特点如下：

1）采用 "级联" 方式连接各个外部设备。IEEE 1394 在一个端口上最多可以连接 63 个设备，设备间采用树形或菊花链结构。设备间电缆的最大长度是 4.5m；采用树形结构时层次可达 16 层，两个端点之间的最大距离为 72m。

2）采用基于内存的地址编码，具有高速传输能力。总线采用 64 位的地址宽度（16 位网络 ID，6 位节点 ID，48 位内存地址），将资源看作寄存器和内存单元，可以按照 CPU 内存的传输速率进行读/写操作，因此具有高速的传输能力。

3）采用点对点结构（Peer to Peer）。任何两个支持 IEEE 1394 的设备可以直接连接，不需要通过计算机控制。设备之间互传数据时，不分主从设备，都是主导者和服务者。

4）安装方便且适用。允许 "热拔插"，支持即插即用。IEEE 1394 可以自动探测设备的插入与拔出动作并对系统做重新构建，即在系统工作时，IEEE 1394 设备也可以插入和拔出。

5）兼容性好。IEEE 1394 总线可以适应台式计算机用户的全部 I/O 要求，并可以与 SCSI 并口、RS -232 标准串口、IEEE 1284 标准并口等接口兼容。不同传输速率的设备可以随意互连，以低速率设备的最高支持速率进行数据传输。

9.3.3　ATA 总线

ATA 总线的前身为 IDE（集成驱动器电气接口）及 EIDE（增强 IDE）。由美国国家标准学会命名为 ATA 总线。该总线广泛用于家用 PC，用来连接硬盘、光盘等设备。早期的 IDE 功能很弱，其总线上只能接两台硬盘，数据传输速率很低（2Mbit/s），能管理的硬盘容量很小（528MB）。随着计算机的发展，对硬盘容量的需求越来越大，传输速率也越来越高。

ATA 中磁盘与主机之间的数据传输方式有两种：一种是程序输入/输出（即 PIO）方式，这种方式下，CPU 通过执行程序实现数据的交换，显然，这种方式的传输速率不可能太高；另一种是直接存储器存取（DMA）方式，这种方式下磁盘与主机之间的数据传送不需要 CPU 的参与，这种传输方式的数据传输速率要更高一些。有关这两种数据传输方式的详细内容，可参阅本书第6.3 节。

ATA 作为主要用于连接磁盘、光盘、扫描仪等外设的并行总线，在技术与需求不断发展的情况下，暴露出许多问题，尤其是数据传输速率几乎快达到极限。因此，后续出现了串行的 ATA 总线，即 SATA。

SATA 采用 7 针数据电缆，主要有 4 个针脚：第 1 针脚发送信号，第 2 针脚接收信号，第 3 针脚供应电源，第 4 针脚为地线。SATA 最长可以达到 1m，而并行 ATA 最长仅为 40cm。重要的是 SATA 不会出现因过多引脚而使针变弯或断针的现象。SATA 插接简单，还大大改善了机箱的通风情况。

同样，SATA 具备许多优异的特性：高速度，可连接多台设备，支持热插拔，内置数据校验等。目前的 PC 市场中，ATA、SATA 系列形式的硬盘接口已得到了广泛的使用。表 9 - 2 给出并行 ATA 与串行 ATA 主要性能对照。

表 9 - 2　并行 ATA 与串行 ATA 主要性能对照表

技术特征	Serial ATA1.0（串行 ATA）	Parallel ATA（并行 ATA）
最高数据传输速率	150Mbit/s（SATA3.0 中最高可达 600Mbit/s）	133Mbit/s（这是 ATA/1333 所能支持的最高值）
工作电压	12V、5V、3.3V	12V
散热条件	更加利于散热	散热效果差
支持热插拔	是	否
连接电缆	0~1m 长连接电缆	40 针 80 芯电缆，40cm
通信模式	信号串行传输	信号并行传输
多设备应用	独享数据带宽	共享数据带宽
抗干扰能力	强	差
成本	低	较高

9.3.4　USB 总线

通用串行总线（Universal Serial Bus，USB）是在 1994 年由 Intel、Compaq、DEC、IBM、Microsoft、NEC 等公司联合制定的一种串行总线标准，USB 和 IEEE 1394 有许多相同之处，具有即插即用、热插拔、设备和总线连接方便等优点。USB 常用于微机与外设之间的数据交换，是一种外部总线。

USB 允许外设在本机和其他外设工作时进行连接、配置、使用和移走。目前 USB 接口的外设已十分丰富，包括键盘、鼠标、显示器、调制解调器、打印机、扫描仪、数字照相机等，USB 接口还可以串接，使一个 USB 口串接多个 USB 设备。USB 的应用减少了微机与外设连接的 I/O 端口，甚至仅用一个串行接口来代替，使微机与外设之间的连接更容易。

现在 USB 已经广泛流行，成为 PC、工业控制机中不可或缺的接口。基于 PC 的 USB 系统在层次上可分为 3 部分：USB 主控制器（USB Host）、USB 器件（USB Device）和 USB 连接（USB Hub）。一个 USB 系统仅可以有一个主控制器，而为 USB 器件连接主机系统提供主机接口的部件被称为 USB 主控制器。例如，在 PC 系统下使用 USB 设备，PC 端就是主机，在 FPGA 或者单片机加上一个 USB Host 芯片，就可以读/写 USB 器件。

USB 的主要特点如下：

1）传输速率高。USB1.0 有两种传送速率：低速为 1.5Mbit/s。高速为 12Mbit/s。USB2.0 的传送速率为 480Mbit/s。USB3.0 最高速率可达 5.0Gbit/s。USB 接口已被广泛应用，低速外设如键盘、鼠标等，高速外设如 U 盘、移动硬盘、多媒体外设等。

2）支持即插即用。USB 主控制器可以随时监测该 USB 总线上设备的接入和拔出情况。在主控器的控制下，总线上的外设永远不会发生冲突，实现了总线设备即插即用。

3）支持热插拔。用户在 USB 上使用外接设备时，不需要重复"关机→将并口或串口电缆接上→再开机"这样的动作，而是直接在 PC 开机时，就可以将 USB 电缆接头插上使用。用户必须明确，USB 总线接口是允许带电热插拔的。但是在使用时，必须注意外设是否支持热插拔。例如，移动硬盘正在写数据，如果这时拔下 USB 电缆接头，可能对 USB 总线没有伤害，但对移动硬盘来说则可能是有影响的。

4）良好的扩展性。USB 支持在总线上连接多个设备同时工作，而且总线的扩展很容易实现。在 USB 上最多可以连接 127 台设备。

5）可靠性高。USB 上传输的数据量可大可小，允许传输速率在一定范围内变化，为用户提供了使用上的灵活性。同时在 USB 协议中包含了传输错误管理、错误恢复等功能，并能根据不同的传输类型来处理传输错误，从而提高了总线传输的可靠性。

6）统一标准。USB 是一种开放的总线协议，在 USB 总线上，所有使用 USB 系统的接口一致，连线简单。各种外设都可以用统一的标准与主机相连接，如 USB 硬盘、USB 鼠标、USB 打印机等。

7）总线供电。USB 总线上可以提供容量为 $5V \times 500mA$ 的电源，这对许多要求功率不大的外设来说特别方便。

8）传送距离。USB 在低速传送（低速 1.5Mbit/s）时，采用非屏蔽电缆，结点间的距离为 3m；在全速传送（低速 12Mbit/s）时，采用屏蔽电缆，结点间距离为 5m。

9）低成本。USB 接口简单，易于实现，特别是低速设备。USB 系统接口/电缆也比较简单，成本相对较低。

1. USB 接口的物理特性

USB 采用 4 线电缆传输数据和电源，如图 9-5 所示。其中，D+ 和 D- 是差模信号双绞线，特性阻抗为 99Ω，V_{BUS} 为 +5V 电源，GND 为电源地。

图 9-5　USB 接口的 4 线电缆

2. USB 拓扑结构

USB 系统由 USB 主机、USB 设备和 USB 的连接组成。USB 的物理连接采用 Hub 分层的星形结构，主控器具有根集线器的功能，集线器（Hub）位于星形结构的中心。USB2.0 最多可支持 6 个 Hub 层，每个集线器可有 2、4 或 7 个结点，最多可接 127 个结点，如图 9-6 所示。集线器接口到结点间的传输线采用屏蔽双绞线，其最大长度为 5m。USB 层间通信的示意图如图 9-7 所示。

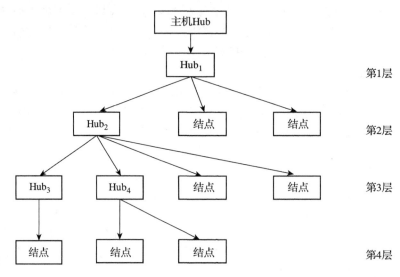

图 9-6　USB 的总线拓扑结构示意图

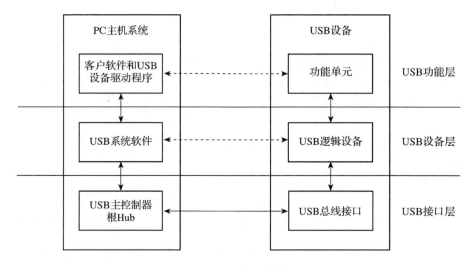

图 9-7　USB 层间通信的示意图

3. USB 数据传输方式

USB 采用不归零（NRZI）编码方式，可采用控制传输、同步传输、中断传输和批量传输 4 种数据传输方式。根据版本不同，其数据传输速率为 1.5Mbit/s（低速）、12Mbit/s（全速）、480Mbit/s（高速）等。上述 4 种传输方式，在数据格式、传输方向、数据包容量限制、总线访问限制等方面有不同的特征。

（1）控制传输　控制传输是双向传输，采用严格的差错控制方式。USB 设备在接入总线时，需经历设置阶段、数据阶段（可选）和状态阶段。在设置阶段主机输出命令给设备，数据阶段所传输的数据是设置阶段所确定的数据，状态阶段由设备返回握手信号给主机。控制传输方式通常用于配置、命令、状态等情况，允许数据包容量为 8、16、32、64 字节，不能指定总线访问的频率和总线占用时间，传输可靠性高。

（2）同步传输　同步传输可以为单向或双向，是一种周期性、连续的传输方式，一般用于数据传输速率固定、时间性较强的设备，如摄像机、显示器等。单向传输只能用于高速设备，数据容量为 0 ~ 1023 字节，可保持恒定的传输速率；没有数据重发机制，要求具有一定的容错性；若需要双向传输，则必须使用另外一个端点。

（3）中断传输　中断传输是单向传输，用于在指定时间内完成数据传输的情况，一般适用于非周期的、数据量较少的设备的信息传输，如键盘、鼠标等。中断传输通常为输入传输方式，如外设到主机，对于高速设备数据包大小为 64 字节（低速设备小于或等于 8 字节），具有最大的服务周期保证（在规定时间内至少有一次数据传输），具有数据可靠性保证（错误可重发）。

（4）批量传输　批量传输也称数据块传输，可以是单向或双向（需有另一个分开的管道），主要用于对时间要求不高的大容量连续的数据传输，如打印机、光盘和数字照相机等。单向传输（若需要双向传输，必须使用另外一个端点）对于高速设备数据包大小为 8、16、32、64 字节，没有带宽保证（总线空闲即可传输），只有数据保证（必要时可重试、重发）。批量传输是最快的传输方式，一般用于高速外部设备。

4. USB 总线协议

在 USB 中，任何操作都是从主机开始的，主机以预先安排的时序，发出一个描述操作类型、方向、外设地址以及端点号的包（令牌包），然后在令牌中指定数据发送者发出一个数据包（或指出它没有数据传输）。而 USB 外设要以一个确认包做出响应，表明传输成功。

（1）域类型　一个令牌包具体包括：同步域、标志域、地址域、端点域、帧号域、数据域及 CRC 校验域等。同步域用于本地时钟与输入信号的同步，标志域指明包的类型及格式，地址域指明外设端点地址（外设地址及外设端点），端点域说明设备所使用的子通道，帧号域指明目前帧的序号，数据域包含传输的数据，CRC 校验域包含令牌校验和数据校验。

（2）包类型　USB 中有令牌包、数据包、应答包等。令牌包包含输入（IN）、输出（OUT）、设置（SETUP）和帧起始（SOF）4 种类型；数据包包含标志域、数据域和 CRC 校验域；应答包包含确认包、无效包、出错包、特殊包等，应答包用于报告数据传输状态，仅支持有流量控制的传输类型。

（3）总线操作　USB 的总线操作包含：批操作、控制操作、中断操作、同步操作等。批操作包含令牌、数据、应答 3 个阶段；控制操作包含设置和状态两个操作阶段；中断操作只有输入一个方向，与批操作的输入相同；同步操作包含令牌和数据两个阶段，它不支持重发功能。

（4）错误检验与恢复　USB 总线协议具有检查错误的能力，可以根据传输类型的要求进行相应的处理，支持所有的错误检验与重传，实现端对端数据的可靠传输。USB 协议可进行 PID 检验、CRC 校验、总线时间溢出及 EOP 错误检验等。

USB 2.0 是由 Compaq、Hewlett-Packard、Intel、Lucent、Microsoft、NEC 和 Philips 这 7 家公司在 2000 年 4 月联合发布，相比 USB 1.1 版本主要是增加了 480Mbit/s 高速模式，并且兼容 USB 1.1。虽然 USB 2.0 的传输速度大大提升了，但其工作原理和模式是和 USB 1.1 完全一样的，传输速度提高到 480Mbit/s 最关键的技术就是提高了单位传输速率。USB 1.1 的单位数据传输时间为 1ms，而 USB 2.0 的单位数据传输时间则降低到了 125μs。

在 USB 2.0 协议中，规定了 3 种传输速率，见表 9 - 3。在 USB 1.1 版本下，USB 主要运行于低速和全速模式，低速模式用于连接键盘、鼠标、调制解调器等对传输速率要求比较低的外设装置；而全速和高速模式则用于连接 U 盘、打印机、扫描仪和数字相机等外设装置。例如，一些设备是 USB2.0 兼容的，但只能工作在全速模式下，不能达到 480Mbit/s 的传输速度。

表 9 - 3　USB 传输速率

模式	传输速率	USB 版本
低速（Low Speed）	1.5 Mbit/s	USB1.1、USB2.0
全速（Full Speed）	12 Mbit/s	USB1.1、USB2.0
高速（High Speed）	480 Mbit/s	USB2.0

USB 2.0 可以使用原 USB 定义中同样规格的电缆，接头的规格也完全相同，并且 USB 2.0 设备不会和 USB 1.X 设备在共同使用的时候发生任何冲突。需要注意的是，USB 2.0 版本的 480Mbit/s 速率是理论传输值，如果几台设备共用一个 USB 通道，主控芯片会对每台设备可支配的带宽进行分配、控制。例如，在 USB 2.0 全速模式下，所有连接的设备需要共享 12Mbit/s 的带宽，如果某台设备单独占用 USB 接口的所有带宽，就会给其他设备的使用带来困难。

USB 3.0（又称超速 USB）协议由 Hewlet-Packard、Intel、Microsoft、NEC、ST-NXP Wireless 和 TI 公司于 2008 年 11 月发布，为各种高速设备与 PC 的连接通信提供了一个标准接口。USB 3.0 在保持与 USB 2.0 兼容性的同时，还提供了下面的增强功能：

1）极大地提高了带宽，是高达 5Gbit/s 全双工（USB 2.0 为 480bit/s 半双工）通信链路。

2）实现了更好的电源管理。

3）能够使主机为器件提供更多的功率，从而实现 USB 充电电池、LED 照明和迷你风扇等电源应用。

4）能够使主机更快地识别器件。

5）新的协议使得数据处理效率更高。

USB 3.0 可以在存储器件限定的存储速率下，传输大容量文件，如高清电影等。USB 3.0 所采用的超速协议是利用双差分数据线进行数据传输，支持所有的 USB 2.0 协议，但在硬件接口定义上并不完全兼容。

5. USB 协议层规范

USB 采用 Little Edian（即 LSB 低字节前存法）字节顺序，在总线上先传输一个字节的最低有效位，最后传输最高有效位，采用非归零反向（No Return Zero Inverse，NRZI）编码，若遇到连续的 6 个 1 要求进行位填充，即插入 1 个 0。所有的 USB 包都由 SYNC 开始，高速包的 SYNC 宽度为 32bit，全速/低速包的 SYNC 宽度为 8bit。实际收到的 SYNC 宽度由于 USB 连接 Hub 的关系，可能会小于该值。

在 USB 系统中，数据是通过 USB 线缆，采用 USB 数据包从主机传送到外设，或者从外设传送到主机的。在 USB 协议中，把基于外设的数据源和基于主机的数据接收软件（或者方向相反）之间的数据传输模式称为信道或管道（Pipe）。信道分为流模式的信道（Stream Pipe）和消息模式的信道（Message Pipe）两种。信道是和外设所定义的数据带宽、数据传输模式、外设的功能部件特性（如缓存大小、数据传输的方向等）有关系。一个 USB 外设一经连接，就会在主机和外设之间建立信道。

对于任何的 USB 外设，在它连接到一个 USB 系统中，并被 USB 主机经 USB 电缆加电使其处于上电状态时，都会在 USB 主机和外设的协议层之间，首先建立一个称为 Endpoint 0（端点 0）

的消息信道，这个信道又称为控制信道，主要用于外设的配置（Configuration）、对外设所处状态的检测及控制命令的传送等。采用信道方式的结构，使得 USB 系统支持一个外设拥有多个功能部件（用 Endpoint 0、Endpoint 1、…、Endpoint n 这样的方法进行标识），这些功能部件可以同时地、以不同的数据传输方向在同一条 USB 线缆上进行数据传输而互不影响。

USB 协议数据包格式见表 9-4。"域"是 USB 数据最小单位，由若干位组成。USB 协议数据包中包括 7 个类型的域，分别为：8 位同步域（SYNC）、由 4 位标识符 + 4 位标识符反码构成的标识域（Packet Identifier，PID）、7 位地址域（ADDR）、4 位端点域（ENDP）、11 位帧号域（由 ADDR 和 ENDP 构成）、整数字节长度的数据域（DATA）和一定位数的校验域（CRC）。

表 9-4　USB 协议数据包格式

域	PID	ADDR	ENDP	DATA	CRC
		Frame Number			
位数	4 + 4	7	4	$N \times 8$	5/16
		11		（$N = 0, 1, \cdots, 1024$）	

为实现多外设、多信道同时工作，USB 使用数据包的方式来传输数据与控制信息。USB 数据传输中的每一个数据包都以一个同步字段（SYNC）开始，同步字段作为空闲状态出现在总线上，后面跟着以 NRZI 编码的二进制字符串 "KJKJKJKK"，输入电路以本地时钟对其输入数据，它的最后 2 位是同步字段结束的记号，并且标志了包标识字段（PID）的开始。

紧跟在同步字段之后的一段 8 位脉冲序列称为 PID 字段，PID 字段的前 4 位用来标记该数据包的类型，后 4 位则作为对前 4 位的校验。PID 字段被分为标记 PID（共有 IN、OUT、SETUP 或 SOF 四种）、数据 PID（DATA0 或 DATA1）、握手 PID（ACK、NAK 或 STALL）及特殊 PID 等。主机根据 PID 字段的类型来判断一个数据包中所包含的数据类型，并执行相应的操作。PID 字段的格式如下：

（LSB）　　　　　　　　　　　　　　　　　　　　　　　　　　　　　　　　　　（MSB）

PID_0	PID_1	PID_2	PID_3	$\overline{PID_0}$	$\overline{PID_1}$	$\overline{PID_2}$	$\overline{PID_3}$

当一个 USB 外设初次连接时，USB 系统会为这台外设分配唯一的 USB 地址，这个地址通过地址寄存器（ADDR）来标记，以保证数据包不会被传送给别的 USB 外设。7 位的 ADDR 使得 USB 系统最大寻址地址为 127 台设备（对应 ADDR 字段大小），复位（Reset）和加电（Power-up）的时候，功能部件的地址默认为零，功能部件地址零作为默认地址，不可被分配用作任何别的用途。由于一台 USB 外设可能具有多个信道，所有的 USB 外设都必须支持 Endpoint 0 信道，用 0000 来标记。对于高速设备，可以最大支持 16 个信道，而低速设备在 Endpoint 0 之外仅能有一个信道。ADDR 地址字段的格式如下：

（LSB）　　　　　　　　　　　　　　　　　　　　　　　　　　　　　　　　　　（MSB）

$Addr_0$	$Addr_1$	$Addr_2$	$Addr_3$	$Addr_4$	$Addr_5$	$Addr_6$

ENDP 端点字段格式如下：

（LSB）　　　　　　　　　　　　　　　　　　　　　　　　　　　　　　　　　　（MSB）

$Endp_0$	$Endp_1$	$Endp_2$	$Endp_3$

PID 类型见表 9-5。

表 9 - 5   PID 类型

PID 类型	PID 名	PID [3:0]	描述
标记 (Token)	输出（OUT）	0001B	在主机到功能部件的事务中有地址 + 端口号
	输入（IN）	1001B	在功能部件到主机的事务中有地址 + 端口号
	帧开始（SOF）	0101B	帧开始标记和帧号
	建立（SETUP）	1101B	在主机到功能部件建立一个控制管道的事务中有地址 + 端口号
数据 (DATA)	数据 0（$DATA_0$）	0011B	偶数据包 PID
	数据 1（$DATA_1$）	1011B	奇数据包 PID
握手 (Handshake)	确认（ACK）	0010B	接收器收到无错数据包
	不确认（NAK）	1010B	接收设备不能接收数据或发送设备不能发送数据
	停止（STALL）	1110B	端口挂起或一个控制管道请求不被支持
专用 (Special)	前同步（PRE）	1100B	主机发送的前同步字允许到低速设备的下行总线通信

数据域位作为一个 USB 传输的主要目的，在一个 USB 资料包中可以包含 0 ~ 1023 字节的数据。而帧数量字段（帧号域）则包含在帧开始资料包中，在某些应用场合下，可以用帧数量字段作为资料的同步信号。

为保证控制、块传送及中断传送过程中资料包的正确性，CRC 校验字段被引用到如标记、资料、帧开始（SOF）这样的资料包中。CRC 校验（循环冗余校验）可以给予资料以 100% 的正确性校验。

在 USB 系统中，有 4 种形式的资料包：信令包（Token Packets）、帧开始包（SOF Packets）、DATA 资料包（DATA Packets）和握手包（Handshake Packets）。

1）信令包由 PID、ADDR、ENDP 和 CRC 共 4 个字段组成。根据 PID 字段的不同，可分为：输入类型（IN）、输出类型（OUT）和设置类型（SETUP）3 种。信令包处于每一次 USB 传输的 DATA 资料包前面，以指明这次 USB 操作的类型（即 PID 字段标记）、操作的对象（在 ADDR 和 ENDP 字段中指明）等信息。5 位的 CRC 校验位用来确保该资料包传输过程中的正确性。信令包的格式如下：

（8 位）	（7 位）	（4 位）	（5 位）
PID	ADDR	ENDP	CRC-5

2）帧开始（SOF）包由 SOF 格式的 PID 字段、帧数量字段和 5 位的 CRC 校验码组成。主机利用 SOF 资料包来同步资料的传送和接收。SOF 包的格式如下：

（8 位）	（11 位）	（5 位）
PID	Frame Number	CRC-5

3）用于传输真正资料的 DATA 资料包因为 PID 的不同可分为 $DATA_0$ 和 $DATA_1$ 两种。$DATA_0$ 为偶数据包，$DATA_1$ 为奇数据包。DATA 资料包的奇偶性分类方便资料包传输的双流水处理，而用于控制传输的 DATA 资料包总是以 $DATA_0$ 来传送。DATA 资料包的格式如下：

(8 位)	(0 ~ 1023 位)	(16 位)
PID	DATA	CRC-16

4）握手包仅包含一个 8 位的 PID 字段。ACK（肯定应答）形式的 PID 表明此次 USB 传输没有发生错误，资料包已经成功传输；而 NAK（否定应答）形式的握手资料包，则向主机表明此次 USB 传输因为 CRC 校验错误或别的原因而失败了，从而使得主机可以进行资料包的重传操作。STALL 形式的响应则向主机报告外设此时刻正处于挂起状态而无法完成资料的传输。

需要指出的是，每个资料包的结束都会有 2 位宽的 EOP 字段作为资料包结束的标志，EOP 在差模信号中表现为 D + 和 D － ，都处于"0"状态。对于高速 USB 外设而言，这个脉冲宽度在 160 ~ 175 ns 之间，而低速设备则在 1.25 ~ 1.50ms 之间。无论其后是否有其他资料包，USB 线缆都会在 EOP 字段后紧跟 1 位的总线空闲位。USB 主机或外设利用 EOP 来判断一个资料包的结束。

在框架上，USB 3.0 是向后兼容 USB 2.0 的，即支持上述 USB 2.0 的协议规范，但在软/硬件参数方面两者有以下一些重要区别：

1）传输速率：USB 3.0 实际传输速率大约是 3.2Gbit/s，理论上的最高速率是 5.0Gbit/s。而 USB 2.0 理论上只能达到 480bit/s。

2）数据传输：USB 3.0 引入全双工数据传输，5 根线路中有 2 根用来发送数据，另外 2 根用来接收数据，还有 1 根地线。也就是说，USB 3.0 可以同步全速地进行读/写操作。而之前的 USB 版本并不支持全双工数据传输。

3）电源：USB 3.0 要求接口供电能力为 1A，而 USB 2.0 为 0.5A。

4）电源管理：USB 3.0 并没有采用设备轮询，而是采用中断驱动协议。因此，在有中断请求数据传输之前，待机设备并不耗电。USB 3.0 支持待机、休眠和暂停等状态。

5）物理外观：USB 3.0 的线缆会更粗一些，这是因为 USB 3.0 的数据线比 USB 2.0 多了 4 根内部线缆。

6）支持系统：Windows 8、Windows 8.1、Windows Vista、Windows 7 SP1 和 Linux 都支持 USB 3.0。Apple 公司的 Mac book air 和 Mac book Pro 也支持 USB 3.0。对于 WindowsXP 系统，USB 3.0 可以使用，但只有 USB 2.0 的速率。

习 题

9.1 简述总线的分类及采用总线结构的优点。

9.2 简述 PCI 总线的特点。

9.3 ATA 总线中磁盘与主机之间的两种数据传输方式有什么不同？SATA 较 ATA 好在哪里？

9.4 简要说明 IEEE 1394 总线的特点。

9.5 USB 由哪 4 个信号组成？各起什么作用？USB 系统主控器的主要功能是什么？

9.6 USB 有哪些传输方式？

9.7 USB 协议规范中有哪几种类型的资料包？

9.8 USB 3.0 相比 USB 2.0 有哪些区别？它有什么优点？

参考文献

[1] 王克义. 微机原理［M］. 北京：清华大学出版社，2014.

[2] 马宏锋. 微机原理与接口技术：基于 8086 和 Proteus 仿真［M］. 西安：西安电子科技大学出版社，2016.

[3] 李继灿. 微机原理与接口技术［M］. 北京：清华大学出版社，2011.

[4] 姚琳，韩伯涛，孙志辉，等. 微机原理与接口技术［M］. 北京：清华大学出版社，2010.

[5] 姚燕南，薛钧义. 微型计算机原理［M］. 4 版. 西安：西安电子科技大学出版社，2000.

[6] 马春燕，秦文萍，王颖. 微机原理与接口技术：基于 32 位机［M］. 3 版. 北京：电子工业出版社，2018.

[7] 冯博琴. 微型计算机原理及应用［M］. 北京：清华大学出版社，2002.

[8] 李伯成. 微型机应用系统设计［M］. 西安：西安电子科技大学出版社，2001.

[9] 徐惠民. 微型计算机原理接口技术［M］. 北京：高等教育出版社，2007.

[10] 裘雪红，李伯成. 计算机组成与系统结构［M］. 西安：西安电子科技大学出版社，2012.

[11] 郭萍，马利，许小龙，等. 计算机组成与系统结构［M］. 4 版. 北京：清华大学出版社，2017.

[12] 石光明，楼顺天，周佳社，等. 微处理器原理及其系统设计［M］. 北京：高等教育出版社，2013.

[13] 徐晨，陈继红，王春明，等. 微机原理及应用［M］. 北京：高等教育出版社，2004.

[14] 刘立康，黄力宇，胡力山. 微机原理与接口技术［M］. 北京：电子工业出版社，2010.

[15] 朱世鸿. 微机系统和接口应用技术［M］. 北京：清华大学出版社，2006.